从入门到实战·微课视频

SQL Server 2017
数据库从入门到实战

微课版

◎ 杨晓春 秦婧 刘存勇 编著

清华大学出版社

北京

内 容 简 介

本书是关于 SQL Server 2017 的入门教程，目标是带领读者走进 SQL Server 2017 并掌握对其的操作和管理。

本书从 SQL Server 2017 的安装开始讲解并结合具体的示例逐步介绍 SQL Server 中主要的数据库对象的创建和管理的操作，不仅使用 SQL 语句来介绍具体的语法，还介绍在 SSMS(SQL Server Management Studio)中创建和管理数据库对象。为了将 SQL Server 数据库与编程语言相结合，本书还重点介绍了使用 C♯语言连接 SQL Server 数据库实现文章管理系统，以及使用 Python 语言连接 SQL Server 数据库实现用户管理模块。

本书可以作为高等院校计算机相关专业的授课教材，也可以作为相关培训机构的辅导用书，同时也非常适合作为专业人员的参考手册。

图书在版编目(CIP)数据

SQL Server 2017 数据库从入门到实战：微课版/杨晓春，秦婧，刘存勇编著.—北京：清华大学出版社，2020.5

（从入门到实战·微课视频）

ISBN 978-7-302-53436-5

Ⅰ.①S…　Ⅱ.①杨…　②秦…　③刘…　Ⅲ.①关系数据库系统　Ⅳ.①TP311.138

中国版本图书馆 CIP 数据核字(2019)第 179317 号

策划编辑：魏江江
责任编辑：王冰飞
封面设计：刘　键
责任校对：徐俊伟
责任印制：宋　林

出版发行：清华大学出版社
　　　　网　　　址：http://www.tup.com.cn, http://www.wqbook.com
　　　　地　　　址：北京清华大学学研大厦 A 座　　　　邮　　编：100084
　　　　社 总 机：010-62770175　　　　邮　　购：010-62786544
　　　　投稿与读者服务：010-62776969，c-service@tup.tsinghua.edu.cn
　　　　质量反馈：010-62772015，zhiliang@tup.tsinghua.edu.cn
　　　　课件下载：http://www.tup.com.cn, 010-83470236
印 装 者：三河市龙大印装有限公司
经　　销：全国新华书店
开　　本：185mm×260mm　　　　印　　张：22.5　　　　字　　数：545 千字
版　　次：2020 年 6 月第 1 版　　　　印　　次：2020 年 6 月第 1 次印刷
印　　数：1～2000
定　　价：69.80 元

产品编号：080121-01

前 言

　　SQL Server 数据库是微软公司的一款主流数据库产品，SQL Server 2017 是 SQL Server 数据库产品中比较新的产品，支持标准的 SQL 语句。SQL Server 2017 数据库不再受 Windows 操作系统的约束，它能在 Linux 和 Mac 等系统中安装。由于它与 Windows 操作系统的完美结合，使得大多数的应用也都采用 Windows 操作系统。目前，在众多的网站和软件系统中都普遍应用 SQL Server 作为后台数据库。

　　本书从在 Windows 10 系统中安装 SQL Server 2017 数据库开始，逐步深入介绍了 SQL Server 数据库的基本操作，以及使用 SSMS(SQL Server Management Studio)来管理数据库对象，并在本书的最后两章分别结合 C♯语言和 Python 语言来连接 SQL Server 数据库。

　　全书共分为 18 章，具体内容如下。

- 第 1 章～第 5 章：主要讲解数据库的安装及其使用，以及数据库、数据表、约束及表中数据的管理。在讲解过程中使用 SQL 语句和 SSMS 两种方式来操作数据库、数据表、约束及表中的数据。
- 第 6 章、第 7 章：主要讲解数据表查询的语句及应用，包括单表查询、子查询、分组查询、多表查询及结果集的操作等。
- 第 8 章～第 10 章：主要讲解 SQL Server 中的函数、视图、索引的创建及使用。
- 第 11 章～第 13 章：主要讲解 T-SQL 语言及存储过程和触发器的使用，包括 T-SQL 语句中的流程控制语句、游标等应用，创建和管理存储过程及触发器。
- 第 14 章～第 16 章：主要讲解用户和权限管理、数据库的备份和还原及系统自动化任务管理。该部分重点让读者掌握提供数据库安全性的方法，以及备份和还原的具体的语句和应用。
- 第 17 章、第 18 章：主要讲解使用 C♯语言和 Python 语言连接 SQL Server 数据库，包括 C♯语言中的 ADO. NET 的使用及 Python 语言中的 pymssql 的使用。

本书的特点

　　本书不仅包含 SQL Server 的安装和基础知识，而且包括 SQL Server 中存储过程、触发器、用户权限及自定义函数的使用。此外，还包括如何使用 C♯语言和 Python 语言连接 SQL Server 数据库。

　　本书的特点主要体现在以下几个方面。

❑ 本书采用循序渐进的讲解方式,既适合零基础的读者,也适合作为培训教材让学员逐步掌握 SQL Server 数据库的使用。

❑ 本书重点讲述 SQL Server 2017 的有关知识,并为读者理解和实践奠定了基础。

❑ 本书采用大量的实例,讲解 SQL Server 2017 中基本的 SQL 语句和 SSMS 的使用。

❑ 对于在 SQL Server 中编写语句比较容易出现的问题,进行了详细的说明。

❑ 通过 C♯语言和 Python 语言连接 SQL Server 的实例,让读者掌握如何使用 C♯、Python 连接 SQL Server 2017。

❑ 本书采用语法与示例一对一的方式来讲解每一个语法点,方便读者理解。

适合阅读本书的读者

• 学习 SQL Server 的初级读者。

• 具有一定的 SQL Server 基础知识,希望进一步系统学习的读者。

• 大中专院校计算机相关专业的学生。

• 使用 SQL Server 的软件开发人员。

本书配套资源丰富,提供教学大纲、教学课件、程序源码、习题答案、教学进度表,扫描封底的课件二维码可以下载;本书还提供 400 分钟的微课视频,扫描书中相应位置的二维码可以在线观看、学习。

本书由杨晓春、秦婧、刘存勇共同编写。在编写过程中得到了同行的支持和帮助,在这里一并表示感谢。

由于时间仓促,书中难免存在不妥之处,敬请谅解并提出宝贵意见。

编者

2020 年 3 月

目录

源码下载

第 7 章　子查询与多表查询 ································· 141

第 1 章

走进数据库

学习数据库,首先要知道数据库能做什么,以及如何安装它,其次才能有针对性地根据需要走进数据库来学习。本章将介绍数据库中的一些主流产品,并着重讲解 SQL Server 数据库的发展以及安装过程。

本章主要知识点如下:

❑ 数据库的基础知识;

❑ 数据库的模式;

❑ 安装 SQL Server 2017;

❑ 使用 SSMS(SQL Server Management Studio)。

1.1　数据库概述

提到数据库就会出现一系列的概念。例如数据库、数据库系统和数据库管理系统,具体概念如表 1.1 所示。只有理解这些与数据库相关的概念,才能更好地掌握数据库。

表 1.1　与数据库有关的一些基本概念

概 念 名	含 义
数据库(Database,DB)	按照一定存储规则存放数据的仓库。在数据库中存储的数据包括数字、文字、图片及视频等内容
数据库系统(Database System,DBS)	在系统中使用了数据库管理数据。例如,办公自动化系统、电子考勤系统等
数据库管理系统(Database Management System,DBMS)	用来管理数据库的一种软件。通常有数据定义功能、数据操作功能,以及维护数据库安全的功能

数据管理从 20 世纪 50 年代末期发展至今,经历了人工管理阶段、文件管理阶段、数据库系统阶段以及高级数据库阶段。每个阶段的具体特点如表 1.2 所示。

表 1.2　数据管理的发展阶段

时　　间	阶 段 名 称	特　　点
20 世纪 50 年代末期前	人工管理阶段	使用纸带、卡片、磁带等外存设备,由人工完成数据处理
20 世纪 50 年代—60 年代中期	文件系统阶段	使用磁盘作为外存储器
20 世纪 60 年代后期—20 世纪 70 年代	数据库系统阶段	使用数据库系统管理数据
20 世纪 70 年代至今	高级数据库阶段	使用分布式数据库、面向对象数据库以及知识数据库来管理数据

数据库设计中的数据模型主要有 3 种,即层次模型、网状模型和关系模型,SQL Server 数据库采用的是关系模型。各模型的特点如表 1.3 所示。

表 1.3　三种数据模型的特点

模 型 名 称	特　　点
层次模型	与倒置的树形类似,一个父表允许有多个子表,但是每个子表都对应着一个父表
网状模型	去掉了层次结构模型使用的限制,可以更全面地描述数据库中表之间的关系,可以一个父表没有子表,可以一个子表有多个父表,也可以设置两个表之间的多种关系
关系模型	由二维表表示,每个二维表由行和列组成。可以表示多表之间的关系

除了 SQL Server 数据库采用关系模型外,目前主流的数据库产品大多也采用关系模型。例如,Oracle 数据库、MySQL 数据库和 Access 数据库等。

1.2　数据库的模式

数据库的模式(Schema)是对现实世界的抽象,是对数据库中全体数据的逻辑结构和特征的描述。美国国家标准协会(American National Standard Institute,ANSI)的数据库管理系统研究小组于 1978 年提出了标准化的建议,将数据库结构分为 3 级:面向用户或应用程序员的用户级、面向建立和维护数据库人员的概念级、面向系统程序员的物理级。模式反映的是数据的结构及其联系,三级模式分别为外模式、模式与内部模式,其中用户级对应外模式,概念级对应模式,物理级对应内模式。为了能在内部实现这三个抽象层次的联系和转换,DBMS 在这三个级别之间提供了两层映像:外模式/模式映像和模式/内模式映像。具体说明如表 1.4 所示。

表 1.4　三级模式与二级映像

三级模式	模式	模式对应着概念级。它是由数据库设计者综合所有用户的数据,按照统一的观点构造的全局逻辑结构,是对数据库中全部数据的逻辑结构和特征的总体描述,是所有用户的公共数据视图。它是由数据库管理系统提供的数据模式描述语言(Data Description Language,DDL)来描述、定义的,体现、反映了数据库系统的整体观

续表

三级模式	外模式	外模式对应于用户级。它是某个或某几个用户所看到的数据库的数据视图,是与某一应用有关的数据逻辑的表示。外模式是从模式导出的一个子集,包含模式中允许特定用户使用的那部分数据。用户可以通过外模式描述语言来描述,定义对应于用户的数据记录(外模式),也可以利用数据操纵语言(Data Manipulation Language,DML)对这些数据记录进行操作
	内模式	内模式对应于物理级,它是数据库中全体数据的内部表示或底层描述,是数据库最低一级的逻辑描述,它描述了数据在存储介质上存储方式的物理结构,对应着实际存储在外存储介质上的数据库
二级映像	外模式/模式映像	定义了该外模式与模式之间的对应关系。这些映像定义通常包含在各自外模式的描述中。当模式改变时,DBA 要对相关的外模式/模式映像作相应的改变,以使外模式保持不变。应用程序是依据数据外模式编写的,外模式不变应用程序就没必要修改。所以,外模式/模式映像功能保证了数据与程序的逻辑独立性
	模式/内模式映像	定义了数据库全局逻辑结构与存储结构之间的对应关系。该映像定义通常包含在模式描述中。当数据库的存储结构改变了,DBA 要对模式/内模式映像作相应的改变,以使模式保持不变。模式不变,与模式没有直接联系的应用程序也不会改变,所以模式/内模式映像功能保证了数据与程序的物理独立性

1.3 安装 SQL Server 2017

SQL Server 是微软主推的一款数据库产品,本书介绍的是 SQL Server 2017,其正式版本是在 2017 年 10 月发布的。该版本产品更好地融合了其他版本的优点,并且可以使用自带的机器学习服务,能在 SQL Server 中运行 R 或 Python 脚本。

1.3.1 SQL Server 2017 各版本介绍

在安装 SQL Server 2017 之前,需要知道如何选择适合自己的版本。目前,SQL Server 2017 常用的版本主要有企业版、标准版、开发版、简易版以及 Web 版。具体的介绍如表 1.5 所示。

表 1.5 SQL Server 2017 各版本介绍

版 本	说 明
企业版(Enterprise)	提供了全面的高端数据中心功能,性能极为快捷,虚拟化不受限制,还具有端到端的商业智能,可为关键任务工作负荷提供较高服务级别,支持最终用户访问深层数据
标准版(Standard)	提供了基本数据管理和商业智能数据库,使部门和小型组织能够顺利运行其应用程序,并支持将常用开发工具用于内部部署和云部署,有助于以最少的 IT 资源获得高效的数据库管理

续表

版　　本	说　　明
开发版（Developer）	支持开发人员基于 SQL Server 构建任意类型的应用程序。它包括企业版的所有功能，但有许可限制，只能用作开发和测试系统，而不能用作生产服务器
简易版（Express）	入门级的免费数据库，是学习和构建桌面及小型服务器数据驱动应用程序的理想选择
Web 版	对于为从小规模至大规模 Web 资产提供可伸缩性、经济性和可管理性功能的 Web 宿主和 Web VAP 来说，SQL Server Web 版本是一项总拥有成本较低的选择

本书中使用的是 SQL Server 2017 Developer 版本，下载地址是 https://www.microsoft.com/zh-cn/sql-server/sql-server-downloads。在 SQL Server 的下载页面中，除了免费试用版外，还提供了 Developer 和 Express 版本供免费使用，如图 1.1 所示。

图 1.1　SQL Server 2017 下载页面

1.3.2　SQL Server 2017 安装步骤

如果读者已经在微软的官方网站下载了 SQL Server 2017 Developer 版本的软件，先要确认准备安装该软件的操作系统是否支持该软件，以及是否有足够的空间容量进行安装。

本节将该数据库安装到 Windows 10 的环境下。安装 SQL Server 2017 主要分为如下几个步骤。

（1）打开 SQL Server 选择安装类型对话框。打开下载后的安装文件目录，然后双击 SQLServer2017-SSEI-Dev.exe 文件（文件名可能会有所不同，以下载到本地的文件为准），如图 1.2 所示。

这里，安装类型选择"基本"，对话框如图 1.3 所示。

单击"安装"按钮，进入安装程序包下载对话框如图 1.4 所示。

图 1.2　选择安装类型

图 1.3　选择语言与下载位置

图 1.4　下载安装程序包

下载完成后,即可进入"SQL Server 安装中心",对话框如图 1.5 所示。

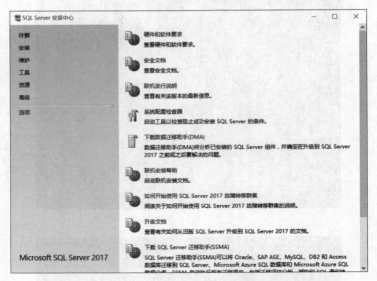

图 1.5 "SQL Server 安装中心"对话框

(2) 选择安装选项。在图 1.5 所示的对话框中单击"安装"选项,弹出如图 1.6 所示的对话框。

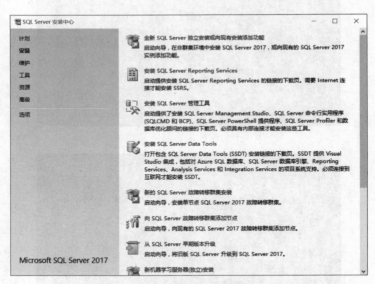

图 1.6 选择安装选项对话框

这里,单击第一个选项"全新 SQL Server 独立安装或向现有安装添加功能",开始安装。进入版本选择的对话框,如图 1.7 所示。

这里,选择"Developer"版本。

(3) 查看许可条款及全局规则检查。在图 1.7 所示对话框中单击"下一步"按钮,进入"许可条款"对话框,如图 1.8 所示。

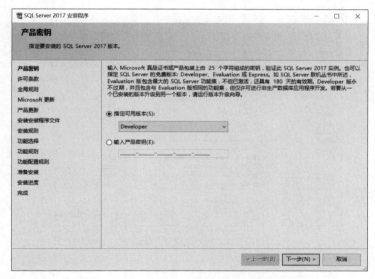

图 1.7 选择 SQL Server 2017 的版本

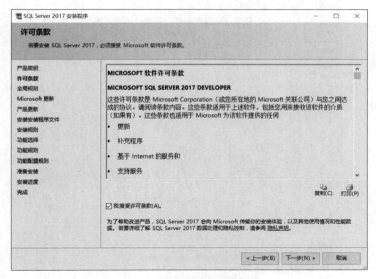

图 1.8 "许可条款"对话框

在该对话框中,选择"我接受许可条款",并单击"下一步"按钮,进入"全局规则"对话框,如图 1.9 所示。

只要读者的安装效果与图 1.9 所示一样,都是通过状态,就可以单击"下一步"按钮,进入下一步安装步骤了。

(4) 自动更新。在图 1.9 所示的对话框中单击"下一步"按钮,进入如图 1.10 所示的对话框。

这里,不选择"使用 Microsoft Update 检查更新"选项。

(5) 安装规则。在图 1.10 所示的对话框中单击"下一步"按钮,进入"安装规则"对话框,如图 1.11 所示。

图 1.9 "全局规则"对话框

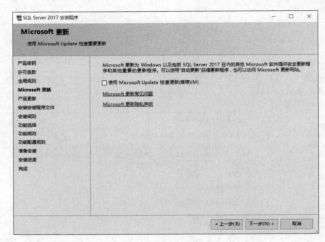

图 1.10 自动更新检查

图 1.11 "安装规则"对话框

在该对话框中,必须通过所有的规则检查,若有任意项失败,则无法继续安装。

(6) 功能选择。在图 1.11 所示的对话框中单击"下一步"按钮,即可进入"功能选择"对话框,如图 1.12 所示。

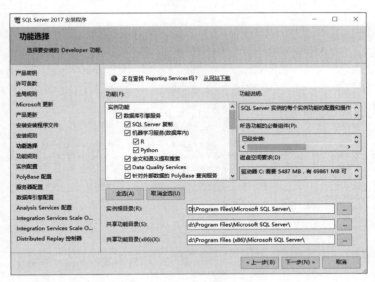

图 1.12 "功能选择"对话框

为了让读者能够全面了解 SQL Server 2017,单击"全选"按钮,将所有功能都选择,并更改了安装实例的目录。

(7) 功能规则。在图 1.12 所示的对话框中单击"下一步"按钮,进入验证"功能规则"对话框,如图 1.13 所示。

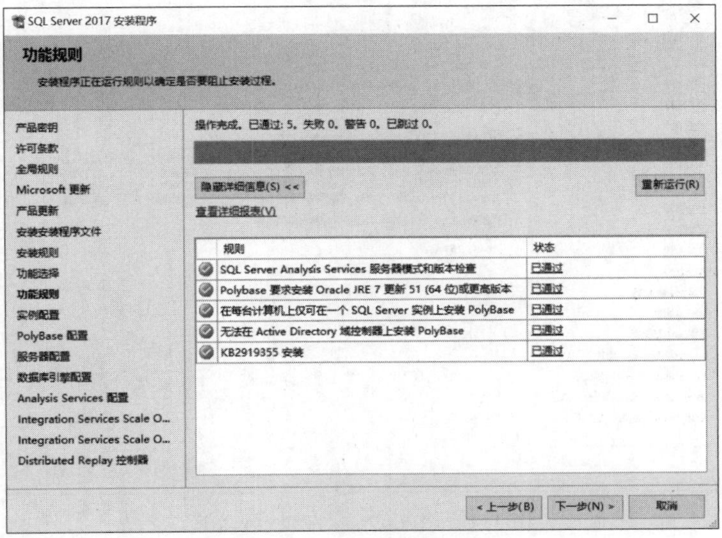

图 1.13 "功能规则"对话框

这里,需要注意的是如果要安装 PolyBase,则要安装 Oracle JRE7 以上的版本,需自行下载 JRE,并安装,地址如下:http://www.oracle.com/technetwork/java/javase/

downloads/jre8-downloads-2133155.html。

（8）实例配置。在图 1.13 所示的对话框中单击"下一步"按钮，进入"实例配置"对话框，如图 1.14 所示。

图 1.14　"实例配置"对话框

这里，使用默认实例，并选择实例的根目录。

（9）PolyBase 配置。在图 1.14 所示的对话框中单击"下一步"按钮，"PolyBase 配置"对话框如图 1.15 所示。

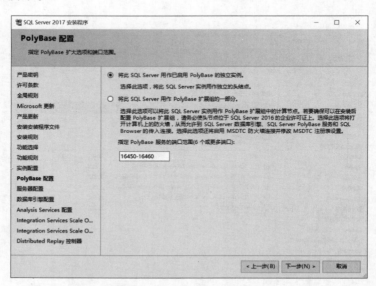

图 1.15　"PolyBase 配置"对话框

这里，选择"将此 SQL Server 用作已启用 PolyBase 的独立实例"选项。

（10）服务器配置。在图 1.15 所示的对话框中单击"下一步"按钮，进入"服务器配置"对话框，如图 1.16 所示。

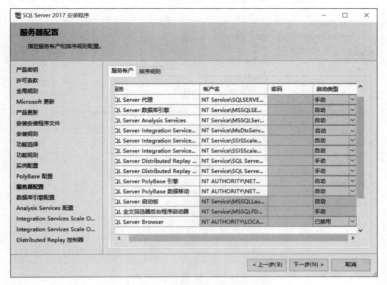

图 1.16　"服务器配置"对话框

在该对话框中选择 SQL Server 2017 中所需服务的启动类型,启动类型包括手动、自动、已禁用,读者可以根据需要选择相应的启动类型。

(11)数据库引擎配置。在图 1.16 所示的对话框中单击"下一步"按钮,进入"数据库引擎配置"对话框,如图 1.17 所示。

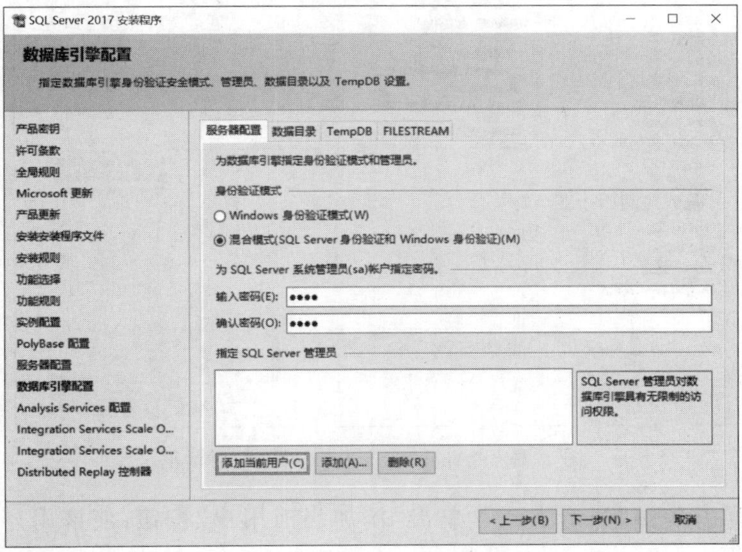

图 1.17　"数据库引擎配置"对话框

在此对话框中配置账户的身份验证模式。这里,选择"混合 SQL Server 身份验证和Windows 身份验证"的选项,并在下面为内置的 SQL Server 管理员输入密码。在下面通过单击"添加当前用户"按钮,指定当前登录的用户就是 SQL Server 的管理员。选择"数据目录"选项卡,对话框如图 1.18 所示。

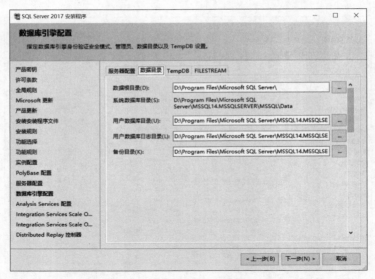

图 1.18　数据目录配置

（12）Analysis Services 配置。配置好用户信息后，单击"下一步"按钮，进入"Analysis Services 配置"对话框，如图 1.19 所示。

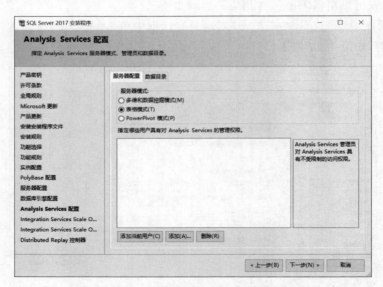

图 1.19　"Analysis Services 配置"对话框

在此对话框中选择"表格模式"，单击"添加当前用户"按钮，使该用户具有 Analysis Services 服务的访问权限。

（13）准备安装。在图 1.19 所示对话框中单击"下一步"按钮，进入到一系列的配置对话框，在每个对话框中单击"下一步"即可，安装成功后进入如图 1.20 所示对话框。

在该对话框中，查看并确认要安装的所有产品，单击"安装"按钮，即可进入 SQL Server 的安装过程中。安装完成的对话框如图 1.21 所示。

至此，即可完成 SQL Server 2017 的安装。

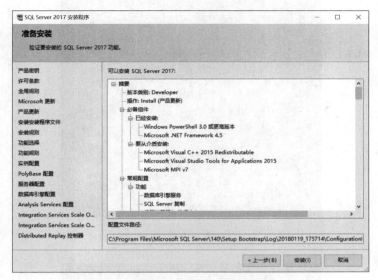

图 1.20　"准备安装"对话框

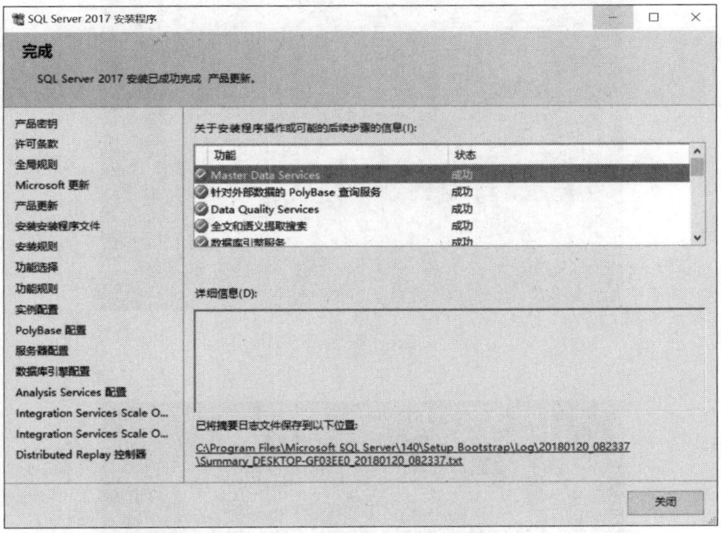

图 1.21　"完成"对话框

　　SQL Server 2017 安装完成后并没有安装 SQL Server Management Studio(SSMS)工具,SSMS 是一款可视化的 SQL Server 数据库管理工具,通过该工具提供了方便的对话框实现对数据库以及数据库中对象的操作。本书中所有的数据库操作都是在 SSMS 工具中实现的,SSMS 工具下载地址为 https://docs.microsoft.com/zh-cn/sql/ssms/download-sql-server-management-studio-ssms? view=sql-server-2017。下载该工具后,双击 SSMS-Setup-CHS.exe 文件进入 SSMS 的安装对话框,如图 1.22 所示。

　　在该对话框中单击"安装"按钮,对话框如图 1.23 所示。

　　安装完成后,对话框如图 1.24 所示。

图 1.22　SSMS 安装对话框

图 1.23　安装 SSMS

图 1.24　SSMS 安装成功

重新启动后,即可完成 SSMS 的安装。现在已经安装好了在本书中所需要的所有软件,下面看这些工具是如何打开并使用的。

1.4　启动 SQL Server

在 1.3.2 小节中已经完成了 SQL Server 的安装,那么如何进入 SQL Server 数据库? 第一步,启动 SQL Server 的数据库服务;第二步,登录 SQL Server 数据库。

视频讲解

1.4.1　启动 SQL Server 数据库服务

SQL Server 的启动实际上只需要启动一个服务即可,这就是在安装数据库时配置的实例名。通常有两种方法启动 SQL Server 的数据库服务,一种是在管理工具的服务列表中启动;一种是直接在 SQL Server 安装程序后自带的 SQL Server 配置管理器中启动。下面分别介绍这两种方法。

1. 在 Windows 管理工具的服务列表中启动

单击"开始"→"Windows 管理工具"→"服务"选项,弹出 Windows 管理工具中的服务列表界面,如图 1.25 所示。

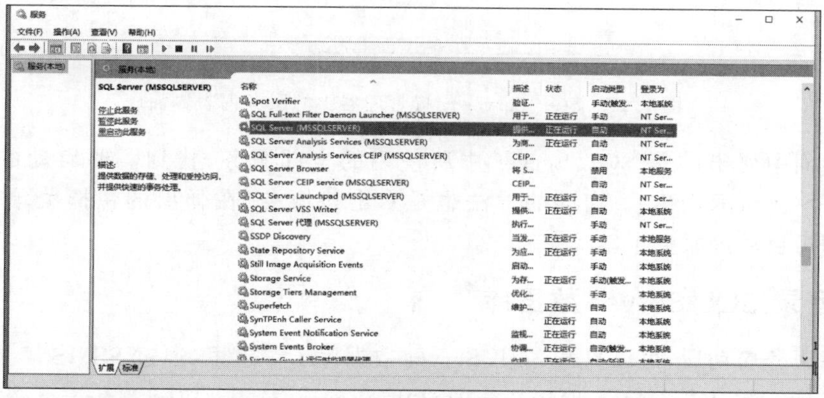

图 1.25　Windows 管理工具中的服务列表界面

在图 1.25 所示界面中,选中行就是需要启动的服务 SQL Server(MSSQLSERVER),MSSQLSERVER 即为在安装数据库时设置的实例名。从服务的状态来看,目前该服务处于"正在运行"状态。如果该服务的状态处是空白的,说明没有启动该服务。启动服务非常简单,右击该服务,在弹出的快捷菜单中选择"启动"选项,即可启动该服务。

2. 在 SQL Server 的配置管理器中启动服务

安装了 SQL Server 2017 数据库后,在开始菜单中可以找到"SQL Server 的配置管理器"。但在 Windows 10 中默认会将"SQL Server 的配置管理器"隐藏,那么,如何找到它呢? 打开 SQL Server 配置管理器,右击"开始"菜单,在弹出的快捷菜单中选择"运行",在运行界面中输入"SQLServerManager14.msc",然后按 Enter 键。此外,还可以直接打开 C:\Windows\SysWOW64\SQLServerManager14.msc 文件。无论使用哪种方法,SQL Server 配置管理打开后的界面如图 1.26 所示。

图 1.26　SQL Server 配置管理器界面

在该界面中单击"SQL Server 服务"选项,出现如图 1.27 所示的 SQL Server 服务列表。

图 1.27　SQL Server 配置管理器中的服务列表界面

在该界面中列出的是 SQL Server 中所使用的全部服务,找到需要启动的服务 SQL Server(MSSQLSERVER)。启动的方法也是右击该服务,在弹出的快捷菜单中选择"启动"选项,即可启动该服务了。

1.4.2　登录 SQL Server 数据库

数据库服务启动后,可以打开 SQL Server 数据库了。这里,通过 SSMS 工具打开 SQL Server 数据库。单击"开始"→Microsoft SQL Server Tools 17→Microsoft SQL Server Management Studio 17 选项,出现如图 1.28 所示的对话框。

图 1.28　SSMS 登录对话框

在此对话框中,提供了"服务器类型""服务器名称"以及"身份验证"方式的选择,在本节中暂时只考虑服务器类型是"数据库引擎"的方式,服务器名称既可以选择本机中的 SQL Server 数据库,也可以选择其他计算机中提供的 SQL Server 服务。如果选择本机中的 SQL Server,直接输入"."即可,也可以输入在本机中安装的 SQL Server 服务名,即在安装 SQL Server 时设置的服务名(即实例名)MSSQLSERVER。身份验证的方式默认是 Windows 身份验证方式不需要输入密码,也可以选择 SQL Server 身份验证方式并输入在安装时为用户设置的密码。选择好登录方式后,单击"连接"按钮,即可登录到 SSMS。为了方便,直接使用"Windows 身份验证"方式,单击"连接"按钮,界面如图 1.29 所示。

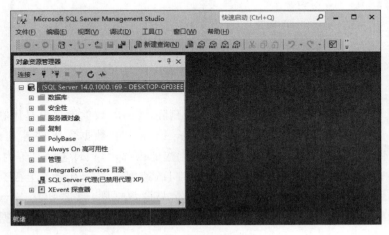

图 1.29　SSMS 主界面

至此,通过上面讲述的两步走的方式可以登录到 SSMS 的主界面了。

1.5　SSMS 的真面目

打开 SSMS 的界面后,即可开始对 SQL Server 数据库进行操作了。在感受 SSMS 的便捷之前,先认识 SSMS 中各部分的功能。

在如图 1.29 所示的界面中,从上至下依次是菜单栏、工具栏、工作区。工作区左侧是对象资源管理器,右侧则是操作时显示界面的位置。菜单栏和工具栏用来选择相应的操作。

对读者来说对象资源管理器应该是一个比较陌生的工具了。它实际上就是用来管理数据库中对象的,包括数据库、安全性、服务器对象、复制、管理以及 SQL Server 代理。本书中的大部分内容都是操作对象资源管理器中的数据库文件夹下的内容。此外,还需要特别说明的是书写 SQL 语句的位置,需要单击"新建查询"按钮,出现如图 1.30 所示的界面。

在此,需要注意两个地方,一个地方是写着 master 的列表框,它代表的是当前正在使用的数据库名称是 master 数据库,可以通过单击下拉列表框,在列表中选择当前要使用的数据库名称。另一个地方是对象资源管理器右边的空白区域,它是书写 SQL 语句的地方。

master 数据库是系统自带的数据库,主要记录 SQL Server 的系统级信息,包括元数据、端点、链接服务器和系统配置。此外,还记录了所有存在的其他数据库、数据库文件的位置以及 SQL Server 的初始化信息等内容。因此,master 数据库删除后,数据库系统就无法启动了。除了 master 数据库外,还有 model、msdb、tempdb。其中,model 数据库是在 SQL

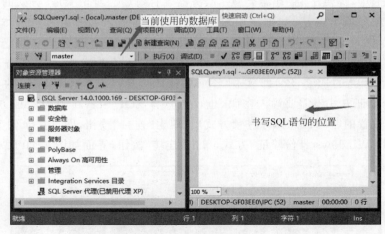

图 1.30 "查询窗口"界面

Server 实例上创建的所有数据库的模板,也不能删除;msdb 数据库主要是用在计划警报和作业上,SQL Server Management Studio、Service Broker 和数据库邮件等其他功能使用;tempdb 数据库用于保存临时对象、数据库引擎创建的内部对象、日志信息等内容,该数据库可以减少日志信息所占用的资源,提高数据库访问的速度。实际上除了上面介绍的 4 个系统数据库外,还有一个 Resource 数据库,它是一个只读数据库,包含 SQL Server 中的系统对象。系统对象物理上保留在 Resource 数据库中,但逻辑上显示在每个数据库的 sys 架构中。

1.6 本章小结

本章主要讲解了与数据库相关的一些概念以及数据库的模式,安装数据库的流程和启动 SQL Server 等内容。在安装数据库时,主要以在 Windows 10 环境下安装为例讲解,读者也可以尝试在虚拟机或者 Linux 操作系统中安装 SQL Server 2017 数据库。

1.7 本章习题

一、填空题

1. 系统数据库包括_____。

2. 三级模式是指_____。

3. SQL Server 的登录方式有_____种。

二、选择题

1. 下面对 SQL Server 2017 描述正确的是( )。

    A. 该数据库可以安装到 Linux 操作系统中

    B. 该数据库不能安装到 Linux 操作系统中

    C. 该数据库可以安装到 Windows 7 操作系统中

    D. 以上都不对

2. 下面对 SQL Server 2017 登录描述正确的是( )。

    A. 该数据库不用启动任何服务就可以直接登录

    B. 该数据库只能使用用户名和密码的方式登录

    C. 该数据库只能使用 Windows 用户登录方式登录

    D. 以上都不对

3. 下面对系统数据库描述正确的是( )。

    A. 系统数据库是指在安装 SQL Server 后自带的数据库,所有系统数据库都能备份和还原

    B. 系统数据库是指在安装 SQL Server 后自带的数据库,master 数据库删除后不影响 SQL Server 的启动

    C. 系统数据库可以不安装

    D. 以上都不对

第 2 章

操作数据库

仓库是用来存放各种物品的地方,管理仓库的人员称为仓库管理员。存储数据的仓库就是数据库,管理数据库的人员就是数据库管理员。数据库可以存储不同用途的数据,根据不同需求要创建不同名称的数据库。

本章主要知识点如下:

❏ 如何创建数据库;

❏ 如何修改数据库;

❏ 如何删除数据库。

2.1 创建数据库

在创建数据库前要确定数据库存放哪些数据以及数据库的存放位置等信息。在 SQL Server 中创建数据库既可以通过 SQL 创建,也可以在 SSMS 中直接创建。本节将介绍创建数据库的具体方法和注意事项。

2.1.1 创建数据库的语法

SQL Server 中的数据库通常由数据文件和事务日志文件组成,一个数据库可以由 1 到多个数据文件和事务日志文件组成,其中数据文件包括主数据文件和次要数据文件,每个数据库只有一个主数据文件,但允许有多个次要数据文件。数据文件就是存储数据的地方,而事务日志文件是用来记录存储数据的时间和操作的,通常可以根据事务日志来恢复数据库中的数据。因此,不能随便将事务日志文件删掉。本书中研究的数据库通常是由一个数据文件和一个事务日志文件组成的。主数据文件的扩展名是.mdf,次要数据文件的扩展名是.ndf,而事务日志文件的扩展名是.ldf,根据扩展名可以知道是数据库中哪种类型的文件。创建数据库的一般语法如下:

```
CREATE DATABASE database_name
[ CONTAINMENT = { NONE | PARTIAL } ]
[ ON
```

```
        [ PRIMARY ] < filespec > [ ,…n ]
        [ , < filegroup > [ ,…n ] ]
        [ LOG ON < filespec > [ ,…n ] ]
]
[ COLLATE collation_name ]
[ WITH < option > [ ,…n ] ]
[ ; ]

< option > :: =
{
    FILESTREAM ( < filestream_option > [ ,…n ] )
    | DEFAULT_FULLTEXT_LANGUAGE = { lcid | language_name | language_alias }
    | DEFAULT_LANGUAGE = { lcid | language_name | language_alias }
    | NESTED_TRIGGERS = { OFF | ON }
    | TRANSFORM_NOISE_WORDS = { OFF | ON}
    | TWO_DIGIT_YEAR_CUTOFF = < two_digit_year_cutoff >
    | DB_CHAINING { OFF | ON }
    | TRUSTWORTHY { OFF | ON }
}

< filestream_option > :: =
{
    NON_TRANSACTED_ACCESS = { OFF | READ_ONLY | FULL }
    | DIRECTORY_NAME = 'directory_name'
}

< filespec > :: =
{
(
    NAME = logical_file_name ,
    FILENAME = { 'os_file_name' | 'filestream_path' }
    [ , SIZE = size [ KB | MB | GB | TB ] ]
    [ , MAXSIZE = { max_size [ KB | MB | GB | TB ] | UNLIMITED } ]
    [ , FILEGROWTH = growth_increment [ KB | MB | GB | TB | % ] ]
)
}

< filegroup > :: =
{
FILEGROUP filegroup name [ [ CONTAINS FILESTREAM ] [ DEFAULT ] | CONTAINS MEMORY_OPTIMIZED_DATA
]
    < filespec > [ ,…n ]
}

< service_broker_option > :: =
{
    ENABLE_BROKER
  | NEW_BROKER
  | ERROR_BROKER_CONVERSATIONS
}
```

❑ database_name：数据库名称。数据库名称不能以数字开头，一般是以英文单词、缩写或汉语拼音来命名。尽管允许用中文命名，但不推荐使用。

- CONTAINMENT＝{NONE|PARTIAL}：指定数据库的包含状态，NONE 代表非包含数据库，默认选项；PARTIAL 代表部分包含的数据库。
- ON：自定义用来存储数据库的数据文件。如果省略了 ON 语句，系统也默认可以创建一个数据库。数据库的数据文件和日志文件都与数据库的名称一样，只是扩展名不同而已。这些文件会存储到数据库安装的默认路径中。
- PRIMARY：主数据文件。所谓主数据文件就是在创建数据库时指定的第一个数据文件。一个数据库中只能有一个主数据文件，其他的数据文件被称为次要数据文件。通过 PRIMARY 后的< filespec >和< filegroup >语句来自定义数据文件，< filespec >语句用于自定义数据文件的属性，包括文件名（FILENAME）、文件大小（SIZE）、增长率（FILEGROWTH）等；< filegroup >语句用于自定义文件组，将数据文件通过文件组来管理，便于数据的存储和分配。
- LOG ON：日志文件。如果没对数据库指定日志文件，系统也会为其自动创建一个日志文件。自定义日志文件也需要通过< filespec >中的语句来指定。
- COLLATE collation_name：指定数据库的默认排序规则。排序规则有两类，一类是 Windows 排序规则，另一类是 SQL Server 排序规则。
- WITH < option >：设置创建数据库的属性，通过< option >语句来设置。

创建数据库的语法看似复杂，但在实际应用中并不会应用所有的子句，通常只是使用一些常用的子句。在下一节中将学习这些常用的创建数据库的语句。

2.1.2 创建第一个数据库

最简单的创建数据库的方法是只保留 CREATE DATABASE database_name 这样一句话。

例 2-1 创建一个名为 chapter2 的数据库。

用最简单的语法创建，语法如下：

```
CREATE DATABASE chapter2;
```

执行上面的语法，效果如图 2.1 所示。

通过上面语句创建好的数据库是在安装数据库软件时的默认位置，也就是在 Microsoft SQL Server\MSSQL14. MSSQLSERVER\MSSQL\DATA 的文件夹下面。在这个文件夹下面会有两个与 chapter2 相关的数据库文件。这两个数据库文件中，一个是数据文件 chapter2. mdf，另一个是日志文件 chapter2_log. ldf，如图 2.2 所示。

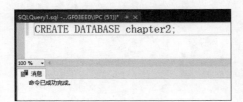

图 2.1 创建 chapter2 数据库

图 2.2 chapter2 数据库创建后的文件

2.1.3 自定义数据文件的位置

为了方便数据库管理员管理,同时也便于查找数据库,通常会在创建数据库时为数据库指定一个位置。为数据库指定位置不仅可以指定数据文件的位置,而且可以指定日志文件的位置。此外,还可以更细化数据文件的大小、自动增长量等信息。

例 2-2 创建一个名为 chapter2_1 的数据库,并将其数据文件保存在 e:\database 文件夹下。

在创建数据库之前,要先确保 e 盘下的 database 文件夹存在,如果不存在该文件夹,请先创建,否则就会出现错误了。创建该数据库的语法如下:

```
CREATE DATABASE chapter2_1
ON PRIMARY
(
    NAME = chapter2_1_data,                        -- 数据文件的逻辑名称
    FILENAME = 'e:\database\chapter2_1_data.mdf',  -- 数据文件的存放位置
    SIZE = 3MB,                                    -- 数据文件大小
    MAXSIZE = 20MB,                                -- 数据文件的最大值
    FILEGROWTH = 10 %                              -- 数据文件的增长量
)
LOG ON
(
    NAME = chapter2_1_log,                         -- 日志文件的逻辑名称
    FILENAME = 'e:\database\chapter2_1_log.ldf',   -- 日志文件的存放位置
    SIZE = 512KB,                                  -- 日志文件大小
    MAXSIZE = 10MB,                                -- 日志文件的最大值
    FILEGROWTH = 10 %                              -- 日志文件的增长量
)
```

执行上面的语法,就可以完成数据库 chapter2_1 的创建了,效果如图 2.3 所示。

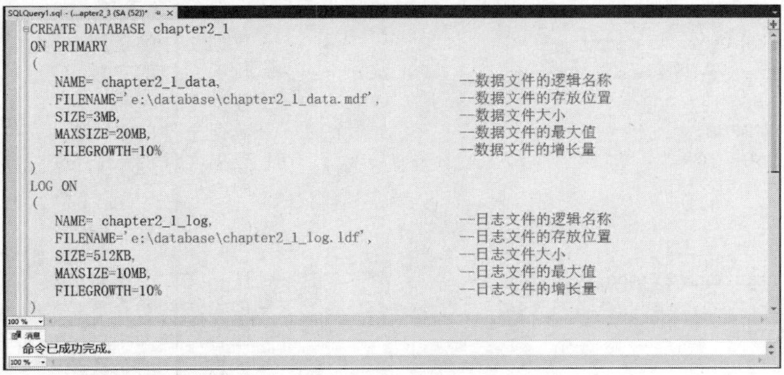

图 2.3 创建数据库 chapter2_1

如果在创建数据库时没有预先创建 database 文件夹,就会出现如图 2.4 所示的错误提示。

注意:在创建数据库时,文件的大小一定要大于 512KB,否则就无法成功创建数据库了。另外,文件的单位不仅可以为 KB 或 MB,还可以是 GB、TB 等单位。在文件增长量部

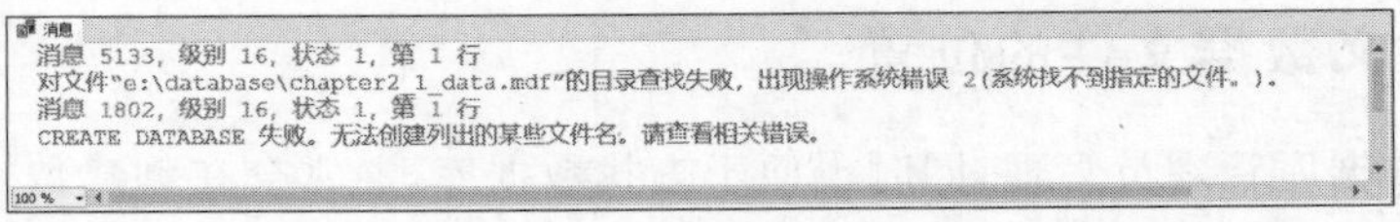

图 2.4　没有 database 文件夹时创建数据库的错误提示

分也可以不使用百分比的形式,使用 KB 或 MB 作为其单位。如果不能预测数据库的最大容量,可以将 maxsize 的值设置成 UNLIMITED(无限制)。

2.1.4　创建由多文件组成的数据库

在例 2-2 中,已经学习了如何在创建数据库时指定数据文件的存储位置。那么,如何在创建数据库时指定多个数据文件? 与例 2-2 的方法大同小异,只是在创建第一个数据文件的后面,再加上一个或多个数据文件。同理,日志文件也是一样,一个数据库中最多有32 767 个数据文件。

例 **2-3**　创建一个名为 chapter2_2 的数据库,该数据库由两个数据文件和两个日志文件构成。

为了便于读者查找数据库,仍然将该数据库创建在 e:\database 文件夹下,具体创建的语法如下:

```
CREATE DATABASE chapter2_2
ON PRIMARY
(
  NAME = chapter2_21_data,                    --数据文件的逻辑名称
  FILENAME = 'e:\database\ chapter2_21_data.mdf',   --数据文件的存放位置
  SIZE = 3MB,                                 --数据文件大小
  MAXSIZE = 20MB,                             --数据文件的最大值
  FILEGROWTH = 10 %                           --数据文件的增长量
),
(
  NAME = chapter2_22_data,                    --数据文件的逻辑名称
  FILENAME = 'e:\database\ chapter2_22_data.ndf',   --数据文件的存放位置
  SIZE = 3MB,                                 --数据文件大小
  MAXSIZE = 20MB,                             --数据文件的最大值
  FILEGROWTH = 10 %                           --数据文件的增长量
)
LOG ON
(
  NAME = chapter2_21_log,                     --日志文件的逻辑名称
  FILENAME = 'e:\database\ chapter2_21_log.ldf',    --日志文件的存放位置
  SIZE = 512KB,                               --日志文件大小
  MAXSIZE = 10MB,                             --日志文件的最大值
  FILEGROWTH = 10 %                           --日志文件的增长量
),
(
  NAME = chapter2_22_log,                     --日志文件的逻辑名称
  FILENAME = 'e:\database\ chapter2_22_log.ldf',    --日志文件的存放位置
  SIZE = 512KB,                               --日志文件大小
  MAXSIZE = 10MB,                             --日志文件的最大值
```

```
         FILEGROWTH = 10 %                              -- 日志文件的增长量
)
```

执行上面的语法，创建 chapter2_2 数据库了，效果如图 2.5 所示。

```
SQLQuery1.sql - (...apter2_3 (SA (52))* ☐ ×
CREATE DATABASE chapter2_2
ON PRIMARY
  (
      NAME= chapter2_21_data,          .              --数据文件的逻辑名称
      FILENAME=' e:\database\ chapter2_21_data.mdf',   --数据文件的存放位置
      SIZE=3MB,                                        --数据文件大小
      MAXSIZE=20MB,                                    --数据文件的最大值
      FILEGROWTH=10%                                   --数据文件的增长量
  ),
  (
      NAME= chapter2_22_data,                          --数据文件的逻辑名称
      FILENAME=' e:\database\ chapter2_22_data.ndf',   --数据文件的存放位置
      SIZE=3MB,                                        --数据文件大小
      MAXSIZE=20MB,                                    --数据文件的最大值
      FILEGROWTH=10%                                   --数据文件的增长量
  )
LOG  ON
  (
      NAME= chapter2_21_log,                           --日志文件的逻辑名称
      FILENAME=' e:\database\ chapter2_21_log.ldf',    --日志文件的存放位置
      SIZE=512KB,                                      --日志文件大小
      MAXSIZE=10MB,                                    --日志文件的最大值
      FILEGROWTH=10%                                   --日志文件的增长量
  ),
  (
      NAME= chapter2_22_log,                           --日志文件的逻辑名称
      FILENAME=' e:\database\ chapter2_22_log.ldf',    --日志文件的存放位置
      SIZE=512KB,                                      --日志文件大小
      MAXSIZE=10MB,                                    --日志文件的最大值
      FILEGROWTH=10%                                   --日志文件的增长量
  )
100 % ▾
📄 消息
 命令已成功完成。
100 % ▾
```

图 2.5   创建 chapter2_2 数据库

执行上面的语法后，查看一下 e:\database 文件夹，在 e:\database 文件夹下应该有 4 个与 chapter2_2 数据库相关的数据文件，如图 2.6 所示。

注意：数据库中文件都是不能重名的。实际上，一个数据库只有一个主数据文件，后缀名是 .mdf。其他数据文件就称为次要数据文件，其文件后缀是 .ndf。

chapter2_21_data
类型：SQL Server Database Primary Data File

chapter2_21_log
类型：SQL Server Database Transaction Log File

chapter2_22_data
类型：SQL Server Database Secondary Data File

chapter2_22_log
类型：SQL Server Database Transaction Log File

图 2.6   chapter2_2 数据库的文件

2.1.5 通过文件组创建数据库

文件组从字面上理解，就是在文件组中存放多个文件。在每一个数据库中都可以存放多个文件组。其中有一个主文件组，其他就是用户自定义的文件组了。通过自定义文件组可以指定在文件组中存放的数据文件。如果没有自定义文件组，数据文件会自动地划分到主文件组中。

例 2-4   创建一个名为 chapter2_3 的数据库，并在该数据库中创建一个自定义的文件组。

将该数据库还存放在 e:\database 文件夹下，具体创建的语法如下：

```
CREATE DATABASE chapter2_3
ON PRIMARY
(
  NAME = chapter2_3_data,                              -- 数据文件的逻辑名称
```

```
    FILENAME = 'e:\database\ chapter2_3_data.mdf',          -- 数据文件的存放位置
    SIZE = 3MB,                                              -- 数据文件大小
    MAXSIZE = 20MB,                                          -- 数据文件的最大值
    FILEGROWTH = 10 %                                        -- 数据文件的增长量
),
FILEGROUP chapter2_group                                     -- 文件组的名字
(
    NAME = chapter2_31_data,                                 -- 数据文件的逻辑名称
    FILENAME = 'e:\database\ chapter2_31_data.ndf',          -- 数据文件的存放位置
    SIZE = 3MB,                                              -- 数据文件大小
    MAXSIZE = 20MB,                                          -- 数据文件的最大值
    FILEGROWTH = 10 %                                        -- 数据文件的增长量
)
LOG ON
(
    NAME = chapter2_3_log,                                   -- 日志文件的逻辑名称
    FILENAME = 'e:\database\ chapter2_3_log.ldf',            -- 日志文件的存放位置
    SIZE = 512KB,                                            -- 日志文件大小
    MAXSIZE = 10MB,                                          -- 日志文件的最大值
    FILEGROWTH = 10 %                                        -- 日志文件的增长量
)
```

执行上面的语法,就可以创建数据库 chapter2_3,效果如图 2.7 所示。

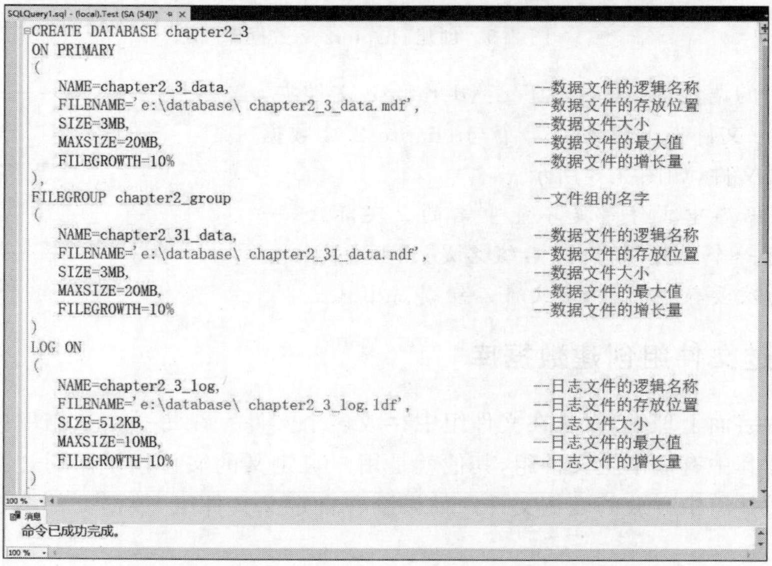

图 2.7　创建数据库 chapter2_3

从本例中可以发现使用文件组时只需要使用 FILEGROUP filegroup_name 语句定义,其括号中的定义与定义数据文件是相同的。另外,日志文件的数量不一定要与数据文件的数量一致,可以将多个数据文件的日志信息存放到同一个日志文件中。

说明:如果要在数据库中创建的对象保存在自定义的文件组中,可以在定义文件组时加上 DEFAULT 关键字,这样就会将该文件组设置成默认文件组。设置方法如下:

```
FILEGROUP chapter2_group DEFAULT
(
    ...
)
```

2.1.6 查看数据库

通过前面的实例已经创建了一些数据库了,那么,数据库管理员都是通过查看创建数据库的文件夹才了解到存在哪些数据库的吗？下面介绍几个简单的方法查看已经创建的数据库以及相关的数据库信息。

例 2-5 使用存储过程 sp_helpdb 查看全部数据库。

存储过程 sp_helpdb 能够查看到所有的数据库,包括系统自带的数据库和用户自定义的数据库,查询效果如图 2.8 所示。

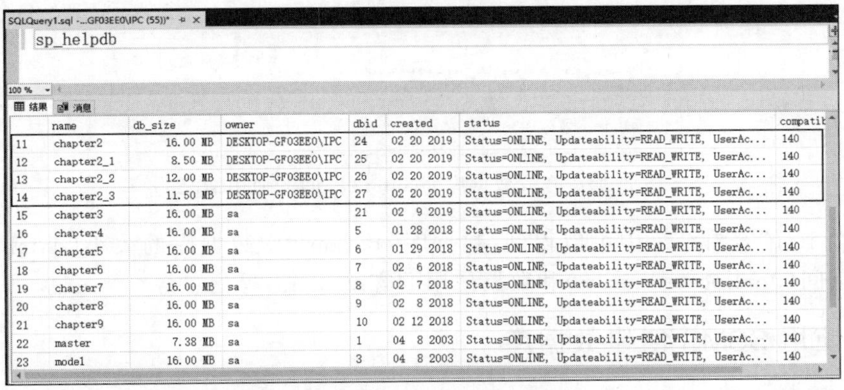

图 2.8 使用 sp_helpdb 查看数据库

从图 2.8 的查询结果中,读者可以找到刚才在例 2-1～例 2-4 中创建的数据库 chapter2、chapter2_1、chapter2_2 及 chapter2_3。

例 2-6 使用存储过程 sp_helpdb 查看数据库 chapter2 的文件。

使用存储过程 sp_helpdb 查看某一个数据库中的数据文件,只需要在存储过程 sp_helpdb 后面加上数据库的名字即可,查看的语法如下:

```
sp_helpdb chapter2;
```

执行上面的语法,效果如图 2.9 所示。

从图 2.9 中可以看到,chapter2 数据库由两个文件组成,一个是数据文件 chapter2,另一个是日志文件 chapter2_log。

例 2-7 查看数据库 chapter2 空间的使用情况。

查看数据库的空间使用情况,能够更好地利用数据的空间。查看数据库使用的空间情况可以使用存储过程 sp_spaceused 来查看,查看的语法如下:

```
USE chapter2              -- 指定要查询的数据库
EXEC sp_spaceused;        -- 执行存储过程
```

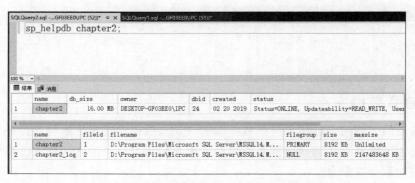

图 2.9　查看数据库 chapter2 的文件

执行上面的语法,效果如图 2.10 所示。

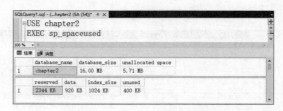

图 2.10　查看数据库 chapter2 空间的使用情况

从图 2.10 的查看结果中可以得到,数据库 chapter2 中数据库的大小(database_size)、未分配的空间(unallocated space)和数据使用的容量(data)等信息。

2.1.7　使用 SSMS 创建数据库

使用 SSMS 不用记语句可以创建数据库。在 SSMS 中创建数据库简单多了,并且也可以指定数据库中的文件数量以及文件的大小等信息。下面使用例 2-8 诠释在 SSMS 中如何创建数据库。

例 2-8　在 SSMS 中创建名为 chapter2_4 的数据库。

使用 SSMS 创建默认的数据库只需如下两个步骤即可。

(1) 打开“新建数据库”对话框。在 SSMS 中的“对象资源管理器”中右击“数据库”选项,在弹出的快捷菜单中选择“新建数据库”选项,如图 2.11 所示。

通过如图 2.11 所示的数据库创建对话框可以完成所有使用 SQL 语句创建数据库的操作。

(2) 添加数据库名称以及数据库文件。在图 2.11 所示的对话框中,将数据库的名称 chapter2_4 添加到数据库名称的文本框中。如果数据库文件部分的信息不需要修改选择默认的设置,再单击“确定”按钮,即可完成数据库的创建,如图 2.12 所示。

至此,数据库 chapter2_4 已经创建完成了。

在 SSMS 中,除了可以使用默认值创建数据库之外,也可以完成更改数据文件的大小、文件的存放位置以及添加文件、使用文件组等操作。

(1) 在创建数据库时,更改文件的大小。

在图 2.12 所示的对话框中,如果更改文件的初始大小,直接在表格中更改即可。如果

图 2.11 "新建数据库"对话框

图 2.12 使用默认设置创建数据库 chapter2_4

更改文件自动增长情况,需要单击自动增长表格后的按钮,弹出如图 2.13 所示对话框。

在图 2.13 所示的对话框中,可以更改文件增长的设置以及最大文件大小的设置。

(2)在创建数据库时,更改文件存放的位置。

如果改变文件存放的位置,需要在图 2.12 所示的对话框中,单击路径表格后面的按钮,弹出如图 2.14 所示的对话框。

在图 2.14 所示的对话框中,选择一个存放数据库的文件路径,单击"确定"按钮,即可完成文件路径的修改。

(3)在创建数据库时,添加其他数据文件。

在创建数据库时,默认一个数据库由一个数据文件和一个日志文件组成。如果要添加数据文件或者日志文件,在图 2.12 所示的对话框中,单击"添加"按钮,如图 2.15 所示。

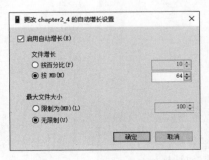

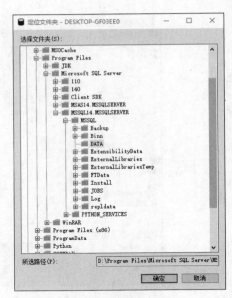

图 2.13　更改文件的自动增长设置　　　　图 2.14　更改文件路径

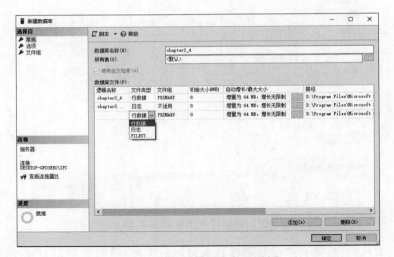

图 2.15　添加数据文件对话框

在图 2.15 所示的对话框中,如果添加的文件是数据文件,在文件类型中选择"行数据",如果添加的文件是日志文件,在文件类型中选择"日志"。新添加的数据文件也可以更改文件的大小及文件的存放路径。

（4）在创建数据库时,创建文件组并使用。

在图 2.12 中可以看到,在数据库文件的列表中有一个名为文件组的列表项,在列中有 PRIMARY 和"不适用"两个类型。PRIMARY 代表主数据文件组,是默认的数据文件存放类型。"不适用"是日志文件的默认类型。如何创建用户自定义的文件组呢？可以选择图 2.12 左侧窗口中的文件组,弹出图 2.16 所示对话框。

在图 2.16 所示对话框中,显示的是当前数据库中存在的文件组信息。目前只有一个

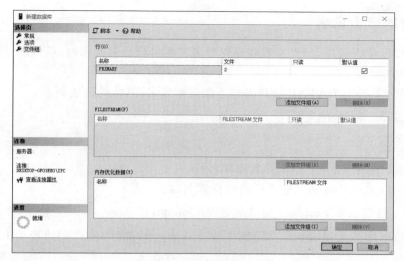

图 2.16 文件组对话框

PRIMARY 文件组。如果添加新的文件组,单击"添加"按钮,并填入相应的文件组信息即可。假设文件组名为 chapter2_4_group,并设置成默认文件组,效果如图 2.17 所示。

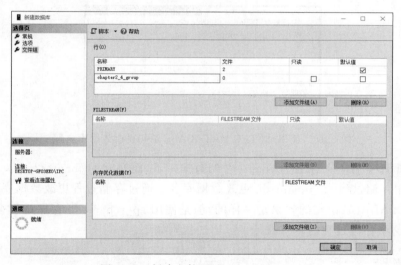

图 2.17 创建文件组 chapter2_4_group

创建后的文件组如何使用呢?在图 2.12 中的文件组选项里可以将数据文件添加到新建的文件组中了。

2.2 修改数据库

修改数据库的操作包括修改数据库的名称、数据文件存放的位置、数据文件的大小以及添加、删除数据文件等操作。ALTER DATABASE 语句是对数据库中的信息进行修改的语句。下面就几个常见的修改数据库问题进行讲解。

视频讲解

2.2.1　数据库重命名

当数据库创建完成后，如果发现数据库的名字不符合命名要求时，可以通过如下两个方法来更改数据库的名称。

（1）使用 ALTER DATABASE 语句更改数据库名，具体的语法如下：

```
ALTER DATABASE old_database_name
MODIFY NAME = new_ database_name;
```

❑ old_database_name：原来的数据库名称。

❑ new_ database_name：更改后的数据库名称。

例 2-9　将数据库 chapter2 的名字更改成 chapter2_new。

原来的数据库名是 chapter2，更改后的名是 chapter2_new，更改的语法如下：

```
ALTER DATABASE chapter2
MODIFY NAME = chapter2_new;
```

执行上面的语法，效果如图 2.18 所示。

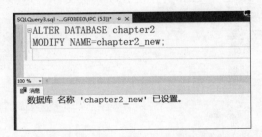

图 2.18　使用 ALTER DATABASE 语句更改数据库名称

现在数据库中就不存在名为 chapter2 的数据库了，而换成了 chapter2_new 数据库。

（2）使用存储过程 sp_renamedb 更改数据库名。通过存储过程更改数据库名称与使用 ALTER DATABASE 语句的效果是一样的，但是使用 sp_renamedb 存储过程会简单一些。只需要记住这个存储过程的名字就行了。语法规则如下。

```
sp_renamedb old_database_name,new_database_name;
```

❑ old_database_name：原来的数据库名称。

❑ new_ database_name：更改后的数据库名称。

例 2-10　将数据库 chapter2_new 更改成 chapter2。

本例将数据库名字又改回了 chapter2，更改的语法如下：

```
sp_renamedb chapter2_new, chapter2;
```

执行上面的语法，效果如图 2.19 所示。

至此，chapter2_new 数据库的名字又改回了 chapter2 了。

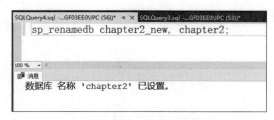

图 2.19 使用 sp_renamedb 更改数据库名称

2.2.2 更改数据文件的大小

数据库的容量是通过数据库中数据文件的大小确定的。更改数据库的容量也就是更改数据库中数据文件的大小,具体的语法如下:

```
ALTER DATABASE database_name
MODIFY FILE
(
  NAME = datafile_name,
  NEWNAME = new_datafile_name,
  FILENAME = 'file_path',
  SIZE = new_size,
  MAXSIZE = new_maxsize,
  FILEGROWTH = new_filegrowth
)
```

❑ database_name:数据库名称。

❑ NAME:数据文件名,要修改的数据文件名称。

❑ NEWNAME:更改后的数据文件名。如果不需要修改数据文件的名称,该语句可以省略。

❑ SIZE:数据文件的初始大小。如果不需要修改数据文件的初始大小,该语句可以省略。

❑ MAXSIZE:数据文件的最大值。如果不需要修改数据文件的最大值,该语句可以省略。

❑ FILEGROWTH:文件自动增长值。如果不需要修改文件自动增长值,该语句可以省略。

例 2-11 将数据库 chapter2 中的数据文件的初始大小改成是 30MB。

根据题目要求,只更改数据文件 chapter2 的初始大小即可,更改的语法如下:

```
ALTER DATABASE chapter2
MODIFY FILE
(
  NAME = chapter2,          -- 数据文件名
  SIZE = 30MB               -- 数据文件的初始大小
)
```

执行上面的语法,效果如图 2.20 所示。

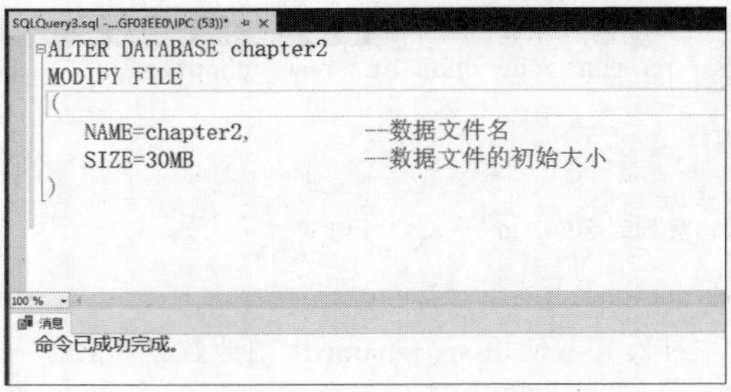

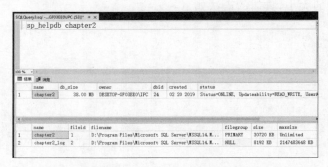

图 2.20　更改数据的初始大小

这样,chapter2 数据库中的数据文件的初始值就更改成了 30MB。通过 sp_helpdb 可以验证一下修改的效果,如图 2.21 所示。

图 2.21　查看修改后的 chapter2 数据文件的初始大小

通过图 2.21 的查询结果可以看出,chapter2 数据库中的数据文件的初始大小已经更改成了 30720KB。因为 1MB=1024KB,30720KB 也就是 30MB。

2.2.3　添加数据库中的文件

除了改变原有的数据库设置之外,还可以在数据库中添加数据文件或者是日志文件、文件组。在向数据库中添加文件前,先要通过存储过程 sp_helpdb 查看现有的文件信息。避免向数据库添加新文件时重名,下面先学习向数据库中添加文件的语法规则。

```
ALTER DATABASE database_name
[ADD FILE|LOG FILE
(
    NAME = logic_file_name,
    FILENAME = 'file_path',
    SIZE = new_size,
    MAXSIZE = new_maxsize,
    FILEGROWTH = new_filegrowth
)]
ADD FILEGROUP filegroup_name
[TO FILEGROUP filegroup_name]
```

❑ database_name:数据库名称。要修改的数据库名称。

❑ ADD FILE:添加数据文件。添加数据文件和创建日志文件的文件结构是一样的。

❑ ADD LOG FILE:添加日志文件。

❑ ADD FILEGROUP：添加文件组。

❑ TO FILEGROUP：为数据文件指定文件组。如果没有指定文件组，默认情况下，数据文件会添加到 PRIMARY 文件组中。

下面通过例 2-12 和例 2-13 讲解如何应用上面的语法添加文件或文件组。

例 2-12　在 chapter2 数据库中添加一个名为 chapter2_newadd 的数据文件。

在添加数据文件之前先通过 sp_helpdb 查看 chapter2 数据库的存储位置以及数据文件的名字。添加 chapter2_newadd 数据文件的语法如下：

```
ALTER DATABASE chapter2
ADD FILE
(
    NAME = chapter2_newadd,                     -- 数据文件名
    FILENAME = 'D:\Program Files\Microsoft SQL Server\MSSQL14.MSSQLSERVER\MSSQL\DATA \chapter2_1.ndf',
                                                -- 文件存储位置
    SIZE = 3MB,                                 -- 文件初始大小
    MAXSIZE = UNLIMITED,                        -- 文件的最大值
    FILEGROWTH = 10 %                           -- 文件的自动增长率
)
```

执行上面的语法，效果如图 2.22 所示。

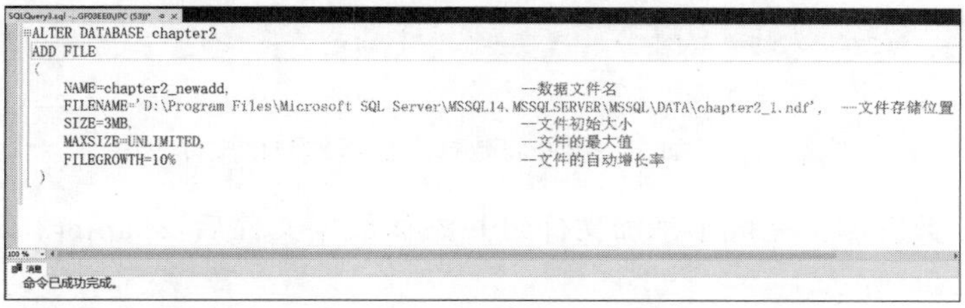

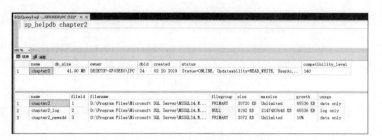

图 2.22　向 chapter2 数据库中添加数据文件

添加数据文件 chapter2_newadd 后，chapter2 数据库当前的数据文件组成如图 2.23 所示。

图 2.23　chapter2 数据库添加数据文件后的效果

例 2-13　在数据库 chapter2 中添加一个名为 chapter2_group 的文件组，然后再为数据库添加一个名为 chapter2_newadd_1 的数据文件并将该文件添加到 chapter2_group 文件组中。

根据题目要求，先创建文件组，再将新创建的数据文件添加到文件组中，具体的语法如下：

```
ALTER DATABASE chapter2
ADD FILEGROUP chapter2_group                        -- 添加文件组

ALTER DATABASE chapter2
ADD FILE                                             -- 添加文件
(
    NAME = chapter2_newadd_1,                        -- 添加的数据文件名
    FILENAME = 'D:\Program Files\Microsoft SQL Server\MSSQL14.MSSQLSERVER\MSSQL\DATA\chapter2_2.ndf',
    SIZE = 3MB,
    MAXSIZE = UNLIMITED,
    FILEGROWTH = 10 %
)
TO FILEGROUP chapter2_group
```

执行上面的语法,效果如图 2.24 所示。

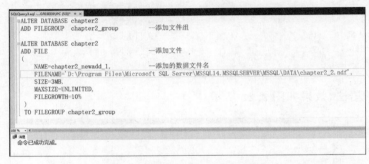

图 2.24　添加文件组并将数据文件添加到该文件组中

在 chapter2 数据库上完成了添加文件组并添加数据文件后,chapter2 数据库中的数据文件信息如图 2.25 所示。

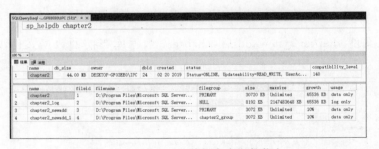

图 2.25　chapter2 数据库中文件信息

从图 2.25 中可以看到,在 chapter2 数据库的文件信息中多了一个数据文件 chapter2_newadd_1,并且该数据文件在 chapter2_group 文件组中。

在完成了例 2-12 和例 2-13 的练习后,下面请试试如何在 chapter2 数据库中添加日志文件。

2.2.4　删除数据库中的文件

数据库中的文件不能一味地添加,当数据库中的某些文件不再需要时,需要清理数据库中的文件了。在 2.2.3 小节中学习了如何添加数据文件、日志文件以及文件组。在本节中

学习如何删除这些文件,删除文件的语法如下:

```
ALTER DATABASE database_name
REMOVE FILE|FILEGROUP file_name|filegroup_name
```

❑ database_name:数据库名称。

❑ REMOVE FILE:移除文件。移除的文件包括数据文件和日志文件。移除文件只需要在该语句后面加上要移除的文件名称即可。

❑ REMOVE FILEGROUP:移除文件组。移除文件组的前提是要确保文件组中没有任何文件。需要移除文件组时,需要将文件组的名字加在该语句之后。

下面将例 2-12 和例 2-13 中添加的数据和文件组删除。

例 2-14 把数据文件 chapter2_newadd 从 chapter2 数据库中删除。

根据题目要求,删除数据文件的语法如下:

```
ALTER DATABASE chapter2
REMOVE FILE chapter2_newadd;          -- 要删除的数据文件名
```

执行上面的语法,效果如图 2.26 所示。

图 2.26 删除数据文件 chapter2_newadd

至此,数据文件 chapter2_newadd 从 chapter2 数据库中移除了。

例 2-15 把文件组 chapter2_group 从 chapter2 数据库中删除。

根据题目要求,要删除文件组 chapter2_group。由于在文件组 chapter2_group 中存在数据文件 chapter2_newadd1,因此要先将其删除,再删除文件组。语法如下:

```
ALTER DATABASE chapter2
REMOVE FILE chapter2_newadd_1          -- 删除数据文件
ALTER DATABASE chapter2
REMOVE FILEGROUP chapter2_group        -- 删除文件组
```

执行上面的语法,效果如图 2.27 所示。

至此,文件组 chapter2_group 从数据库 chapter2 中移除了。

2.2.5 使用 SSMS 修改数据库

在前面的学习中已经知道了如何在 SSMS 中创建数据库了。在 SSMS 中修改数据库,也涵盖了使用语句修改数据库的全部操作。但是,修改数据库的名字与其他的修改操作略有不同。下面就分两个方面来讲解在 SSMS 中修改数据库的方法。

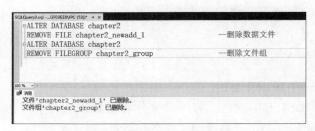

图 2.27　删除文件组 chapter2_group

1. 修改数据库的名字

修改数据库的名字很简单,直接通过右击要修改名字的数据库,在弹出的快捷菜单中选择"重命名"选项,然后在数据库名字处输入新的数据库名字,单击回车键确认即可。读者可以自行尝试将 chapter2 改成 chapter2_new。

2. 修改数据库中的文件以及文件组

修改数据库中的文件及文件组与创建数据库时的方法类似,这里以修改 chapter2 数据库为例讲解如何在 SSMS 中修改。

(1)打开"数据库属性"对话框。在 SSMS 的"对象资源管理器"中右击 chapter2 数据库,在弹出的快捷菜单中选择"属性"选项,弹出如图 2.28 所示的数据库属性对话框。

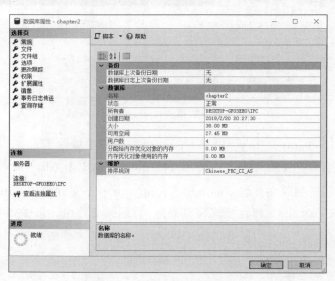

图 2.28　chapter2 数据库属性

(2)修改文件并确定。在图 2.28 所示对话框中选择"文件"选项,出现 chapter2 数据库中的文件信息,如图 2.29 所示。

图 2.29 所示的对话框与之前创建数据库的对话框是类似的,可以添加或删除数据文件和日志文件。具体的操作也与创建数据库时的方法类似。在进行任何操作后要单击"确定"按钮,保存所做的修改。

(3)修改文件组并确定。在图 2.29 所示对话框中选择"文件组"选项,出现 chapter2 数据库中的文件组信息,如图 2.30 所示。

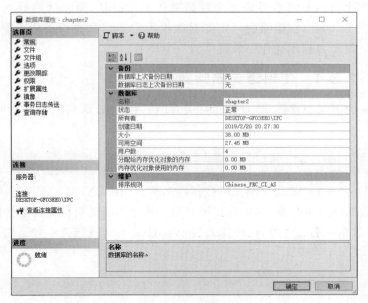

图 2.29　修改文件

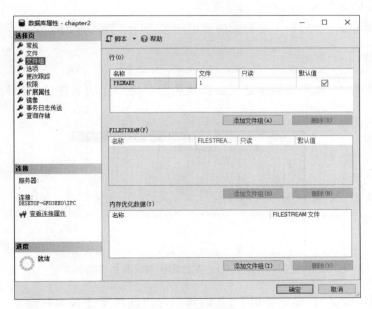

图 2.30　修改文件组

在图 2.30 所示对话框中,可以添加或删除 chapter2 中的文件组。但是,在 SSMS 中删除文件组时也要注意,只有文件组中没有数据文件了才能够删除。在对文件组进行操作后,也要单击"确定"按钮,保存对 chapter2 数据库中文件组所做的修改。

2.3　删除数据库

当数据库中的所有数据文件都不再需要时,整个数据库就没有用了。这时需要删除整

视频讲解

个数据库而不再是某个数据文件了。但是,删除后的数据库不能再恢复了,因此,在删除前一定要对数据库中的信息进行备份。删除数据库可以说是数据库操作中最简单的一个环节。

2.3.1 使用语句删除数据库

删除数据库的语句非常简单,使用 DROP DATABASE 语句就可以删除,具体的语法如下:

```
DROP DATABASE [ IF EXISTS ] database_name [ ,...n ]
```

其中,database_name 就是要删除的数据库名称。[IF EXISTS]是一个可选语句,用于判断要删除的数据库是否存在,如果存在则删除。如果不清楚要删除的数据库名,可以通过 sp_helpdb 查看数据库名。此外,还可以通过 sys.databases 视图查看数据库,具体查询语句如下所示。

```
SELECT name,user_access_desc,is_read_only,state_desc,recovery_model_desc
FROM sys.databases;
```

例 2-16 删除名为 chapter2 的数据库。

根据题目要求,已经知道了要删除的数据库名,具体的语法如下:

```
DROP DATABASE chapter2;
```

在删除数据库时,如果数据库处于正在使用的状态是无法删除的,错误信息如图 2.31 所示。

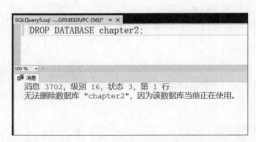

图 2.31　删除处于正在使用状态的数据库的效果

因此,在删除数据前,先要使用 USE 语句指定当前将要连接的数据库(非 chapter2 数据库)再删除,具体的语法如下:

```
USE master
GO
DROP DATABASE chapter2;
```

执行上面的语法,效果如图 2.32 所示。

至此,数据库 chapter2 已经被移除了。当然,也可以直接在 SSMS 中的工具栏中设置当前打开的数据库,如图 2.33 所示。

图 2.32 删除 chapter2 数据库

图 2.33 设置当前打开的数据库

2.3.2 使用 SSMS 删除数据库

使用语句删除数据库非常简单,那么,在 SSMS 中删除数据库就更便捷了。只需要在对象资源管理器中右击要删除的数据库,在弹出的快捷菜单中选择"删除"选项即可将数据库删除。无论用哪种方法删除数据库,一定要先备份数据库再删除数据库。

2.4 本章小结

在本章中主要讲解了通过 SQL 语句和 SSMS 如何创建、修改以及删除数据库。在创建数据库时要注意创建数据库时文件大小的设置以及文件的存储位置;在修改数据库时要注意不能将数据文件的大小设置成比修改前的还小,以及不能够直接清除含有文件的文件组;删除数据库是最简单的操作,但也要在删除之前备份数据库,以避免不必要的损失。

2.5 本章习题

一、填空题

1. 数据库中主数据文件的扩展名是_____。

2. 数据库通常由_____和_____文件组成。

3. 数据库默认存放的位置是_____。

二、选择题

1. 创建数据库 test,语句是( )。

    A. CREATE DATA test   B. CREATE DATABASE test

    C. 以上都不对

2. 下面对数据库的描述正确的是( )。

    A. 一个数据库只能有一个数据文件和一个日志文件

    B. 一个数据库只能有一个数据文件和多个日志文件

    C. 一个数据库可以有多个数据文件和多个日志文件

    D. 以上都不对

3. 下面对修改数据库的描述正确的是( )。

    A. 不能给数据库改名

B. 在数据库创建完成后,不能随意更改数据库的大小

C. 可以使用系统存储过程 sp_renamedb 更改数据库的名称

D. 以上都不对

三、问答题

1. 如何给数据库中数据文件指定大小?

2. 如何给数据库添加文件组?

3. 如何删除数据库中的文件?

四、操作题

1. 创建一个名为 test 的数据库。

2. 为 test 数据库使用 SQL 语句添加数据文件。

3. 分别使用两种方法将数据库 test 的名字改成 testone。

第 3 章

操作数据表

在第 2 章中已经讲解了数据库的一些基本操作，那么，数据库中的数据如何存放呢？数据库相当于一个文件夹，在一个文件夹中可以存放多个文件。数据库中的文件称为数据表，也就是用来存储数据的容器。一个数据库有若干张数据表，每张数据表的名字都是唯一的，就像一个文件夹中的文件名都是唯一的一样。

本章主要知识点如下：

❑ 数据表中的数据类型；

❑ 如何创建数据表；

❑ 如何修改数据表；

❑ 如何删除数据表。

3.1 数据表中字段的数据类型

当我们在网站上注册一个用户的时候，需要输入哪些数据呢？通常有用户名、密码、邮箱、年龄和联系方式等。只要是注册时填入的数据，最终都将提交到数据库中存放。这些数据包含什么呢？输入注册信息的时候会有汉字、数字、字母以及特殊符号等。既然这些数据都能够存到数据库中，也就是说数据表中能存放这些类型的数据。实际上，在数据表中不仅可以存储这些数据类型，还可以存放很多其他数据类型。本节将详细讲解 SQL Server 数据表中使用的数据类型。

3.1.1 整型和浮点型

整型和浮点型都属于数值类型，也就是用来存放数字的一种数据类型。这个类型在日常生活中用得比较多，在什么情况下需要整数和小数呢？当存放年龄时需要整数，当存放金额时需要小数，当存放商品数量时需要整数等。那在 SQL Server 数据库中整数和浮点数用什么名称表示呢？首先，学习如表 3.1 所示的整数类型。

表 3.1　整数类型

数 据 类 型	取 值 范 围	说　明
bit	存储 0 或 1	表示位整数,除了 0 和 1 之外,也可以取值 NULL
tinyint	$0\sim2^{8}-1$	表示小整数,占 1 个字节
smallint	$-2^{15}\sim2^{15}-1$	表示短整数,占 2 个字节
int	$-2^{31}\sim2^{31}-1$	表示一般整数,占用 4 个字节
bigint	$-2^{63}\sim2^{63}-1$	表示大整数,占用 8 个字节

从表 3.1 可以看出,整数类型主要包括 bit、tinyint、smallint、int 和 bigint,它们的取值范围是从小到大的。在实际应用中,要根据存储数据的大小选择数据类型,这样能够节省数据库的存储空间。这就像在超市结账时,根据选择物品的多少再购买购物袋一样。如果购买的东西多,就选择大号的;如果购买的东西少,就选择小号的。

接下来介绍表 3.2 所示的浮点型。

表 3.2　浮点型

数 据 类 型	取 值 范 围	说　明
numeric(m,n)	$-10^{38}+1\sim10^{38}-1$	表示 $-10^{38}+1\sim10^{38}-1$ 范围中的任意小数,numeric(m,n)中的 m 代表有效位数,n 代表小数要保留的小数位数。例如:numeric(7,2)表示是长度为 7 的数,并保留 2 位小数
decimal(m,n)	$-10^{38}+1\sim10^{38}-1$	与 numeric(m,n)的用法相同
real	$-3.40E+38\sim3.40E+38$	占用 4 个字节
float	$-1.79E+308\sim1.79E+308$	占用 8 个字节

从表 3.2 可以看出,如果要精确表示小数可以使用 numeric(m,n)或者 decimal(m,n);如果不需要精确并且表示更多的小数位数可以使用 real 或者 float。总之是根据数据的大小和精度选择合适的浮点型。

3.1.2　字符串类型

字符串类型是数据表中存储数据最常用的数据类型。那么,什么样的数据可以用字符串类型表示呢?任何数据都可以说成是字符串类型,汉字、字母、数字、一些特殊字符甚至是日期形式都可以用字符串类型存储。用来表示字符串的数据类型是按照存储字符串的长度划分的。具体分类如表 3.3 所示。

表 3.3　字符串类型

数 据 类 型	取值范围(字符)	说　明
char(n)	$1\sim8000$	用来表示固定长度的字符串,如果存放的数据没有达到定义时长度,系统会自动用空格填充到该长度
varchar(n)	$1\sim8000$	用于表示变长的数据。1 个字符占 1 个字节,不用空格填充长度
varchar(max)	$1\sim2^{31}-1$	用于表示变长的数据。该数据类型表示的长度是输入数据的实际长度加上 2 个字节

数据类型	取值范围(字符)	说　　明
text	$1\sim2^{31}-1$	用于表示变长的数据。1 个字符占 1 个字节,最大可以存储 2GB 的数据
nchar(n)	$1\sim4000$	用于表示固定长度的双字节数据。1 个字符占 2 个字节。与 char 类型一样,如果存放的数据没有达到定义时的长度,系统会自动用空格填充到该长度
nvarchar(n)	$1\sim4000$	用于表示变长的数据。与 varchar(n)的区别就是 1 个字符需要占用 2 个字节来表示
nvarchar(max)	$1\sim2^{31}-1$	用于表示变长的数据。该数据类型表示的长度是输入数据的实际长度的 2 倍加上 2 个字节
ntext	$1\sim2^{31}-1$	用于表示变长的数据。1 个字符占 2 个字节,最大可以存储 2GB 的数据
binary(n)	$1\sim8000$	用于表示固定长度的二进制数据。如果输入数据的长度没有达到定义的长度,用 0X00 填充
varbinary(n)	$1\sim8000$	用于定义一个变长的数据。存储的是二进制数据,输入的数据实际长度小于定义的长度也不需要填充值
image	$1\sim2^{31}-1$	用于定义一个变长的数据。image 类型不用指定长度,可以存储二进制文件数据

　　通过学习表 3.3 中的数据类型,读者不难发现,实际上字符串类型可以大致分为三类:一是 1 个字符占用 1 个字节的字符串类型(char、varchar 及 text);二是 1 个字符占用 2 个字节的字符串类型(nchar、nvarchar 及 ntext);三是存放二进制数据的字符串类型(binary、varbinary 及 image)。每类中字符串类型又分为存放固定长度和可变长度的类型,在实际的应用中推荐读者在不确定字符的取值范围时使用可变长度的类型,而为固定字符长度的数据选择固定长度的数据类型,例如,身份证号、手机号等,这样就可以节省数据的存储空间。

　　说明:在字符串类型中的 varchar(max)及 nvarchar(max)类型是在 SQL Server 2005 版本上开始使用的。

3.1.3　日期时间类型

　　虽然日期时间可以用字符串类型表示,但是在 SQL Server 中还是为其准备了一套数据类型专门用于表示日期时间类型。通过日期时间类型可以将日期时间表示得更加准确了,在 SQL Server 中表示日期时间类型的数据类型主要有 datetime 和 smalldatetime 两种。具体的表示方法如表 3.4 所示。

表 3.4　日期时间类型

数据类型	取值范围	说　　明
datetime	1753 年 1 月 1 日～9999 年 12 月 31 日	占用 8 个字节,精确到 3.33 毫秒
smalldatetime	1900 年 1 月 1 日～2079 年 6 月 6 日	占用 4 个字节,精确到分钟

　　虽然有了存储日期时间的数据类型,但还要清楚日期时间的存储格式。通常日期的输入格式有 3 种,英文+数字的格式、数字+分隔符的格式、数字格式。下面分别用这三种形

式表示 2018 年 5 月 1 日。

```
May 1 2018          -- 英文＋数字格式
2018 - 5 - 1        -- 数字＋分隔符格式
2018.5.1            -- 数字＋分隔符格式
2018/5/1            -- 数字＋分隔符格式
20180501            -- 数字格式
180501              -- 数字格式
```

看了上面的例子,可以对日期类型的表示有所了解。在这 3 种表示方法中,"数字＋分隔符"的格式是最常用的,也是最灵活的。除了上面的 3 种数字＋分隔符的表示形式外,还可以按照月日年、日月年的顺序表示日期类型的数据。例如,5-1-2018、1-5-2018 等形式。

除了日期有固定的存储格式外,时间部分的数据也有固定的存储格式。通常时间类型的数据存储的格式都是按照"小时:分钟:秒.毫秒"存储的。例如,上午的 9 点 10 分 20 秒,可以用 9:10:20 表示。时间的表示可以分为 24 小时和 12 小时两种格式,如果是 12 小时的格式,用 am 表示上午,用 pm 表示下午。例如,晚上的 10 点 30 分 10 秒,可以用 10:30:10 pm 表示。

日期时间数据通常在一起存储,需要在日期格式后面加上一个空格然后加上时间格式表示。例如,2018 年 5 月 25 日下午 5 点 25 分 10 秒,就可以写成 2018-5-25 5:25:10 pm。存储日期时间类型时,要注意格式问题。另外,还要提醒读者在一个数据表中存储的日期时间的格式要统一,否则在查询数据时就会造成一些麻烦。

3.1.4　其他数据类型

在数据表存储数据除了上面讲的 3 类比较常用的数据类型外,还有一些不太常用的数据类型。例如,timestamp 类型、xml 类型、cursor 类型等。timestamp 类型时间戳类型,在更新数据时,系统会自动更新时间戳类型的数据,它也可以用于表示数据的唯一性。另外,在一张数据表中只能有一个时间戳类型的列。xml 类型可以存储之前学过的其他类型的数据,也可以存储 XML 文件格式的数据,它的存储空间最大是 2GB。cursor 类型是用于存储变量或者是存储过程输出的结果,它通常都用于存储查询结果,在存储过程中应用较多。

除了系统自带的数据类型外,如果用户觉得这些数据类型满足不了需求时也可以自定义数据类型。自定义数据类型很简单,具体的语法如下:

```
CREATE TYPE type_name
FROM datatype;
```

❑ type_name:自定义的数据类型名称。名称不能以数字开头。
❑ datatype:数据类型。自定义的数据类型,除了写数据类型外,还可以指定该类型是否为空值。

【例】**3-1**　定义一个数据类型,用来表示字符串长度是 20 并且不能为空。

根据题目要求,仍然需要定义一个字符串类型,可以选择系统的字符串类型有很多,char、varchar、nchar 和 nvarchar 都是可以的。这里,选择一个可变长度的字符串类型

varchar，具体的语法如下：

```
CREATE TYPE usertype
FROM varchar(20) NOT NULL;
```

通过上面的语法可以为数据库新添加一个数据类型 usertype，在使用该类型时直接用 usertype 就可以了。

如果不需要自定义的数据类型了，也可以通过 DROP TYPE 语句将其删除。如果要删除在示例 3-1 中定义的数据类型 usertype，删除的语法如下：

```
DROP TYPE usertype;
```

对于自定义数据类型的应用，还将在下面的小节中详细讲解。

3.2 创建数据表

数据表在数据库中的地位就好像人的器官一样重要。数据库中如果一张数据表都不存在，那么数据库也就没有了存在的意义。在 SQL Server 2017 中除了一般的关系数据表外，还允许创建文件表、图形表、外部表。既然数据表如此重要，就让我们先学习数据表如何创建。

视频讲解

3.2.1 创建一般数据表的语法

所谓一般数据表，也是数据库中最常用的一类数据表，主要涉及的内容就是列名和数据类型。创建数据表的语法非常复杂，语句也非常多。在本小节中先学习创建数据表的基本语法格式，具体的语法如下：

```
CREATE TABLE table_name
(
  column_name1 datatype,
  column_name2 datatype,
  ...
);
```

❑ table_name：表名。在一个数据库中数据表的名字不能重复，且数据表不能用数字来命名。通常要将表名声明成有实际意义的名字，增强可读性。

❑ column_name1：列名。表中的列名也是不能重复的。

❑ datatype：数据类型。允许使用系统自带的数据类型也可以是用户自定义的数据类型。

3.2.2 创建简单数据表

有了在 3.2.1 小节中讲解的语法，就可以创建数据表了。但是，这个数据表只是最简单的一种形式，只有列名和数据类型没有其他的设置。不管多么简单的一张表，都要先弄清楚表中的列名和数据类型。假设要完成一张用户信息表的创建，表的列名和数据类型用表 3.5 表示。

表 3.5 用户信息表（userinfo）

编　　号	列　　名	数 据 类 型	说　　明
1	id	int	编号
2	name	varchar(20)	用户名
3	password	varchar(10)	密码
4	email	varchar(20)	邮箱
5	QQ	varchar(15)	QQ 号码
6	tel	char(11)	手机号

从表 3.5 可以看出，除了编号外都设置成了字符串类型。但是，字符串类型的长度设置略有不同。编号用整数表示，可以设置成自动增长的，以避免用户编号重复。为什么用户编号不能够重复呢？ 其实，这就是为了避免出现多条重复的记录，如果重复的话就很难判断是哪个用户了。这就好像是每个人都共用同一个卡号的银行卡，那么如何知道给谁发工资了呢？ 谁花钱了呢？ 当然，也可以将其他字段设置成不重复的，使用第 4 章中介绍的唯一约束就可以很容易设置了。下面用例 3-2 演示如何创建用户信息表。

例 3-2　根据表 3.5 的列名信息创建用户信息表（userinfo）。

根据题目要求，创建用户信息表的语句如下所示。这里在 chapter3 数据库中创建数据表。如果没有 chapter3 数据库，请读者自行创建一个名为 chapter3 的数据库。本章所有数据表都将创建在该数据库中。

```
USE chapter3                    -- 打开 chapter3 数据库
CREATE TABLE userinfo
(
    id          int,
    name        varchar(20),
    password    varchar(10),
    email       varchar(20),
    QQ          varchar(15),
    tel         char(11)
);
```

执行上面的语法，可以在 chapter3 数据库中创建 userinfo 数据表，执行效果如图 3.1 所示。

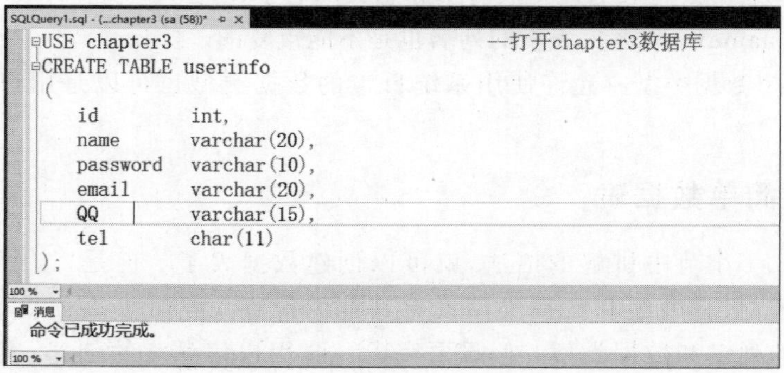

图 3.1　创建表 userinfo

3.2.3　创建带标识列的数据表

所谓标识列,也可以称为自动变化值的列,是让字段按照某一个规律增加,这样可以做到该列的值是唯一的。在 SQL Server 数据库中,设置带标识列的前提是该列是一个整数类型的数据。另外在设置标识列时,还需要指定初始值以及每次增长多少共两个参数,需要注意的是,在设置增长值时既可以设置负数也可以设置正数,设置负数表示从初始值基础上递减,设置正数则表示从初始值基础上递增。具体的设置方式如下。

```
IDENTITY(minvalue,increment)
```

- ❑ minvalue:最小值,也可以说是该列第一个要使用的值。默认情况下是从 1 开始的。
- ❑ increment:每次增加值。默认情况下也是每次加 1。

如果采用默认的从 1 开始每次增加 1 的自增长方式,需要在列的定义后面直接使用 IDENTITY 关键字设置。

【例】3-3　根据表 3.5 的字段信息创建用户信息表(userinfo1),并将该表中的编号列(id)设置成自动增长列,编号从 1 开始每次增加 2。

根据题目要求,具体的创建表语句如下所示。该表仍然创建在 chapter3 数据库中。由于数据库中已经存在了 userinfo 的数据表,因此表的名字定义成 userinfo1。

```
USE chapter3                        -- 打开 chapter3 数据库
CREATE TABLE userinfo1
(
  id          int IDENTITY(1,2),  -- 设置自动增长字段
  name        varchar(20),
  password    varchar(10),
  email       varchar(20),
  QQ          varchar(15),
  tel         char(11)
);
```

执行上面的语法,在 chapter3 中创建表 userinfo1,执行效果如图 3.2 所示。

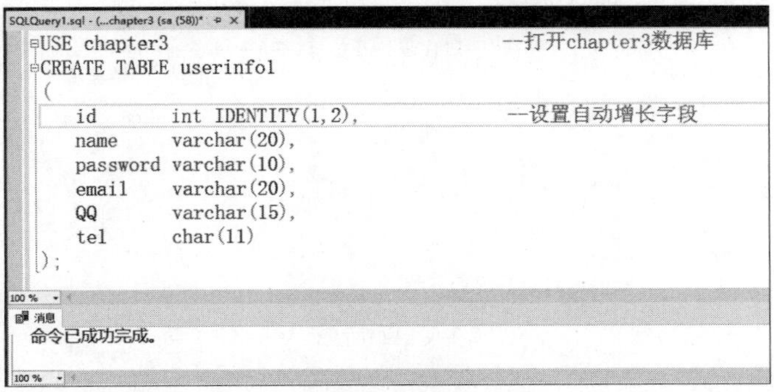

图 3.2　创建表 userinfo1

通过上面的例子,可以知道 IDENTITY 这个关键字放在什么位置。就是放在设置成标识列的数据类型的后面。

3.2.4 创建带自定义数据类型的数据表

如果要在表 3.5 所示的列信息中使用自定义数据类型,应该将哪些列设置成自定义数据类型呢? 在表 3.5 中有两个列的数据类型使用了 varchar(20),将 varchar(20)可以定义成一个自定义的数据类型。这样,不仅在这个表中,在整个数据库里如果再需要这种数据类型时,都可以直接使用自定义的数据类型。实际上,经常会将一个或多个表中经常出现的数据类型定义成自定义数据类型。

例 3-4 根据表 3.5 创建用户信息表(userinfo2)并使用用户自定义类型 usertype1。在创建用户信息表之前,先创建一个自定义数据类型 usertype1,类型是 varchar(20)。

根据题目要求,先创建自定义数据类型 usertype1,具体的语法如下:

```
USE chapter3
CREATE TYPE usertype1
FROM varchar(20);
```

执行上面的语法,在 chapter3 中创建了一个名为 usertype1 的数据类型。
在创建用户信息表(userinfo2)时,使用 usertype1 数据类型,具体的语法如下:

```
USE chapter3                          -- 打开 chapter3 数据库
CREATE TABLE userinfo2
(
  id        int,
  name      usertype1,
  password  varchar(10),
  email     usertype1,
  QQ        varchar(15),
  tel       char(11)
);
```

执行上面的语法,在数据库 chapter3 中创建了表 userinfo2,执行效果如图 3.3 所示。

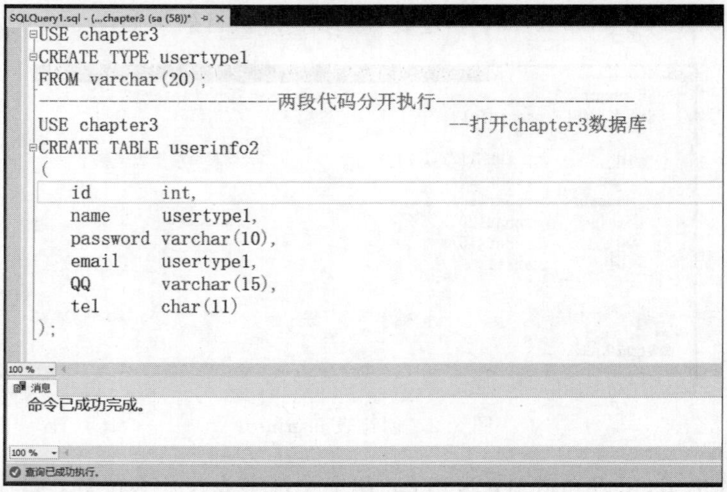

图 3.3 创建表 userinfo2

3.2.5 在其他文件组上创建数据表

前面的例3-2～例3-4创建的数据表都存放在chapter3数据库的主文件组中了。在第2章学习数据库的操作时提到过在一个数据库中可以有多个文件组,但是只有一个主文件组,默认情况下数据文件都会存放在主文件组中,也可以指定文件存放在其他文件组中。不仅是数据文件,数据表也是可以指定存放的文件组的。具体的语法如下:

```
CREATE TABLE table_name
(
  column1_name datatype,
  column2_name datatype,
      ...
)
ON filegroup_name;
```

这里filegroup_name是文件组的名字。

例 3-5 根据表3.5所示的字段信息创建用户信息表(userinfo3),并将该数据表创建在chapter3数据库的filegroup文件组中。

根据题目要求,假设在创建chapter3数据库时,添加了文件组filegroup。具体的语法如下:

```
USE chapter3                  -- 打开chapter3数据库
CREATE TABLE userinfo3
(
  id        int,
  name      varchar(20),
  password  varchar(10),
  email     varchar(20),
  QQ        varchar(15),
  tel       varchar(15)
)
ON filegroup;
```

执行上面的语法,在chapter3数据库的filegroup文件组里创建了userinfo3数据表,执行效果如图3.4所示。

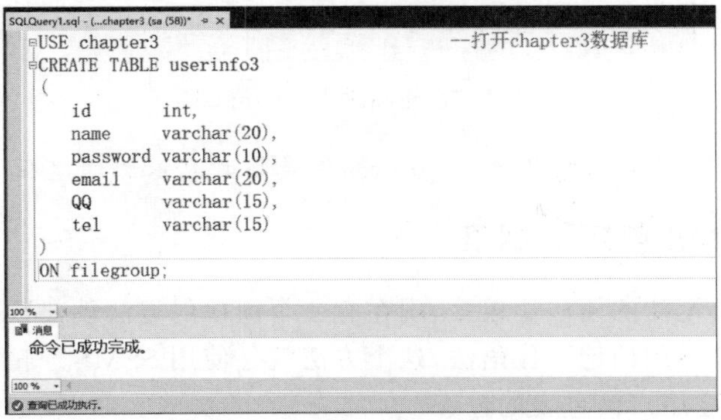

图 3.4 创建表 userinfo3

3.2.6 创建临时表

所谓临时表指不是数据库中永久存在的表,只是临时保存数据时使用的。临时表又分为本地临时表和全局临时表。本地临时表是以"♯"开头的数据表,在当前登录用户下可用;全局临时表是以"♯♯"开头的数据表,所有用户都可以使用。临时表的创建语法与一般的数据表创建是一样的,只是临时表通常都存放在 tempdb 数据库中。

例 3-6 创建一个临时表(♯temptable),表中的列信息如表 3.6 所示。

表 3.6 用户信息临时表(♯**temptable**)

编 号	字 段 名	数 据 类 型	说 明
1	id	int	编号
2	name	varchar(20)	用户名
3	password	varchar(10)	密码

根据题目要求,创建临时表 temptable 的语法如下:

```
CREATE TABLE ♯temptable
(
  id        int,
  name      varchar(20),
  password  varchar(10)
)
```

执行上面的语法,在 tempdb 数据库中创建了一个名为 ♯temptable 的临时表。执行效果如图 3.5 所示。

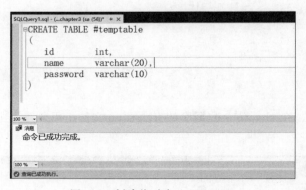

图 3.5 创建临时表 ♯temptable

注意:虽然当前打开的数据库是 chapter3,但是临时表依然创建在 tempdb 数据库中。

3.2.7 使用 SSMS 创建数据表

创建数据表需要记住的语法比较多,现在有一个简单的方法创建数据表,既不用担心忘记数据类型的名称又不用怕记不住语法,这个方法就是使用 SSMS。下面例 3-7 是在 SSMS 中使用 SQL 语句创建用户信息表的过程。

例 **3-7**　在 SSMS 中，根据表 3.5 所示的用户信息表的列信息创建用户信息表 userinfo4 和 userinfo5，并分别按如下两个要求完成设置。

（1）设置用户信息表中的编号列为标识列。

（2）使用用户自定义的数据类型 usertype。

根据题目要求，要在 SSMS 中创建数据表，在本例中仍然将表创建在数据库 chapter3 中。无论创建的数据表有什么要求，都需要在表的设计页面中完成。下面先打开表的设计页面。在 SSMS 的"对象资源管理器"中找到 chapter3 数据库并展开文件夹，然后再右击其中的"表"节点，在弹出的快捷菜单中选择"新建"→"表"选项，出现如图 3.6 所示界面。

图 3.6　表设计器界面

图 3.6 中所示的界面是创建数据表的操作界面，被称为数据表的设计界面。所有关于数据表的操作都在该界面完成。下面使用该界面分别完成本题的两个小题。

1. 标识列

根据题目要求，要先录入用户信息表的基本内容，然后将表中的编号列设置为标识列。完成这个要求分为如下 3 个步骤。

（1）按照表 3.5 的要求，录入用户信息表的信息。在图 3.6 所示的界面中录入用户信息表的列名和数据类型，其中数据类型可以通过下拉列表选择，录入后效果如图 3.7 所示。

在图 3.7 中可以看到，数据类型后面还有一列"允许 Null 值"，该列是做什么的呢？正如字面的意思就是设置该列是否允许不输入值，默认情况下，将其选中即可以不输入值。这种是否为空的限制也被称为非空约束。关于非空约束的定义将在第 4 章中详细讲解。

（2）设置编号（id）列为标识列。设置某一列为标识列时，该列的数据类型必须是整数。在 SSMS 中设置标识在列的属性界面中完成。在图 3.7 所示界面中单击 id 所在的行，找到 id 的列属性，如图 3.8 所示。

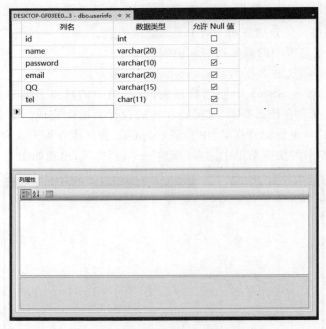

图 3.7 录入用户信息表信息后的效果

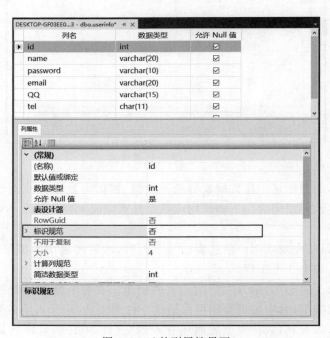

图 3.8 id 的列属性界面

在图 3.8 所示的界面中,"标识规范"选项就是用来设置标识列的。该选项值设成"是",标识列就是设置成自动增长的;如果不加其他的设置,设置的标识列就是从 1 开始每次增加 1。双击图 3.8 中的"标识规范"选项(方框内选项)可以设置标识列的起始值以及增量,本例中起始值设置成 1,增量设置成 10,效果如图 3.9 所示。

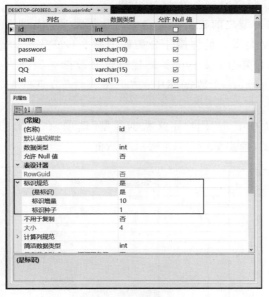

图 3.9　设置标识列

在图 3.9 中，"标识增量"选项是要设置的增量，"标识种子"选项是初始值。在将 id 设置成标识列后，该列中的"允许 Null 值"列就去除了选中状态，也就是不允许为空了。因为设置为标识列后是不会产生空值的。

（3）给表命名。在完成了表的信息添加和标识列设置后，要保存表的信息。保存表的方法有很多，这里介绍几个常用的方法。最简单的方法是像保存文件一样用 Ctrl＋S，还可以使用工具栏上的 ■ 按钮来保存表信息。除了上面的两个方法外，用文件菜单下的"保存"选项也能完成保存的操作。不论使用哪种方法保存表的信息，都会弹出如图 3.10 所示的对话框。

在图 3.10 所示对话框中输入表的名称，这里按要求将默认的"表1"更换为 userinfo4，单击"确定"按钮，即可完成对 userinfo4 的创建操作。还有一点需要注意，那就是名字不要与 chapter3 中的数据表重名。完成保存操作后，在 chapter3 数据库中的"表"节点下，就会出现 userinfo4 表的名字了，如图 3.11 所示。

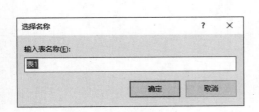

图 3.10　保存表信息对话框

图 3.11　表节点下的 userinfo4

2. 用户自定义的数据类型

在设置自定义数据类型之前先要创建自定义数据类型。先创建一个用户自定义的数据类型,然后再使用该数据类型。具体操作分为如下两个步骤完成。

(1) 创建自定义数据类型 usertype。创建自定义数据类型前先要找到创建用户定义数据类型的位置,它就在 chapter3 数据库中的"可编程性"节点的"类型"节点里,如图 3.12 所示。

在图 3.12 所示界面中右击"用户定义数据类型"选项,在弹出的快捷菜单中选择"新建用户定义数据类型"选项,弹出如图 3.13 所示对话框。

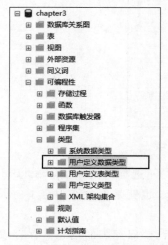

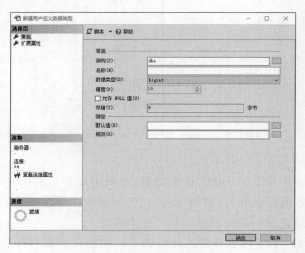

图 3.12　用户定义数据类型的位置　　　　图 3.13　新建用户定义数据类型

在图 3.13 所示对话框中输入自定义数据类型的名称,然后选择一个数据类型并输入该数据类型的长度。这里自定义数据类型的"名称"是 usertype,"数据类型"是 varchar,"长度"是"20",输入后的效果如图 3.14 所示。

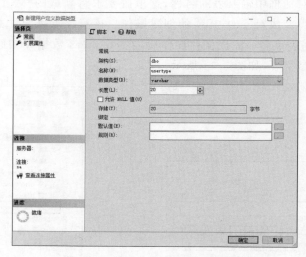

图 3.14　输入自定义类型后的效果

在图 3.14 所示对话框中单击"确定"按钮,即可完成自定义数据类型添加操作。

(2) 在表设计器中使用自定义数据类型。设置好自定义数据类型后,再使用该数据类型时与系统的数据类型是一样的。自定义的数据类型也会出现在表设计器数据类型的下拉列表框中。与(1)的方法一样,先将用户信息表的列信息输入表设计器中,然后将需要使用 varchar(20) 数据类型的列设置成用户自定义数据类型即可。完成操作后,将表的名称保存成 userinfo5。具体的操作与(1)的方法相同,表设计器的数据类型显示如图 3.15 所示。

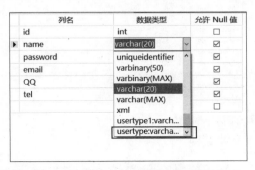

图 3.15 自定义数据类型显示的位置

从图 3.15 中可以看出,自定义的数据类型显示在数据类型列表的最后面。

通过例 3-7 的讲解,可以发现使用 SSMS 创建数据表还是很方便的。

3.2.8 使用 sp_help 查看数据表

数据表创建好后,如何查看数据表呢?用 SSMS 很容易查看数据表了。如果不使用 SSMS 如何查看数据表的信息呢?有很多方法,先介绍使用 sp_help 存储过程查看数据表的信息,查看的语法如下:

```
sp_help table_name;
```

table_name 是数据表的名称。在查看数据表之前,不要忘记用 USE 语句指定要使用的数据库。

例 3-8 使用存储过程 sp_help 查看用户信息表(userinfo)的表信息。

根据题目要求,查看的语法如下:

```
sp_help userinfo;
```

执行上面的语法,效果如图 3.16 所示。

在图 3.16 中查询结果分成 5 个部分,下面分别说明这 5 部分显示的信息是什么。

❑ 第 1 部分:显示表创建时的基本信息,包括数据表的名称、类型、创建时间以及拥有者。

❑ 第 2 部分:显示表中列的信息,包括列的名称、数据类型和长度等信息。

❑ 第 3 部分:显示表中标识列的信息。在表 userinfo 中 id 设置为标识列,起始值为 1,增量为 10。

❑ 第 4 部分:显示表中的全局唯一标识符列。在每一个数据表中只能有一个全局唯一

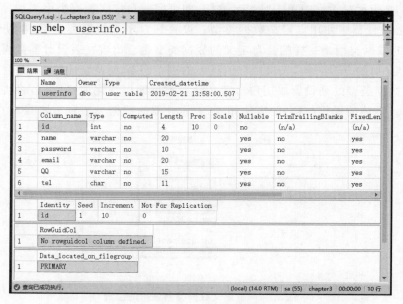

图 3.16　userinfo 表的信息

标识符列。在表 userinfo 中没有设置全局唯一标识符列。

❑ 第 5 部分：显示表存在的文件组。在本图中显示的是 userinfo 存放在主文件组
（PRIMARY）中。

说明：使用存储过程 sp_help 不仅可以查看表的信息，也可以查看数据库的其他对象以
及用户自定义的数据类型等信息。查询方法很简单，只需要执行 sp_help 存储过程即可，而
不需要再添加表名了。直接使用 sp_help 查询的效果如图 3.17 所示。

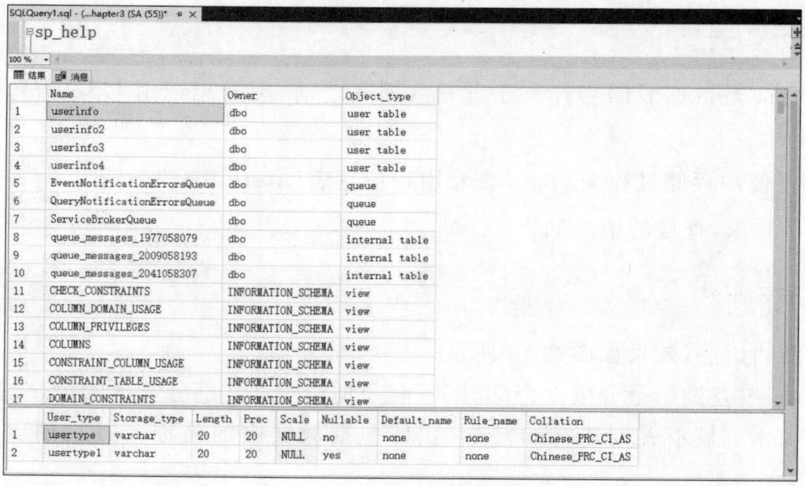

图 3.17　sp_help 查询的效果

图 3.17 的查询结果由两个部分组成，一部分用于显示数据库 chapter3 中所有的数据
对象信息，另一部分用于显示数据库 chapter3 中自定义的数据类型信息。

3.2.9 使用 sys.objects 查看数据表

如果只需要知道数据表的创建信息,有一个相对简单点的方法,那就是使用系统表 sys.objects 查看。下面使用例 3-9 演示如何使用 sys.objects 查看表的信息。

例 3-9 使用系统表 sys.objects 查看 userinfo 表的信息。

根据题目要求,查看 userinfo 表的信息的 SQL 语句如下:

```
SELECT * FROM sys.objects WHERE name = 'userinfo';
```

执行上面的语法,将 userinfo 表的创建信息显示出来,效果如图 3.18 所示。

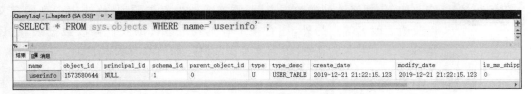

图 3.18　使用 sys.objects 查看 userinfo 表信息

从图 3.18 的查询结果中可以看出,使用 sys.objects 系统表可以查看到 userinfo 表的创建时间、修改时间以及表的类型等信息。学习了查看 userinfo 表的信息,发现在 sys.objects 中的 name 列就是要查找的数据表名称,也就是说,要查询哪个数据表信息就将 name 后的表名改成要查找的数据表即可。当然,也可以使用 sys.objects 系统表不加任何条件查看数据库中所有的数据表信息。

3.2.10 使用 information_schema.columns 查看数据表

在前面的两个小节中分别使用了存储过程和系统表查看表的信息,除了这两个方法外,还可以使用系统视图 information_schema.columns 查看表的信息。通过这个系统视图可以查看出表中的列信息,但是不包括表的创建信息了。

例 3-10 使用 information_schema.columns 查看 userinfo 表的信息。

根据题目要求,查看 userinfo 表的信息语法如下:

```
SELECT * FROM information_schema.columns WHERE table_name = 'userinfo';
```

执行上面的语法,效果如图 3.19 所示。

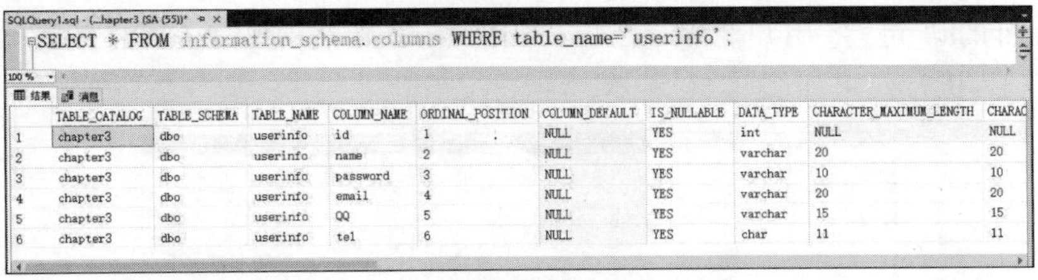

图 3.19　使用 information_schema.columns 查看 userinfo 表

从图 3.19 中可以看出,通过 information_schema.columns 视图可以查看到 userinfo 表所属的数据库名、列名以及列的数据类型等信息。

说明:前面讲过的使用 sp_help、sys.objects、information_schema.columns 三种方式查询表信息的方式,它们都在什么时候使用呢? sp_help 主要用于查询表中所有的信息,包括表的创建信息、列信息以及其他的信息;sys.objects 主要用于查询表的创建信息;information_schema.columns 用于查询表的列信息。

3.3 修改数据表

创建好的数据表可以修改它的哪些内容呢? 其实所有内容都是可以修改的,包括修改列的数据类型、添加或减少表中的列、修改表中列的定义以及给表改名等。另外,还有一个好工具可以帮助我们修改数据表,也还是 SSMS。在本小节中,将为读者详细讲述如何修改数据表。

视频讲解

3.3.1 修改表中列的数据类型

修改数据类型是一件很容易的事情,请看下面的语法。

```
ALTER TABLE table_name
ALTER COLUMN column_name datatype;
```

- ❑ table_name:表名。要修改的数据表名,在执行修改语句时,也要先使用 USE 语句打开表所在的数据库。
- ❑ column_name:列名。数据表中的列名。如果不清楚表中的列名,可以先查看表的信息再进行修改。
- ❑ datatype:数据类型。给表中列新设置的数据类型。能够设置新类型的前提是该列中存放的值能够兼容新设置的类型。通常都是在表中还没有存放数据时修改数据类型。

例 3-11 修改用户信息表(userinfo),将其中的用户名列(name)的数据类型改成 varchar(30)。

根据题目要求,具体的语法如下:

```
USE chapter3                     -- 打开 chapter3 数据库
ALTER TABLE userinfo
ALTER COLUMN name varchar(30);
```

执行上面的语句,将用户信息表(userinfo)中的姓名列(name)的数据类型更改成 varchar(30)了,执行效果如图 3.20 所示。

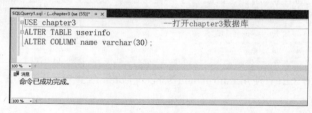

图 3.20　更改 name 列的长度

3.3.2 修改表中列的数目

如果一张数据表创建好了,根据实际的项目需求需要添加或删除一些列,可以用到修改表中列数目的语句了。修改表中列数目的语句比较简单。

(1)向表中添加列。

```
ALTER TABLE table_name
ADD column_name datatype;
```

❑ table_name：表名。
❑ column_name：新添加的列名。列名不能与表中已经存在的列重名,因此在添加列时最好先查看表中现有列的信息。
❑ datatype：数据类型。

(2)删除表中的列信息。

```
ALTER TABLE table_name
DROP COLUMN column_name;
```

❑ table_name：表名。
❑ column_name：列名。删除后的列不能恢复,在删除前要考虑清楚。

[例]**3-12** 向用户信息表(userinfo)中添加一个备注列(remark),数据类型是 varchar(50)。

根据题目要求,查看了用户信息表后,发现备注列(remark)在用户信息表中没有重名,具体的语法如下:

```
USE chapter3;
ALTER TABLE userinfo
ADD remark varchar(50);
```

执行上面的语句,在用户信息表 userinfo 中增加了备注列(remark),执行效果如图 3.21 所示。

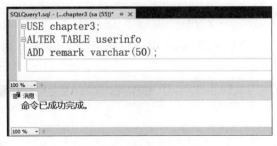

图 3.21 添加 remark 列

[例]**3-13** 删除在例 3-12 中为用户信息表(userinfo)添加的备注列(remark)。

根据题目要求,删除列的语法如下:

```
USE chapter3;
ALTER TABLE userinfo
DROP COLUMN remark;
```

执行上面的语句,将用户信息表(userinfo)中的备注列(remark)删除了,执行效果如图 3.22 所示。

图 3.22　删除 remark 列

3.3.3　给表中的列改名

要想给表中的列改名,用 ALTER 语句不可以。那用什么语句给表中的列改名呢? 在第 2 章中修改数据库的名字是用存储过程 sp_rename 完成的。这里也可以通过 sp_rename 修改列的名字,具体的语法如下:

```
sp_rename 'tablename.columnname','new_columnname';
```

❑ tablename. columnname:原来表中的列名。表中的列名要加上单引号。
❑ new_columnname:新列名。新列名也要加上单引号,并且不能与其他的列名重名。

例 3-14　将用户信息表(userinfo)中的用户名(name)列的名字更改成 username。

根据题目要求,对用户名列改名,username 在用户信息表中没有与之重复的,修改语法如下:

```
sp_rename 'userinfo.name','username';
```

执行上面的语法,将用户信息表(userinfo)中的用户名(name)列的名字改成 username 了,执行效果如图 3.23 所示。

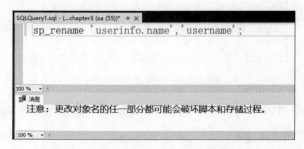

图 3.23　将列名 name 更改成 username

在图 3.23 中,虽然没有看到"执行成功"的字样,但是列名已经更改了。读者可以利用 SELECT ＊ FROM information_schema. columns WHERE table_name＝'userinfo'语句查看效果。

3.3.4 重命名表

既然表中的列名可以更改,数据表的名字可以改吗? 答案是肯定的,但是也不可以用 ALTER 语句修改。可用 sp_rename 语句来修改,这回修改语句与修改数据库名字的语句类似了,具体用法如下:

```
sp_rename old_tablename,new_tablename;
```

这里,old_tablename 是原来的表名,new_tablename 是修改后的表名。在更改表名的时候也要确认数据库中是否已有要创建的表名。另外,在修改表名之前还要将该表存在的数据库用 USE 打开。

例 3-15 将用户信息表(userinfo)的名字修改成(newuserinfo)。

根据题目要求,新表名 newuserinfo 在 chapter3 数据库中不存在,修改的语法如下:

```
sp_rename userinfo,newuserinfo;
```

执行上面的语句,在 chapter3 中就没有名为 userinfo 的数据表了,多了一个名字 newuserinfo 的数据表,执行效果如图 3.24 所示。

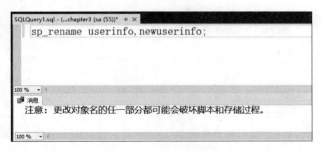

图 3.24 将表 userinfo 更改成 newuserinfo

3.3.5 使用 SSMS 修改表

有了在 SSMS 中创建表的基础,使用 SSMS 修改数据表就很容易了。下面就用例 3-16 演示如何在 SSMS 中修改数据表。

例 3-16 在 SSMS 中,按照如下要求修改用户信息表 userinfo。

(1) 向用户信息表添加备注列(remark),数据类型是 varchar(50)。

(2) 将备注列(remark)的数据类型修改成 varchar(100)。

(3) 将备注列(remark)重命名成 remarks。

(4) 删除备注列(remarks)。

根据题目要求,这 4 个小题都将在 SSMS 中用户信息表(userinfo)的表设计界面完成。在 SSMS 中的"对象资源管理器"中,展开 chapter3 数据库节点,在其中的"表"节点下右击

userinfo 表,在弹出的快捷菜单中选择"设计"选项,如图 3.25 所示。

下面在图 3.25 所示的界面中,按照题目的顺序演示如何修改数据表。

(1) 添加列操作。在图 3.25 所示的界面中,tel 所在行的下一个空行,单击"列名"所对应的单元格,并录入列名 remark、数据类型 varchar(50)即可,录入后的效果如图 3.26 所示。

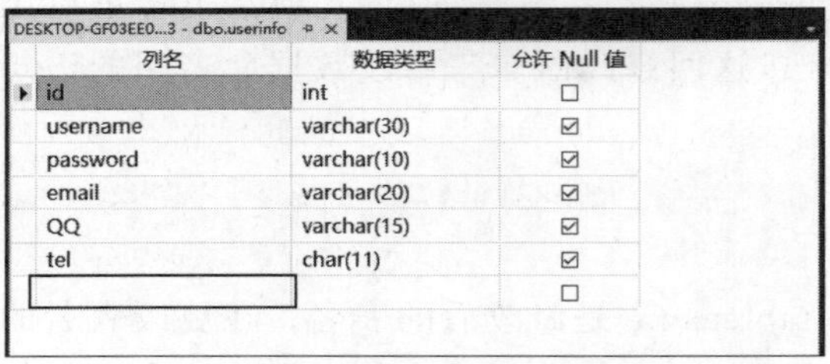

图 3.25　userinfo 表的设计界面 　　　　　　图 3.26　添加字段 remark 的效果

添加列后,记得要保存表的信息。

(2) 修改 remark 字段的数据类型在图 3.26 的界面中操作就可以了,直接将 remark 列的数据类型 varchar(50)改成 varchar(100),效果如图 3.27 所示。

同样,也要将图 3.27 修改后的结果保存后才完成修改操作!

(3) 重命名 remark 列,与修改 remark 列的数据类型相似,在图 3.27 所示的界面中操作就可以了。操作方法是直接单击 remark 所在的单元格,然后将其改成 remarks 即可,效果如图 3.28 所示。

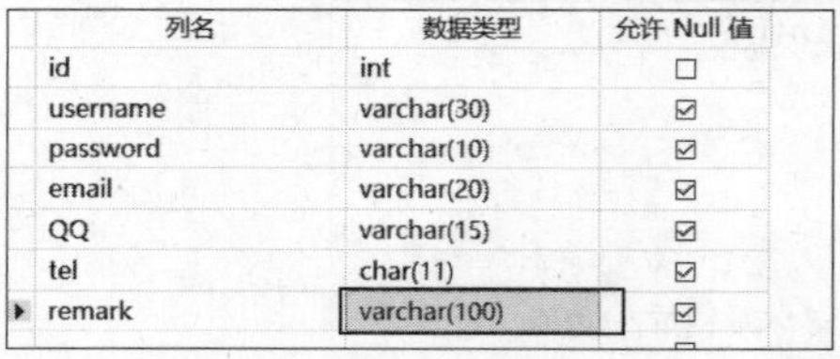

图 3.27　修改 remark 字段的数据类型 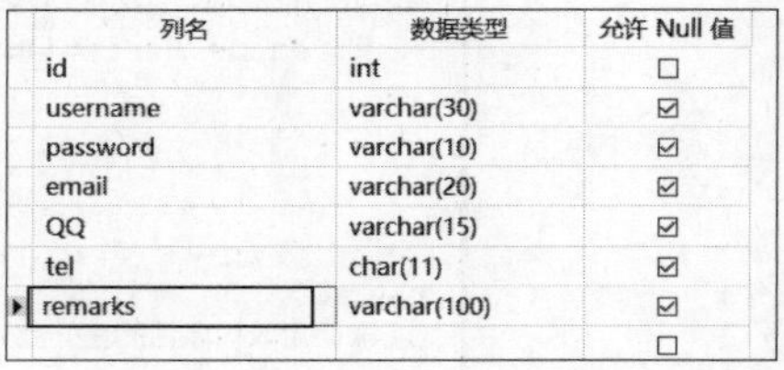　　　　图 3.28　重命名 remark 字段

修改 remark 列的名称,保存修改后的内容即可。

(4) 删除 remarks 字段在图 3.28 的界面中操作就可以,右击 remarks 字段所在的行,在弹出的快捷菜单中选择"删除列"选项,即可将该列删除。删除后不要忘记保存表信息。

说明:在例 3-16 中讲解了 SSMS 中修改表的一些操作,除了这些操作外,还可以进行将表中的列删除,把列设置成标识列等操作。

视频讲解

3.4　删除数据表

当不再需要某一个数据表时,也可以通过 SQL 语句或者 SSMS 将其删除。但是删除后的数据表很难恢复。因此,在删除数据表前一定要先备份数据表,以免带来不必要的损失。

3.4.1　删除数据表的语法

删除数据表的语法比前面介绍的创建、修改数据表的语法简单，记住 DROP 关键字。创建和修改数据表时，每次只能创建或修改一张数据表，但是删除的时候可以一次删除多张数据表，删除数据表的语法如下：

```
DROP TABLE database_name.table_name1, database_name.table_name2,...
```

- ❑ database_name：数据库名。如果已经把表所在的数据库打开了，那么，数据库名就可以省略了。但是，要删除其他数据库的表，就要加上数据库名。
- ❑ table_name：表名。

3.4.2　使用 DROP 语句删除多余的表

通过学习 DROP TABLE 删除数据表的语句，读者已经知道如何删除数据表。下面通过几个例子使用 DROP TABLE 语句。

例 3-17　删除 chapter3 数据库中的 userinfo。

根据题目要求，具体的语法如下：

```
USE chapter3
DROP TABLE userinfo;
```

执行上面的语法，userinfo 表从数据库 chapter3 中移除了，执行效果如图 3.29 所示。

该例不仅可以使用上面的语句删除表 userinfo，也可以使用 DROP TABLE chapter3.userinfo 语句完成。

例 3-18　同时删除 chapter3 数据库中的 userinfo2 和 userinfo3。

根据题目要求，一次要删除 2 张数据表，具体的语法如下：

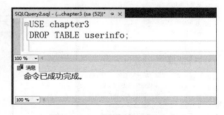

图 3.29　删除表 userinfo

```
USE chapter3;
DROP TABLE userinfo2, userinfo3;
```

执行上面的语法，将表 userinfo2 和 userinfo3 从数据库 chapter3 中移除了，执行效果如图 3.30 所示。

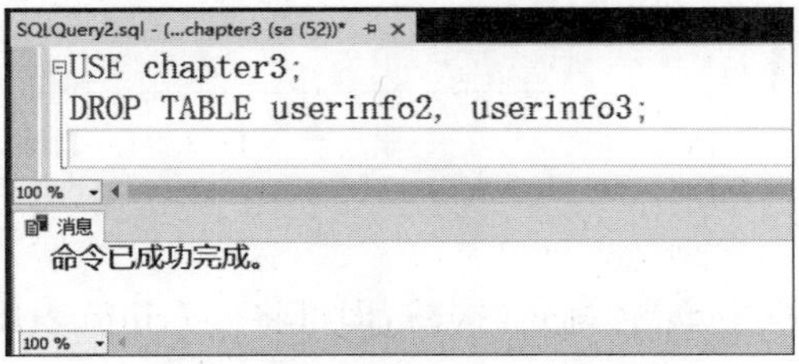

图 3.30　删除表 userinfo2 和 userinfo3

注意：如果要删除的数据表在数据库中不存在，在执行删除语句后，会出现如图 3.31 所示的错误提示。

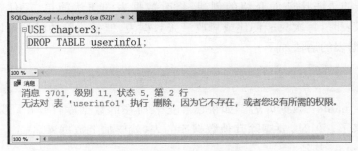

图 3.31　删除不存在的表

3.4.3　使用 SSMS 删除数据表

现在就来讲解在 SSMS 中最简单的一个表操作，那就是删除数据表。在 SSMS 中删除数据表时不需要使用表设计器，直接使用鼠标就可以操作。下面通过例 3-20 演示删除操作。

例 3-19　在 SSMS 中删除 userinfo 表。

在"对象资源管理器"中，右击要删除的数据表 userinfo，在弹出的快捷菜单中选择"删除"选项，如图 3.32 所示，弹出如图 3.33 所示对话框。

图 3.32　选中待删除表
并右击鼠标

图 3.33　删除表对话框

在图 3.33 所示对话框中单击"确定"按钮，即可将 userinfo 表删除了。

3.5　本章小结

本章主要讲解了 SQL Server 里数据表中列的数据类型,使用 SQL 语句和使用 SSMS 创建、修改及删除数据表。其中,在讲解数据类型时着重讲解了整型、浮点型以及字符串类型的使用。在创建数据表部分除了讲解数据表的创建,还讲解如何使用存储过程 sp_help、系统表 sys.objects 及系统视图 information_schema.columns 查看数据表的信息。如果想成为一个优秀的数据库管理器员,还要记牢 SQL 语句,不能全靠 SSMS 操作。

3.6　本章习题

一、填空题

1. sp_help 的作用是_____。

2. 为表重命名使用的存储过程是_____。

3. 临时表是以_____为前缀的。

二、选择题

1. 下面对数据表描述正确的是(　　　　)。

　　A. 在 SQL Server 中,一个数据库中可以有重名的表

　　B. 在 SQL Server 中,一个数据库中表名是唯一的

　　C. 数据表通常都以数字来命名

　　D. 以上都不对

2. 下面对创建表的描述正确的是(　　　)。

　　A. 可以使用 CREATE 语句创建不带列的空表

　　B. 在创建表时,就可以为表设置标识列

　　C. 在创建表时,列名可以重复

　　D. 以上都对

3. 下面对修改数据表的描述正确的是(　　　)。

　　A. 可以修改表中列的数据类型

　　B. 可以删除表中的列

　　C. 可以将表重命名

　　D. 以上都对

三、操作题

创建名为 test 的数据表(自定义表结构),并对表做如下操作。

(1) 将表中的第 1 个列删除。

(2) 给表中的第 2 列改名。

(3) 将表 test 的名字更改成 testone。

第 4 章

约束表中的数据

在 SQL Server 数据库中,约束是对表中数据制约的一种手段。通过约束可以增强表中数据的有效性和完整性。约束可以理解成是一种规则或者要求,它规定了在数据表中的列输入值的范围。在现实生活中,也有很多与约束类似的例子。例如,马路上分为机动车道和非机动车道,在机动车道上只能机动车通行,在非机动车道上只能非机动车通行,否则就会造成重大的交通事故。

本章主要知识点如下:

❑ 约束的作用;

❑ 主键约束;

❑ 外键约束;

❑ 默认值约束;

❑ 检查约束;

❑ 唯一约束;

❑ 非空约束。

4.1 约束的作用

视频讲解

在第 3 章中已经学习过如何在 SQL Server 数据库中创建数据表了,显然没有约束也是可以创建数据表的。那么,为什么还要学习给表设置约束呢?约束能有哪些作用呢?带着这两个问题,我们进入下面的学习内容。

首先解决第 1 个问题,为什么要使用约束。先看一张学生信息表中的数据,如表 4.1 所示。

在表 4.1 中的数据中找找存在的问题,看看是否存在如下问题呢?

(1) 有两个学号是 120001 的学生记录,并且这两条记录完全相同。

(2) 学号是 120002 的王五同学的年龄是 210。

(3) 学号是 120003 的刘六同学的性别是 23。

（4）学号是 120005 的久久同学的专业信息是空的。

表 4.1　学生信息表

学　　号	姓　　名	年　　龄	性　　别	专　　业
120001	张三	20	男	软件技术
120001	张三	20	男	软件技术
120002	王五	210	女	会计
120003	刘六	23	23	工程管理
120004	周七	22	男	土木工程
120005	久久	21	男	

上面的 4 个问题是向数据表中录入数据时常见的错录或漏录的问题。那么，如何避免这些问题呢？这就是我们要解决的第 2 个问题了，约束带来的好处。先认识 SQL Server 中的约束，再考虑应该用哪种约束解决上面的 4 个问题吧。

在 SQL Server 数据库中主要包括主键约束、默认值约束、唯一约束、检查约束、非空约束和外键约束，除了主键约束在一张表只允许有一个，其他约束都可以设置多个。这 6 种约束的作用如下。

- 主键约束：用来确保列的唯一性。设置主键约束的列不能为空，主键约束可以由多列组成，由多列组成的主键被称为联合主键。为表设置主键约束，就不必担心表中出现重复行的问题了。
- 默认值约束：每列只能设置一个默认值约束。所谓默认值是指不向表中的列插入值，也会添加一个之前为其设置好的值。例如，在美团网中订餐时，如果不更改地址信息，那么还会直接送到上一次订餐的地址。如果为表中的列设置了默认值约束，那么，该列就可以避免出现空值。
- 唯一约束：与主键约束类似，也能确保列的唯一性，不同的是，唯一约束的列可以允许有空值。例如，在注册用户信息时，要确保用户名是唯一的，在用户名列上设置唯一约束即可。
- 检查约束：用来规定表中某列输入值的取值范围，避免表中输入一些无效数据。例如，在商品信息表中，商品的价格一定是大于 0 的。
- 非空约束：用来规定某列必须输入值。例如，主键约束的列不能为空。
- 外键约束：是唯一一个与两张表相关的约束，用于确保两张表中数据的一致性和完整性。例如，在录入学生的专业信息时，只能录入学校已经开设的专业，而不能随意录入其他专业。

上面学习了 6 种约束的作用，那么来看如何设置约束避免出现表 4.1 中出现的 4 个问题。

（1）针对学号 120001 的张三有两条重复的记录，可以将学号列设置成主键约束。这样能够确保学号在学生信息表中是唯一的并且也没有空值。

（2）针对学号 120002 的王五年龄是 210 的问题，可以在年龄列上设置一个检查约束，确保年龄在 18～45 之间。

（3）针对学号 120003 的刘六性别是 23 的问题，也可以通过设置检查约束解决。将性别列设置为只能输入"男"或"女"。

（4）针对学号 120005 的久久专业为空的问题，可以将专业列设置为非空约束。这样在录入学生信息时就必须录入专业信息了。另外，通常情况下，学校的管理系统中都会有一张专业信息表，学生信息表中的专业都来源于专业信息表，可以将学生信息表中的专业设置成与专业信息表中专业信息相关的外键约束。

在介绍了约束的作用后，下面学习每个约束的创建以及管理的操作。

4.2 主键约束

视频讲解

主键（PRIMARY KEY）是表中的一列或多列，它的值用于唯一地标识表中的某一条记录。通常主键的名字都会以 pk_作为前缀。主键约束几乎在每张数据表都存在。主键约束在使用时也很简单，可以通过 SQL 语句，也可以通过 SQL Server 的 SSMS 创建。

4.2.1 在创建表时设置主键约束

在创建表时设置约束有两种方法，一种是列级约束，另一种是表级约束。列级约束指在列的定义中直接设置，表级约束则指在表中列定义结束后再定义约束。除了非空约束和默认值约束必须在列级定义外，所有的约束均可以选择在列级和表级为列设置约束。

主键约束在每张数据表中只有一个，在设置主键约束时要先确定表中主键约束是单列的主键约束还是由多列组成的联合主键约束。需要注意的是，在列级设置主键约束时，只能单列设置主键而不能设置联合主键。

1. 在列级设置主键约束

列级主键约束是在表中列的后面直接使用 PRIMARY KEY 关键字设置，具体的语法如下：

```
CREATE TABLE table_name
(
column_name1    datatype    [CONSTRAINT constraint_name] PRIMARY KEY,
column_name2    datatype,
column_name3    datatype
 …
)
```

其中，constraint_name 是为主键约束设置名称。如果省略了［CONSTRAINT constraint_name］，则主键约束的名称由系统自动生成。

2. 在表级设置主键约束

表级主键约束指在创建时所有列定义之后设置的约束，具体的语法如下：

```
CREATE TABLE table_name
(
column_name1    datatype,
column_name2    datatype,
column_name3    datatype
…
```

```
[CONSTRAINT constraint_name] PRIMARY KEY(column_name1, column_name2,...)
)
```

在 PRIMARY KEY 后面的括号里可以放置 1 个或多个用于设置主键约束的列,这些列之间用逗号隔开即可。

例 4-1 创建一个商品信息表,表结构如表 4.2 所示。要求分别在列级和表级为 id 列设置主键约束。

表 4.2 商品信息表(productinfo)

编　号	列　　名	数 据 类 型	中 文 释 义
1	id	int	编号
2	name	varchar(20)	名称
3	price	decimal(6,2)	价格
4	origin	varchar(20)	产地
5	tel	varchar(15)	供应商联系方式
6	remark	varchar(200)	备注

(1) 使用列级约束设置的方法创建主键约束,语法如下:

```
CREATE TABLE productinfo
(
   id     int  CONSTRAINT pk_id  PRIMARY KEY,
   name   varchar(20),
   price  decimal(6,2),
   origin varchar(20),
   tel    varchar(15),
   remark varchar(200)
)
```

(2) 使用表级约束设置的方法创建主键约束,语法如下:

```
CREATE TABLE productinfo
(
   id      int,
   name    varchar(20),
   price   decimal(6,2),
   origin  varchar(20),
   tel     varchar(15),
   remark  varchar(200),
   CONSTRAINT  pk_id  PRIMARY KEY(id)
)
```

这里,PRIMARY KEY(id)代表了给 id 列设置了主键约束,在列级设置主键约束没有为主键约束定义名称,而在表级设置主键约束时为主键指定了名称 pk_id。

通过上面两种方式在数据库中创建了商品信息表(productinfo)并设置主键约束,可以通过 sys.objects 表查看是否真的创建成功了。查询语句如下所示,如果不清楚查询语句的写法可以参考第 3 章中关于 sys.objects 表的讲解。

```
SELECT name,type,type_desc
FROM sys.objects
WHERE parent_object_id = object_id('productinfo') AND type = 'PK';
```

结果如图 4.1 所示,可以看到 name 列中显示的就是主键的名字。

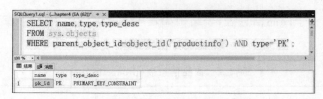

图 4.1　查看主键是否创建界面

4.2.2　在修改表时添加主键约束

如果在创建数据表时忘记设置主键约束或者还没想好哪个列设置成主键约束,也可以在修改表的时候加上。修改表时添加主键约束,使用 ALTER TABLE 语句完成,具体的语法如下:

```
ALTER TABLE table_name
ADD [CONSTRAINT constraint_name] PRIMARY KEY(column_name1, column_name2,...)
```

❑ constraint_name:主键名称。

❑ column_name1,column_name2,...:是要设置成主键的列,可以是 1 到多个列,多个列之间用逗号隔开。

例 4-2　把商品信息表(productinfo)的编号列设置为主键。假设商品信息表已经存在但是没有设置主键。

使用 ALTER TABLE 语句设置主键,具体的语法如下:

```
ALTER TABLE productinfo
ADD CONSTRAINT pk_id PRIMARY KEY(id);                -- 添加主键约束
```

上面语句执行成功后:为 productinfo 表创建一个名为 pk_id 的主键约束。

4.2.3　删除主键约束

如果表中的主键约束出现误加或者想换一个列作为主键约束,首先要做的是删除表中当前的主键,删除主键约束的语法如下:

```
ALTER TABLE table_name
DROP CONSTRAINT constraint_name
```

❑ table_name:表名。

❑ constraint_name:主键约束名。

注意:如果想删除某张表中的主键约束时,不知道主键约束的名字,可以通过 sys.objects 先查看表中主键约束的名字,然后再删除。

例 4-3　删除商品信息表(productinfo)中的主键约束。

在例 4-2 中为商品信息表添加的主键名称是 pk_id,删除主键约束的语法如下:

```
ALTER TABLE productinfo
DROP CONSTRAINT pk_id;
```

执行上面的语句,商品信息表(productinfo)中的主键约束就被删除了。

4.2.4 使用 SSMS 管理主键约束

前面几个小节已经知道如何使用 SQL 语句添加和删除主键约束了。还有一个更简单的方法,在 SSMS 中管理主键约束。下面就用 SSMS 重新完成例 4-1~例 4-3 的任务。

例 4-4 使用 SSMS 在创建商品信息表时添加主键约束。

使用 SSMS 完成主键约束的添加,需要两个步骤。

(1) 创建商品信息表。打开 SSMS,展开 chapter4 数据库,然后右击表文件夹,在弹出的快捷菜单中选择"新建"→"表"选项,界面如图 4.2 所示。

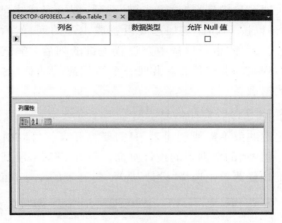

图 4.2 新建表窗口

在图 4.3 所示的界面中,录入表 4.2 所示表结构中的列信息,录入后的效果如图 4.3 所示。

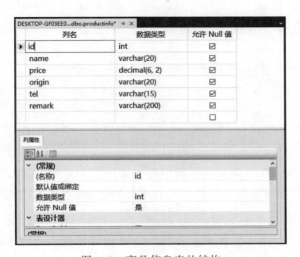

图 4.3 商品信息表的结构

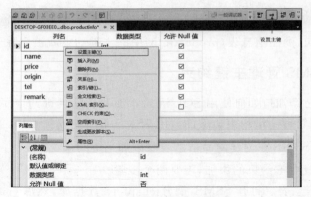
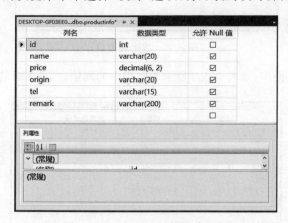

（2）添加主键约束。有了图 4.3 的表结构，在图 4.3 所示的界面中右击要设置成主键约束的列，如图 4.4 所示。

图 4.4　列操作的快捷菜单

在图 4.4 所示的快捷菜单中选择"设置主键"选项，即可完成主键的设置。如果有多列需要设置成联合主键，可以按下 Ctrl 键加选要设置成主键的列，然后再使用快捷菜单中的设置主键选项进行设置。此外，也可以选中要设置主键的列后，单击工具栏上的图标 设置主键。设置成主键的列，在列的前面会出现一个小钥匙的图标，这样就完成了主键的设置。最后一定要保存数据表。

例 4-5　使用 SSMS 在修改商品信息表时添加主键约束。

在修改表时添加主键约束不需要创建表，只需要打开表就可以创建了。两个步骤如下。

（1）打开要添加主键约束的数据表的设计页面。打开 SSMS，展开 chapter4 数据库，右击 productinfo 表，在弹出的快捷菜单中选择"设计"选项，打开表的设计界面如图 4.5 所示。

图 4.5　productinfo 的设计页面

（2）设置主键约束。在图 4.4 的界面中右击要设置主键的 id 列，在弹出的快捷菜单中选择"设置主键"选项，即可完成主键约束的设置，设置后的效果如图 4.6 所示。

例 4-6　删除商品信息表中的主键约束。

通过前面的例 4-4 和例 4-5，了解了使用 SSMS 如何设置主键约束。删除主键约束的方

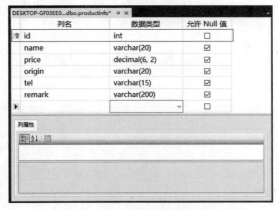

图 4.6　设置主键约束后的效果

法就是右击设置主键约束的列,在弹出的快捷菜单中选择"删除主键"选项,如图 4.7 所示,即可完成删除主键的操作。

图 4.7　列位置的快捷菜单

删除主键约束后,主键约束列前面的小钥匙就消失了,切记要保存对表的操作。

4.3　外键约束

外键(FOREIGN KEY)约束是唯一一个与两张表相关的约束,它主要的用途是制约数据表中的数据,确保数据表中数据的有效性。例如去书店购买图书,只能购买书店中已有的图书,不能想买什么书就买什么书。回到数据库中也是一样,在购买图书时只能在书店显示的图书列表中选择。如果对这样的数据不加以约束,就会出现一些书店中没有的图书这样的无效数据。

视频讲解

4.3.1　在创建表时设置外键约束

外键约束相对于其他的约束在设置时有些复杂,但它又是一个比较重要的约束。因此,请读者认真学习外键约束的设置方法。外键约束在创建表时就可以添加,但有一个前提就是与这个外键约束相关的那张数据表也已经存在。在创建表时设置外键约束的语法如下：

1. 在列级设置外键约束

在列级设置外键约束非常简单，直接在需要设置外键约束的列后面设置即可，具体的语法如下：

```
CREATE TABLE table_name
(
col_name1   datatype,
col_name2   datatype,
col_name3   datatype [CONSTRAINT constraint_name FOREIGN KEY (col_name)] REFERENCES referenced_
table_name(ref_col_name)
)
```

❑ constraint_name：外键约束的名字通常以 fk_为前缀。

❑ col_name：要设置成主键约束的列名。

❑ referenced_table_name：被引用的表名。

❑ ref_col_name：被引用的表中的列名。

在列级设置外键约束时，允许省略［CONSTRAINT constraint_name FOREIGN KEY（col_name）］语句，这样外键的名称就由系统自动生成，而设置外键约束的列即为REFERENCES 关键字前面的列名，在本语法中指为 col_name3 列设置外键约束。

2. 在表级设置外键约束

在表级设置外键约束的语法形式如下：

```
CREATE TABLE table_name
(
col_name1   datatype,
col_name2   datatype,
col_name3   datatype,
[CONSTRAINT constraint_name] FOREIGN KEY (col_name1,col_name2,...) REFERENCES referenced_
table_name(ref_col_name1,ref_col_name2,...)
```

其中，［CONSTRAINT constraint_name］允许省略，省略后外键约束的名称依然由系统自动生成。在表级设置外键约束时，允许给多列设置外键约束。

在练习之前，先创建要用的数据表。仍然用 4-2 创建的商品信息表为例，再为其创建一张商品供应商信息表，并将商品信息表中的供应商联系方式换成商品供应商信息表中的编号。这样，两张表的结构就见表 4.3 和表 4.4。

表 4.3　商品供应商信息表（supplierinfo）

编　　号	列　　名	数 据 类 型	中 文 释 义
1	id	int	编号
2	name	varchar(20)	供应商名称
3	tel	varchar(15)	电话
4	remark	varchar(200)	备注

表 4.4 商品信息表（productinfo）

编　　号	列　名	数据类型	中文释义
1	id	int	编号
2	name	varchar(20)	名称
3	price	decimal(6,2)	价格
4	origin	varchar(20)	产地
5	supplierid	int	供应商编号
6	remark	varchar(200)	备注

创建商品供应商信息表的语法如下：

```
CREATE TABLE supplierinfo
(
    id      int   PRIMARY KEY,
    name    varchar (20),
    tel     varchar (15),
    remark  varchar (200)
)
```

将上面的语句在 SQL Server 的 SSMS 中的查询窗口执行，即可完成商品供应商信息表的创建。表 4.4 中的商品信息表将在例 4-7 中演示为其创建外键约束。

例 4-7 在创建商品信息表（productinfo）时，为供应商编号创建外键约束。

根据表 4.4 的结构，创建商品信息表的语法如下：

```
CREATE TABLE productinfo
(
    id          int PRIMARY KEY,
    name        varchar(20),
    price       decimal(6,2),
    origin      varchar(20),
    supplierid  int,
    remark      varchar(200),
    CONSTRAINT fk_product FOREIGN KEY(supplierid) REFERENCES supplierinfo(id) -- 创建外键约束
)
```

执行上面的语句，可以为商品信息表（productinfo）中的供应商编号创建外键约束。查看是否创建了外键约束，依然可以使用 sys.objects 这个系统表来查看，只是查询语句有些变化，语法如下：

```
SELECT name,type,type_desc
FROM sys.objects
WHERE parent_object_id = object_id('productinfo') AND type = 'F';
                              -- 查找在 productinfo 表中约束类型是外键约束的信息
```

运行结果如图 4.8 所示。

从图 4.8 所示的结果可以看出，外键约束 fk_product 已经创建了。

说明：除了通过 sys.objects 系统表查看外键约束之外，还可以通过系统表 sys.foreign_keys 查看。但是，通过系统表 sys.foreign_keys 查看的外键约束是该数据库中存在的所有

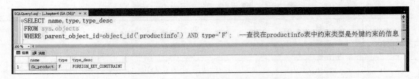

图 4.8　查看外键约束

外键约束。如果读者按照例 4-7 的要求创建了外键约束，在当前使用的数据库中也没有其他的外键约束，那么，查询结果就和图 4.8 所示的结果一致，如图 4.9 所示。

图 4.9　从 sys.foreign_keys 中查看外键约束

4.3.2　在修改表时设置外键约束

如果已经创建了数据库表，但是忘记添加外键约束怎么办呢？只需要在修改表的语句中加上外键约束就可以了。在修改表时添加外键约束的语法如下：

```
ALTER TABLE table_name
ADD [CONSTRAINT constraint_name] FOREIGN KEY(col_name1,col_name2,...) REFERENCES referenced_table_name(ref_col_name1, ref_col_name2,...);
```

❑ constraint_name：外键约束的名字，通常以 fk 作为前缀。如果省略了［CONSTRAINT constraint_name]语句，则外键约束名称由系统自动生成。
❑ col_name1,col_name2,...：要设置成主键约束的列名。
❑ referenced_table_name：被引用的表名。
❑ ref_col_name1,ref_col_name2,...：被引用的表中的列名。

说明：在添加外键约束前，需要确保表中设置外键约束列的值全部符合引用表中对应的列值，否则就会出现添加外键约束失败的错误。通常情况会在表中还没有添加数据时为数据表添加约束。

下面练习如何在已经存在的数据表上添加外键约束。

例 4-8　假设表 4.3、表 4.4 中所示的商品供应商信息表（supplierinfo）和商品信息表（productinfo）已经存在，把商品信息表中商品供应商编号（supplierid）设置成商品供应商信息表中商品供应商编号（id）的外键。

假设商品信息表中还没有数据，这样添加外键约束时不会出现错误，具体的语法如下：

```
ALTER TABLE productinfo
ADD CONSTRAINT fk_supperlierid FOREIGN KEY(supplierid) REFERENCES supplierinfo(id);
```

执行上面的语句，为商品信息表 productinfo 添加外键约束，效果如图 4.10 所示。

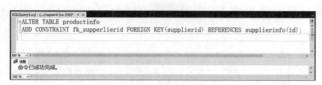

图 4.10　添加外键约束 fk_supperlierid 的效果

4.3.3　删除外键约束

与删除主键约束时用到的语句类似,如果已经知道了要删除的外键约束名称,则删除外键约束的语法如下:

```
ALTER TABLE table_name
DROP CONSTRAINT fk_name;
```

❑ table_name:表名。

❑ fk_name:外键约束的名字。

例 **4-9**　删除商品信息表(productinfo)中名为 fk_supperlierid 的外键约束。

知道了外键约束的名字又知道外键约束在哪个表中,则删除外键约束的语法如下:

```
ALTER TABLE productinfo
DROP CONSTRAINT fk_supperlierid;          -- 删除外键约束
```

通过上面的语句可以去除外键约束 fk_supperlierid,运行效果如图 4.11 所示。读者可以通过 sys.objects 表查看是否还存在该外键约束。

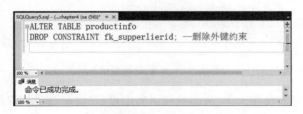

图 4.11　删除外键约束 fk_supperlierid 的效果

4.3.4　使用 SSMS 管理外键约束

主键约束可以使用 SSMS 设置,外键约束也可以通过 SSMS 设置。但是,使用 SSMS 设置外键约束比设置主键约束稍微复杂一些。为了对比 SSMS 设置外键约束的方法,仍然以例 4-7~例 4-9 为例,重新使用 SSMS 管理外键约束。由于在 SSMS 中,创建表与修改表时添加外键约束方法非常相似,这里就将创建和修改表时添加外键约束合并一起讲解。

例 **4-10**　使用 SSMS 添加商品信息表(productinfo)与商品供应商信息表(supplierinfo)的外键约束。

在 SSMS 中,完成创建或修改商品信息表再添加外键约束需要如下 3 个步骤。

(1)打开商品信息表的设计页面。在 SSMS 中,右击商品信息表,在弹出的快捷菜单中选择"设计"选项,弹出商品信息表的设计页面,如图 4.12 所示。如果是创建新表,先在

SSMS 中的数据库界面中右击表节点,在弹出的快捷菜单中选择"新建"→"表"选项,创建后的效果也与图 4.12 一致。

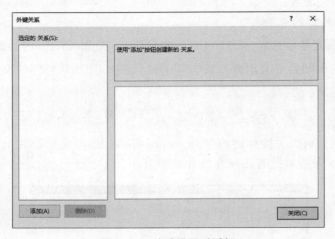

图 4.12　商品信息表(productinfo)的设计页面

(2) 打开表的关系页面。在图 4.12 所示的页面中右击表设计页面,在弹出的快捷菜单中选择"关系"选项,出现如图 4.13 所示的对话框。

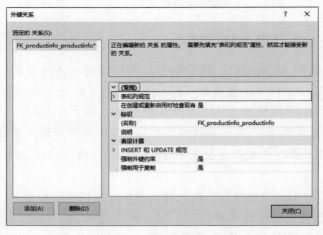

图 4.13　关系设置对话框

(3) 添加外键约束。在图 4.13 所示的对话框中单击"添加"按钮,效果如图 4.14 所示。

图 4.14　添加外键关系对话框

现在可以回忆一下,外键约束是创建两张表中字段关系的。那么,如何设置呢? 很简单,在图 4.14 所示的对话框中单击表和列规范后面的按钮,弹出如图 4.15 所示的对话框。

从图 4.15 的对话框中可以看到,在图的左侧是"主键表",右侧是"外键表"。对于本题的要求给商品信息表添加外键约束,那么,外键表就是商品信息表(productinfo),主键表就是商品供应商信息表(supplierinfo)。根据要求在图 4.15 中填入必要信息后,效果如图 4.16 所示。

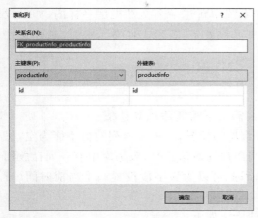

图 4.15　表和列的设置

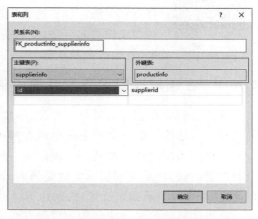

图 4.16　添加表和列的信息后的效果

在图 4.16 中单击"确定"按钮,即可完成对商品信息表外键约束的设置。此外,还可以在图 4.16 中的关系名处,重新定义外键约束的名字。

这样,通过上面讲解的 3 个步骤就可以完成对外键约束的设置。

[例] 4-11　在 SSMS 中删除商品信息表中的外键约束。

在 SSMS 中,删除外键约束要比添加外键约束容易,具体步骤如下:

(1) 打开商品信息表的设计页面。按照例 4-10 的操作打开商品信息表的设计页面就可以了。

(2) 打开"外键关系"对话框,效果如图 4.17 所示。

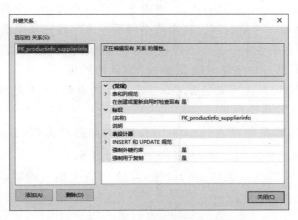

图 4.17　商品信息表的关系对话框

（3）删除外键约束。从图 4.17 的对话框中可以看出，在商品信息表中只有一个外键约束，就是在例 4-10 中创建的。现在要将其删除，只需要选中这个外键约束的名字，然后单击"删除"按钮，即可将外键约束删除了。

4.4 默认值约束

视频讲解

默认值（DEFAULT）约束的作用就是让表中的列无论是否添加值都会有一个值存放。这就与在操作系统中新建一个文件夹是一样的，如果没有为文件夹起名字，则新建文件夹名称就是"新建文件夹"，这时"新建文件夹"就是一个默认值。

4.4.1 在创建表时设置默认值约束

默认值约束在创建表时可以添加，通常在什么情况下需要添加默认值约束呢？一般添加默认值约束的字段有两种比较常见的情况，一种是该列的值不能为空，另一种是该列添加的值总是某一个固定值。例如，当用户注册信息时，数据库中有一列存放用户的注册时间，注册时间实际上就是当前的时间，因此可以为该字段设置一个当前时间（可以通过 getdate() 函数来设置）为默认值。

设置默认值约束只能使用列级的方式，具体的语法如下：

```
CREATE TABLE table_name
(
column_name1    datatype [CONSTRAINT constraint_name] DEFAULT constant_expression,
column_name2    datatype,
column_name3    datatype
    …
)
```

❑ constraint_name：约束名称，通常默认值约束以 df_ 为前缀。省略[CONSTRAINT constraint_name]语句，则默认值约束名称由系统自动生成。

❑ DEFAULT：是默认值约束的关键字。

❑ constant_expression：常量表达式，该表达式可以直接是一个具体的值，也可以是通过表达式得到的一个值，但是，这个值必须要与该字段的数据类型相匹配。

上面的语法中只是给表中的一个字段设置了默认值约束，也可以为表中的多个字段同时设置默认值约束，但每一个字段只能设置一个默认值约束。

说明：有两个类型的列是不能够为其设置默认值约束的，一个是 timestamp 类型的列，一个是具有 IDENTITY 属性的列。

例 4-12 在创建商品信息表（productinfo）时为商品产地列（origin）添加一个默认值"海南"。商品信息表（productinfo）的表结构如表 4.2 所示。

根据在创建表时设置默认值约束的语法，设置商品产地列的默认值为"海南"的语法如下：

```
CREATE TABLE productinfo
(
```

```
    id              int PRIMARY KEY,
    name            varchar(20),
    price           decimal(6,2),
    origin          varchar(20) DEFAULT '海南',
    supplierid      int,
    tel             varchar(15),
    remark          varchar(200)
)
```

由于商品产地列的数据类型是 varchar(20)，默认值"海南"满足该数据类型要求。通过上面的语句就可以为商品信息表中商品产地列设置默认值约束。执行效果如图 4.18 所示。

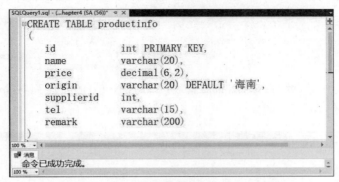

图 4.18　在建表时给商品产地添加默认值

如果读者在运行上面的语句时也出现了图 4.18 的效果，那么就可以通过 sys.objects 查看为商品信息表创建的默认值约束了。

4.4.2　在修改表时添加默认值约束

与前面讲过的主键约束和外键约束一样，默认值约束也可以在修改表时再添加。但是，不能给同一列添加两个默认值约束。在修改表时添加默认值约束，通过 ALTER TABLE 语句可以完成，具体的语法如下：

```
ALTER TABLE table_name
ADD [CONSTRAINT constraint_name] DEFAULT constant_expression FOR col_name;
```

❑ table_name：表名。它是要创建默认值约束列所在的表名。
❑ constraint_name：默认值约束的名字，通常是以 df_作为前缀。[CONSTRAINT constraint_name]语句省略后系统将会为该默认值约束自动生成一个名字。系统自动生成的默认值约束名字通常是"df_表名_列名_随机数"这种格式的。
❑ DEFAULT：默认值约束的关键字。如果省略默认值约束的名字，那么 DEFAULT 关键字直接放到 ADD 后面，同时去掉 CONSTRAINT。
❑ constant_expression：常量表达式，该表达式可以直接是一个具体的值也可以是通过表达式得到的一个值。但是，该值必须要与该字段的数据类型相匹配。
❑ col_name：设置默认值约束的列名。

注意：当不设置默认值约束名称时，在修改表时添加默认值约束的语法修改为如下形式。

```
ALTER TABLE table_name
ADD DEFAULT constant_expression FOR col_name;        ——设置默认值约束
```

如何在修改表时创建默认值约束？同时，如果在已经创建默认值约束的列再添加默认值约束会发生什么呢？下面就分别进行练习。

例 4-13 给商品信息表（productinfo）中的备注列（remark）添加默认值约束，将其默认值设置成"保质期为 1 天"。

由于商品信息表中的备注列没有添加过默认值约束，并且该列的数据类型是 varchar（200），因此，设置默认值"保质期为 1 天"是满足要求的，具体的语法如下：

```
ALTER TABLE productinfo
ADD CONSTRAINT df_ productinfo_remark DEFAULT '保质期为 1 天' FOR remark;
                                       —— 为 remark 列设置默认值约束
```

执行上面的语句后，就可以为商品信息表（productinfo）的备注列（remark）添加一个名为 df_ productinfo _remark 的默认值约束了，效果如图 4.19 所示。

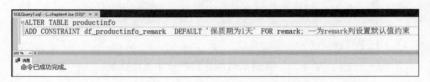

图 4.19　为商品信息表中的备注列设置默认值约束

例 4-14 给商品信息表（productinfo）中的备注列（remark）再设置一次默认值约束，将其默认值设置成"保质期为 2 天"。

由于商品信息表（productinfo）中的备注列（remark）已经被例 4-13 添加了一个默认值约束，那么再添加一个默认值约束会发生什么呢？添加默认值约束的语法如下：

```
ALTER TABLE productinfo
ADD CONSTRAINT df_ productinfo _remark1  DEFAULT '保质期为 2 天' FOR remark;
```

执行上面的语句后，会发生如下问题，如图 4.20 所示。

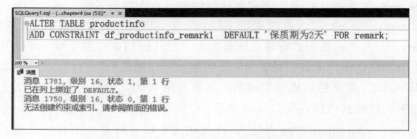

图 4.20　为一个列设置多个默认值约束的错误提示

从图 4.20 中可以看出，给表中的每一个列只能添加一个默认值约束。

4.4.3 删除默认值约束

当表中的某个字段不再需要默认值时,删除默认值约束是非常容易的。有的读者想直接将默认值变成是 NULL 可以吗？其实,这个想法是很好的,但行不通。原因在前面添加默认值时已经介绍一个列只能有一个默认值,已经设置了的列就不能再重新设置默认值了。如果想重新设置也只能先将其默认值删除,然后再添加。因此,当默认值不再需要时,只能将其删除。删除默认值约束的语法如下:

```
ALTER TABLE table_name
DROP CONSTRAINT constraint_name;
```

constraint_name 是默认值约束的名字。

读者从上面的语法中可以看出,删除约束的方法都很相似,只是约束的名字不同而已。请读者运用上面的语法完成以下的练习。

例 4-15 将商品信息表(productinfo)中添加的名为 df_ productinfo_remark 的默认值约束删除。

在本示例中已经知道了要删除的默认值约束的名字,如果不明白要删除的默认值名字就需要使用 sys.objects 先查询了。删除 df_ productinfo_remark 默认值约束的语法如下:

```
ALTER TABLE productinfo
DROP CONSTRAINT df_ productinfo_remark;        -- 删除默认值约束
```

执行上面的语句,可以将默认值约束 df_ productinfo_remark 从 productinfo 表中删除了,效果如图 4.21 所示。

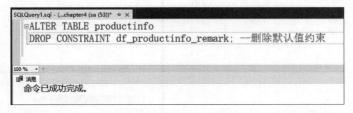

图 4.21 删除默认值约束 df_ productinfo _remark 的效果

4.4.4 使用 SSMS 管理默认值约束

在 SSMS 中添加和删除默认值约束是很简单的,只要给列添加默认值约束时默认值与列的数据类型匹配,如果是字符类型的还要加上单引号。下面将例 4-16、例 4-17 以及例 4-18 在 SSMS 中演练一遍。

例 4-16 在 SSMS 中,创建商品信息表(productinfo)并在商品产地列(origin)添加默认值"海南"。

在 SSMS 中,创建表的同时添加默认值约束的步骤分为如下 3 步。

(1)打开创建表界面。在"对象资源管理器"中,展开要创建数据表的数据库节点,并右击该数据库下的表节点,在弹出的快捷菜单中选择"新建"→"表"选项,界面如图 4.22 所示。

（2）录入商品信息表的列信息。在图 4.22 所示的界面中，录入表 4.2 所示的商品信息表的列信息并将表保存成 productinfo，录入后的效果如图 4.23 所示。

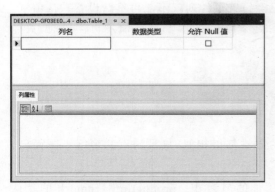

图 4.22　表的设计界面

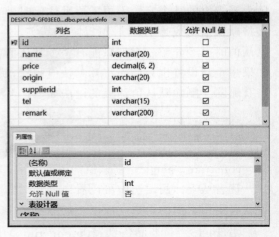

图 4.23　商品信息表（productinfo）的列信息

（3）设置默认值约束。根据题目要求，要对商品产地列设置默认值"海南"。在图 4.23 所示的界面中选择商品产地（origin）列，并展开列属性界面，如图 4.24 所示。

在图 4.24 所示的界面中，给"默认值或绑定"选项后面添加上"海南"作为默认值并保存，效果如图 4.25 所示。

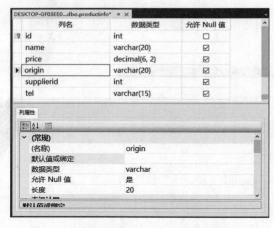

图 4.24　商品产地列（origin）的列属性界面

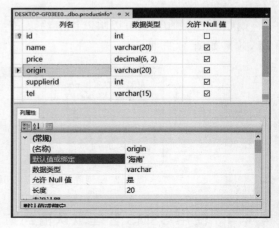

图 4.25　设置默认值界面

在图 4.25 所示的界面中单击"保存"按钮，即可完成默认值的添加操作。

说明：在 SSMS 中给表中列设置默认值时，可以对字符串类型的数据省略单引号，如果省略了单引号，系统会在保存表信息时自动为其加上单引号的。

例 4-17　在 SSMS 中，为商品信息表（productinfo）中的备注列（remark）添加默认值约束。将其默认值设置成"保质期为 1 天"。

有了例 4-16 的基础，修改表的时候再添加默认值就可以省去创建表的步骤，直接进入表的设计页面添加默认值就可以了。在商品信息表（productinfo）中为备注列（remark）添加默认值约束,可以分为如下两个步骤。

(1)打开商品信息表的表设计界面。在"对象资源管理器"中,右击商品信息表(productinfo),在弹出的快捷菜单中选择"设计"选项,即可进入商品信息表的设计页面,如图4.24所示。

(2)添加默认值约束。在商品信息表(productinfo)的设计界面中,选择备注列(remark)并在其列属性中的"默认值或绑定"选项后面,加上"保质期为1天"的默认值,效果如图4.26所示。

在图4.26所示的界面中,单击"保存"按钮,即可完成默认值的添加操作。

【例】4-18　在SSMS中,删除商品信息表(productinfo)中的备注列的默认值约束。

在SSMS中,删除默认值与添加默认值相似,在删除的时候将默认值清空就可以了。当然,删除默认值的操作也要在商品信息表的设计界面完成。同样也分为两个步骤。

(1)打开商品信息表的设计页面。在"对象资源管理器"中,右击商品信息表(productinfo),在弹出的快捷菜单中选择"设计"选项,即可进入商品信息表的设计页面。

(2)删除默认值。在SSMS中删除默认值时,只需将要删除默认值的列的默认值清空即可。将商品信息表(productinfo)中的备注列(remark)中默认值清空的效果如图4.27所示。

清空默认值后要保存。

列名	数据类型	允许 Null 值
🔑 id	int	☐
name	varchar(20)	☑
price	decimal(6, 2)	☑
origin	varchar(20)	☑
supplierid	int	☑
tel	varchar(15)	☑
▶ remark	varchar(200)	☑
		☐

列属性

∨ (常规)	
(名称)	remark
默认值或绑定	'保质期为1天'
数据类型	varchar
允许 Null 值	是
长度	200

图4.26　给备注列(remark)添加默认值

列名	数据类型	允许 Null 值
🔑 id	int	☐
name	varchar(20)	☑
price	decimal(6, 2)	☑
origin	varchar(20)	☑
supplierid	int	☑
tel	varchar(15)	☑
▶ remark	varchar(200)	☑
		☐

列属性

∨ (常规)	
(名称)	remark
默认值或绑定	
数据类型	varchar
允许 Null 值	是
长度	200

图4.27　删除商品信息表中备注列的默认值

4.5　检查约束

所谓检查(CHECK)约束,从字面上的意思理解就是用来对数据进行检查的。质量检查员在每件商品出厂前都会对商品的各种标准进行核对,核对正确后才能将检验合格的标签贴到商品上。检查约束的作用就是确保在数据表添加的数据是有效的,在添加之前对数据的一种检查。

视频讲解

4.5.1 在创建表时设置检查约束

检查约束在一张数据表中可以有多个,但是每一列只能设置一个检查约束。虽然检查约束可以帮助数据表检查数据以确保数据的准确性,但是也不能给每一个列都设置检查约束,否则会影响数据表中数据操作的效率。

在建表时可以同时将检查约束设置好,这样也省去了以后设置的麻烦。建表时添加检查约束的语法有两种形式,检查约束的关键字是 CHECK。

1. 在列级设置检查约束

```
CREATE TABLE table_name
(
column_name1   datatype   [CONSTRAINT constraint_name] CHECK(expression),
column_name2   datatype,
column_name3   datatype,
 …
)
```

❑ constraint_name:检查约束的名字,通常以 ck_ 为前缀。省略[CONSTRAINT constraint_name]语句,则约束名称由系统自动生成。

❑ CHECK:检查约束的关键字。

❑ expression:约束的表达式,允许是 1 个条件或多个条件。例如,设置该列的值大于 10,表达式可以写成 COLUMN_NAME1 > 10;设置该列的值在 10 到 20 之间,表达式可以写成 COLUMN_NAME1 > 10 and COLUMN_NAME1 < 20。

2. 在表级设置检查约束

```
CREATE TABLE table_name
(
column_name1   datatype
column_name2   datatype,
column_name3   datatype,
 …
[CONSTRAINT constraint_name] CHECK(expression),
[CONSTRAINT constraint_name] CHECK(expression),
 …
)
```

❑ constraint_name:检查约束名字。

❑ expression:检查约束的定义。

例 4-19 在创建商品信息表(productinfo)时,给商品价格列(price)添加检查约束,要求商品的价格都大于 0 元。

下面使用添加检查约束的两种方法,分别在创建商品信息表时给商品价格列添加检查约束。

(1) 在列级设置检查约束。

```
CREATE TABLE productinfo
(
  id            int PRIMARY KEY,
```

```
    name        varchar(20),
    price       decimal(6,2) CHECK(price > 0),
    origin      varchar(20),
    supplierid  int,
    tel         varchar(15),
    remark      varchar(200)
)
```

执行上面的语句,为商品信息表(productinfo)中的商品价格列(price)添加了检查约束,以后再向该列输入值时,都必须要大于 0。

(2) 在表级设置检查约束。

```
CREATE TABLE productinfo
(
    id          int PRIMARY KEY,
    name        varchar(20),
    price       decimal(6,2),
    origin      varchar(20),
    supplierid  int,
    tel         varchar(15),
    remark      varchar(200),
    CHECK(price > 0)
)
```

执行上面的语句,同样为商品信息表(productinfo)中的商品价格列(price)添加了检查约束,效果如图 4.28 所示。

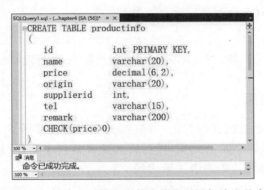

图 4.28　创建商品信息表并为价格列添加检查约束

4.5.2　在修改表时添加检查约束

如果在创建表时没有直接添加检查约束,也可以在修改表的时候添加检查约束。在修改表时添加检查约束只能给没有添加检查约束的列添加。修改表时添加检查约束也是通过使用 ALTER TABLE 语句来完成的,记住下面的语法形式就可以完成在修改表时添加检查约束的操作了。

```
ALTER TABLE table_name
ADD [CONSTRAINT constraint_name] CHECK(expression);
```

❑ table_name：表名。

❑ constraint_name：约束名称，检查约束。〔CONSTRAINT constraint_name〕可以省略，省略后系统会为添加的约束自动生成一个名字。

❑ CHECK(expression)：检查约束的定义。CHECK 是检查约束的关键字，expression 是检查约束的表达式。

下面将例 4-19 中添加的检查约束在创建商品信息表后添加，请看例 4-20 的操作。

例 4-20　先按照表 4.2 的要求创建商品信息表(productinfo)，然后再给商品价格列(price)添加检查约束，要求商品价格大于 0。

创建商品信息表的语句在例 4-1 中就已经提及过了，这里就不再演示了。下面直接为商品信息表(productinfo)中的商品价格列(price)添加检查约束，语法如下：

```
ALTER TABLE productinfo
ADD CONSTRAINT ck_ productinfo_price CHECK(price > 0);
```

这里在添加检查约束时，给检查约束命名为 ck_productinfo_price。也可以直接省略 CONSTRAINT ck_productinfo_price 部分不直接给检查约束命名，而是由系统自动为其命名。执行上面的语句为商品信息表(productinfo)中的商品价格列(price)添加检查约束了，效果如图 4.29 所示。

图 4.29　修改商品信息表时给价格列添加检查约束

4.5.3　删除检查约束

检查约束同前面讲解过的其他约束一样，都是不能直接修改的。读者要想更改某一列的检查约束，也是要先删除该检查约束，然后再为其重新创建检查约束。删除检查约束的语法与删除其他的约束类似，具体的语法形式如下：

```
ALTER TABLE table_name
DROP CONSTRAINT constraint_name;
```

❑ table_name：表名。

❑ constraint_name：检查约束的名字。

上面的语法形式已经在删除约束部分出现过多次了，下面就利用这个语法来完成例 4-21。

例 4-21　删除在例 4-20 中为商品信息表(productinfo)中商品价格列(price)添加的检查约束 ck_ productinfo_price。

知道了约束的名字及其所在的表名，删除约束就比较容易，删除检查约束的语法如下：

```
ALTER TABLE productinfo
DROP CONSTRAINT ck_ productinfo_price;          -- 删除检查约束
```

执行上面的语句,将商品信息表中的商品价格列的检查约束删除了,效果如图 4.30 所示。

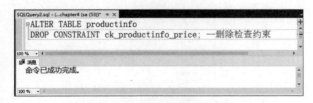

图 4.30　删除价格列的检查约束

如果不知道要删除的检查约束名字,还是通过 sys.objects 查看。

4.5.4　使用 SSMS 管理检查约束

通过 SSMS 操作检查约束比较简单,如何使用 SSMS 操作检查约束呢? 下面重写例 4-19~例 4-21。

例 4-22　在 SSMS 中,创建商品信息表时为商品价格列添加检查约束,要求商品价格大于 0 元。

在 SSMS 中创建表的同时为表中的列添加检查约束,可以通过下面的 3 个步骤完成。同时,读者也可以根据前面在 SSMS 中操作约束的经验,自己摸索一下添加检查约束的方法。

(1) 打开创建表的界面并录入表的信息。在"对象资源管理器"中,展开要创建数据表的数据库节点,右击该数据库下的表节点,在弹出的快捷菜单中选择"新建表"选项,即可打开创建表的界面,如图 4.22 所示。根据表 4.2 所示的商品信息表的内容录入表的信息。

(2) 打开 CHECK 约束的对话框。右击商品信息表的设计界面,在弹出的快捷菜单中选择"CHECK 约束"选项,出现图 4.31 所示的对话框。

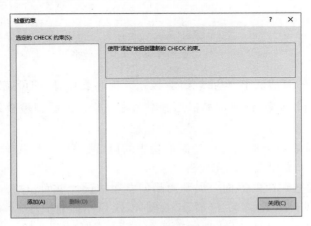

图 4.31　CHECK 约束对话框

从图 4.31 所示的对话框中可以看出,商品信息表(productinfo)中所有存在的检查约束,目前该图显示的结果是当前没有检查约束。

（3）添加检查约束。在图4.31所示的对话框中单击"添加"按钮，出现图4.32所示的对话框。

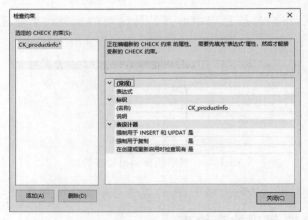

图4.32　添加检查约束

在图4.32所示的对话框中，在表达式选项后面填入商品价格大于0的检查约束，效果如图4.33所示。

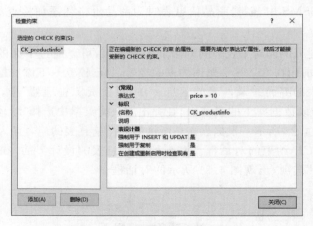

图4.33　添加检查约束后的效果

在图4.33所示的对话框中，单击"关闭"按钮并保存表信息，即可完成检查约束的添加。

例 4-23　在SSMS中，修改商品信息表时为商品价格列添加检查约束，要求商品价格大于0元。

在修改商品信息表时为商品价格列添加检查约束，就相当于是从例4-22中的第2个步骤开始做起，分为两个步骤就可以完成。

（1）打开添加检查约束的界面。展开商品信息表的设计页面，并右击该对话框，在弹出的快捷菜单中选择"CHECK约束"选项，出现图4.31所示的对话框。

（2）添加检查约束。在图4.31所示的界面中，单击"添加"选项，在该对话框中的表达式选项后面填入检查约束的表达式，效果与图4.33一致。添加检查约束后，要关闭该对话框。

通过上面的两个步骤可以完成对检查约束的添加，最后保存表信息。

[例] **4-24**　在 SSMS 中，删除商品信息表中商品价格列的检查约束。

删除商品信息表中商品价格列的检查约束很简单，读者可以先不看下面的操作，自己动手操作一下。删除检查约束通常可以分为两个步骤操作。

（1）打开表的检查约束对话框。表的检查约束对话框与图 4.31 类似，目前商品信息表经过前面的 2 个示例的操作，只有一个检查约束。效果如图 4.33 所示。

（2）删除指定的检查约束。在图 4.33 所示的对话框中，选择为商品价格列添加的检查约束 CK_productinfo，单击"删除"按钮，即可删除该检查约束。

4.6　唯一约束

视频讲解

唯一（UNIQUE）约束的名字看起来就很"霸道"吧。其实，它也是名副其实的"霸道"约束。那么，它是如何"霸道"呢？首先，唯一约束用来确保列中值的唯一性；其次，它还能同时为表中的多个列设置唯一约束。在什么情况下考虑为表中的列设置唯一约束呢？想一想，如果是一个学生信息表，需要确保唯一的列有学生的学号、学生的身份证号、学生的图书卡号等信息。原来这么多列都需要确保唯一性，可见唯一约束的作用吧。

4.6.1　在创建表时设置唯一约束

提到唯一约束，读者一定会想起来主键约束也可以确保唯一。但是，主键约束在一个表中只能有一个，如果要给多个列设置唯一性，还需要使用唯一约束。在创建表时可以直接为表中的列设置唯一约束。在建表时添加唯一约束可以通过下面两种语法形式来完成，唯一约束的关键字是 UNIQUE。

1. 在列级设置唯一约束

设置列级的唯一约束很简单，具体的语法如下：

```
CREATE TABLE   table_name
(
column_name1   datatype[CONSTRAINT constraint_name] UNIQUE,
column_name2   datatype ,
column_name3   datatype
 …
)
```

这里，constraint_name 是唯一约束的名字，通常唯一约束以 uq_ 为前缀。省略[CONSTRAINT constraint_name]语句，唯一约束的名称则由系统自动生成。一次可以给1 到多列设置唯一约束。

2. 在表级设置唯一约束

表级唯一约束的添加，还是在所有列定义的后面直接添加，具体的语法如下：

```
CREATE TABLE table_name
(
column_name1   datatype,
column_name2   datatype,
```

```
column_name3    datatype
 ...
[CONSTRAINT constraint_name] UNIQUE(col_name1),
[CONSTRAINT constraint_name] UNIQUE(col_name2),
 ...
)
```

在表级设置唯一约束时，必须在 UNIQUE 关键字后面加上具体的列名。

有了上面的两种语法形式，就可以在创建表时添加唯一约束了。

例 4-25 分别使用上面两种语法。在创建商品信息表（productinfo）时将商品名称（name）设置成唯一约束。

（1）在列级设置唯一约束。

```
CREATE TABLE productinfo
(
  id          int PRIMARY KEY,
  name        varchar(20) UNIQUE,
  price       decimal(6,2),
  origin      varchar(20),
  supplierid  int,
  tel         varchar(15),
  remark      varchar(200)
)
```

执行上面的语法，为商品信息表（productinfo）中的商品名称列（name）设置唯一约束。

（2）在表级设置唯一约束。

```
CREATE TABLE productinfo
(
  id          int PRIMARY KEY,
  name        varchar(20),
  price       decimal(6,2),
  origin      varchar(20),
  supplierid  int,
  tel         varchar(15),
  remark      varchar(200),
  UNIQUE (name)
)
```

执行上面的语法，为商品信息表（productinfo）中的商品名称列（name）设置唯一约束。

4.6.2　在修改表时添加唯一约束

虽然在创建表时添加唯一约束有两种方法，但是在修改表时添加唯一约束只有一种方法。读者可以对比之前学习过的几种约束，看看在修改表时添加唯一约束有什么变化。另外，在已经存在的表中添加唯一约束，要保证添加唯一约束的列中存放的值没有重复的。在修改表时添加唯一约束的语法如下：

```
ALTER TABLE table_name
ADD [CONSTRAINT constraint_name] UNIQUE(col_name);
```

- ❑ table_name：表名。
- ❑ CONSTRAINT constraint_name：添加名为 constraint_name 的约束。该语句可以省略，省略后系统会为添加的约束自动生成一个名字。
- ❑ UNIQUE（col_name）：唯一约束的定义。UNIQUE 是唯一约束的关键字，col_name 是表中的列名。如果想要同时为多个列设置唯一约束，就要省略掉唯一约束的名字，名字由系统自动生成。

现在就来演练上面的语法。

例 4-26　给商品信息表（productinfo）中的供应商联系方式（tel）加上唯一约束。

将商品信息表中的供应商联系方式设置成唯一约束，语法如下：

```
ALTER TABLE productinfo
ADD CONSTRAINT uq_ productinfo_tel UNIQUE(tel);        -- 添加唯一约束
```

执行上面的语法，为商品信息表中的 tel 列添加了一个名为 uq_ productinfo_tel 的唯一约束。

4.6.3　删除唯一约束

任何一种约束都可以删除，删除唯一约束的方法也很简单。只要知道约束的名字就可以删掉，删除唯一约束的语法如下：

```
ALTER TABLE table_name
DROP CONSTRAINT constraint_name;
```

- ❑ table_name：表名。
- ❑ constraint_name：唯一约束的名字。

例 4-27　删除商品信息表（productinfo）中供应商联系方式（tel）列的唯一约束。

供应商联系方式（tel）列的唯一约束是在例 4-26 中添加的，名字是 uq_ productinfo_tel。删除该约束的语法如下：

```
ALTER TABLE productinfo
DROP CONSTRAINT uq_ productinfo_tel;        -- 删除唯一约束
```

执行上面的语法，将名为 uq_ productinfo_tel 的唯一约束删除了。

4.6.4　使用 SSMS 管理唯一约束

在 SQL Server 数据库中，通常会把唯一约束和索引放在一起操作。关于索引的定义将在本书后面的章节中讲解。由于唯一约束不需要设置任何表达式，因此它在 SSMS 中设置也是非常简单的。对于唯一约束的操作仍然参考例 4-25～例 4-27 的应用在 SSMS 中演示如何添加以及删除约束的操作。

例 4-28　在 SSMS 中，给商品信息表（productinfo）中的商品名称（name）加上唯一约束。

在本例中综合了例 4-25 和例 4-26 的应用，无论是在创建表的时候添加唯一约束，还是在修改表时添加唯一约束都需要在表的设计界面中完成。只不过在创建表时添加唯一约束，需要填入表的字段信息。本例主要演示如何在修改该表时添加唯一约束。给商品信息表中的商品名称列添加唯一约束分为如下 3 个步骤。

（1）打开商品信息表的设计界面。在 SSMS 中的"对象资源管理器"中,找到商品信息表,然后右击该表,在弹出的快捷菜单中选择"设计"选项,弹出图 4.34 所示的界面。

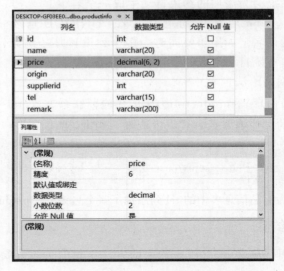

图 4.34　商品信息表的设计界面

（2）打开添加唯一约束的对话框。要给表添加唯一约束,右击表的设计界面,在弹出的快捷菜单中选择"索引/键"选项,弹出图 4.35 所示的对话框。

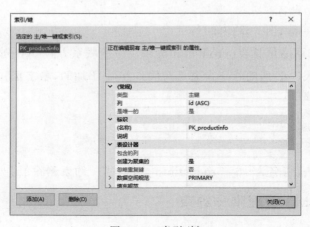

图 4.35　索引/键

从图 4.35 的对话框中可以看到,在没有添加唯一约束时,表中就已经有了一条信息。这个信息就是之前创建的主键信息,也就是说在这个对话框中显示的信息有主键信息也有唯一键的信息,实际上还有索引的信息。

（3）添加唯一约束。在图 4.35 所示的对话框中,单击"添加"按钮,对话框变成图 4.36 所示的对话框。

既然在一个对话框中可以添加多种对象,就需要对该对话框进行解读了,具体说明如下。

❑ 类型：选择要添加键的类型,分为两种,索引和唯一键。虽然在显示的时候有主键的选项,但是主键约束不在这个界面添加,请参考本章中 4.2 主键约束的使用。

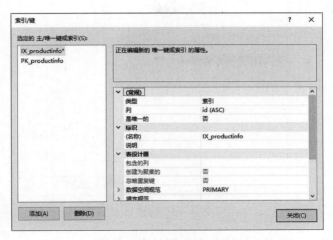

图 4.36　添加唯一约束

❑ 列：选择要设置成唯一约束/索引的列。

❑ 是唯一的：有两个选项，一个是"是"，一个是"否"。通常唯一约束都会选择成"是"。

❑ 名称：唯一约束/索引的名字。通常唯一约束的名字以"UQ"为前缀，索引的名字以"IX_"为前缀。

在图 4.36 所示的对话框中，为商品信息表中的商品名称列添加唯一约束的设置如图 4.37所示。

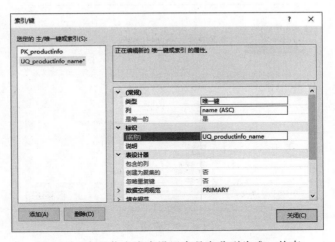

图 4.37　商品信息表中设置商品名称列为唯一约束

在图 4.37 的对话框中单击"关闭"按钮，并保存表的信息，即可完成对商品信息表中商品名称列唯一约束的添加操作。

说明：细心的读者会发现，在图 4.37 中的列名 name 后面有一个"（ASC）"。它是什么意思呢？ASC 是升序排列的意思，除了 ASC 之外还有 DESC，也就是降序排列的意思。这种排序主要体现在数据表的查询中。选择列的时候可以设置是升序还是降序，选择列时会出现图 4.38 所示的对话框。

在图 4.38 所示的对话框中，可以选择列名和排序的顺序了。

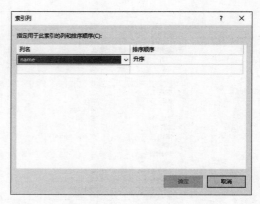

图 4.38　选择列

例 4-29　删除商品信息表中商品名称列的唯一约束。

删除约束相对容易,删除唯一约束也不例外。通过下面两个步骤可以轻松地将唯一约束删除了。

(1) 打开商品信息表的设计界面。与例 4-28 的第 1 个步骤一样,请读者自行参照该步骤打开。

(2) 打开索引/键对话框并删除唯一约束。打开索引/键对话框的方法与例 4-29 的第 2 个步骤一致,打开后的对话框如图 4.39 所示。

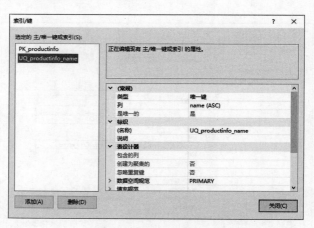

图 4.39　索引/键

在图 4.39 所示对话框中,选择 UQ_productinfo_name 的唯一约束,单击"删除"按钮,然后再单击"关闭"按钮并保存表的信息,即可完成对商品信息表中商品名称列唯一约束的删除操作。

4.7　非空约束

视频讲解

非空(NOT NULL)约束是用来确保列中必须要输入值的一种手段,也可以理解成一种特殊的检查约束。非空约束也经常与默认值约束连用,以避免非空约束的列在添加值时出现错误。

4.7.1 在创建表时设置非空约束

非空约束通常都在创建数据表时添加,添加非空约束很简单。非空约束只能在列级设置,具体的语法如下:

```
CREATE TABLE_NAME table_name
(
column_name1    datatype NOT NULL,
column_name2    datatype NOT NULL,
column_name3    datatype
  ...
  )
```

添加非空约束就是在列的数据类型后面加上 NOT NULL 关键字。上面的语法中还有一个特点,就是没有给非空约束设置名字,其实非空约束是本章学过的约束中唯一一个没有名字的约束。

例 4-30 根据表 4.2 的要求,创建商品信息表,要求商品的名称不能为空,价格也不能为空。

创建商品信息表时,要将商品信息表中的商品编号列设置成主键,因此也相当于是不能为空了,创建的具体语法如下:

```
CREATE TABLE productinfo
(
    id              int PRIMARY KEY,
    name            varchar(20) NOT NULL,
    price           decimal(6,2) NOT NULL,
    origin          varchar(20),
    supplierid      int,
    tel             varchar(15),
    remark          varchar(200)
)
```

执行上面的语法,完成创建商品信息表并为商品信息表中的商品名称列和价格列加上非空约束了,运行效果如图 4.40 所示。

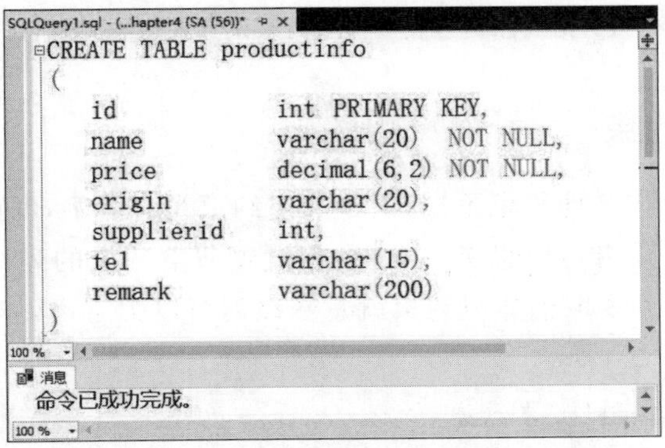

图 4.40 创建商品信息表并添加非空约束

4.7.2 在修改表时添加非空约束

非空约束比较特殊，与前面讲过的其他约束添加方法大不相同。请读者认真学习它的不同之处。实际上，在修改表时添加非空约束与在数据表中修改列的定义是相似的，具体的语法如下：

```
ALTER TABLE table_name
ALTER COLUMN col_name datatype NOT NULL;
```

- ❑ table_name：表名。
- ❑ col_name：列名。要为其加上非空约束的列。
- ❑ datatype：数据类型。列的数据类型，如果不修改数据类型，还要使用原来的数据类型。
- ❑ NOT NULL：非空约束的关键字。

通过上面的语法可以对表中的列添加唯一约束了。

例 **4-31** 为商品信息表（productinfo）中的供应商联系方式列（tel）添加非空约束。

在添加非空约束之前，先要查看商品信息表中供应商联系方式列的数据类型，然后再进行添加。查询后可以知道，tel 列的数据类型是 varchar(15)。同时，如果在商品信息表中的供应商联系方式列里已经存在了空的记录，那么需要将空的记录删除或更改成其他信息，否则无法添加非空约束。添加非空约束的语法如下：

```
ALTER TABLE productinfo
ALTER COLUMN tel varchar(15) NOT NULL;
```

执行上面的语法，就可以将商品信息表（productinfo）中的供应商联系方式（tel）设置成非空约束了，运行效果如图 4.41 所示。

图 4.41　给商品信息表中供应商联系方式列添加非空约束

4.7.3 删除非空约束

非空约束的删除也与其他约束不同，由于非空约束没有名字，因此不能够用之前学习的删除约束的方法删除。读者可以思考一下，没有设置非空约束的列用什么表示呢？答案是用 NULL 表示，即某个列要取消非空约束就意味该列可以为空，具体的语法如下：

```
ALTER TABLE table_name
ALTER COLUMN col_name datatype NULL;
```

只要将 4.7.2 小节的语法中 NOT NULL 换成 NULL 就可以了。下面读者可以根据上面的语法,将例 4-31 中的商品信息表里的供应商联系方式列改成可以为空的形式。

4.7.4 使用 SSMS 管理非空约束

非空约束用 SSMS 管理更加容易,非空约束适合在 SSMS 中操作。下面通过一个综合示例讲解如何在 SSMS 中管理非空约束。

例 4-32 使用例 4-30 运行后的商品信息表。对其中的商品产地列(origin)添加非空约束,取消商品名称列(name)的非空约束。

在本例中添加或取消非空约束,只需如下两个步骤即可完成。

(1)打开表的设计界面。在 SSMS 中的"对象资源管理器"中,右击商品信息表,在弹出的快捷菜单中选择"设计"选项,即可看到在完成了例 4-30 的语句后商品信息表的设计界面,如图 4.42 所示。

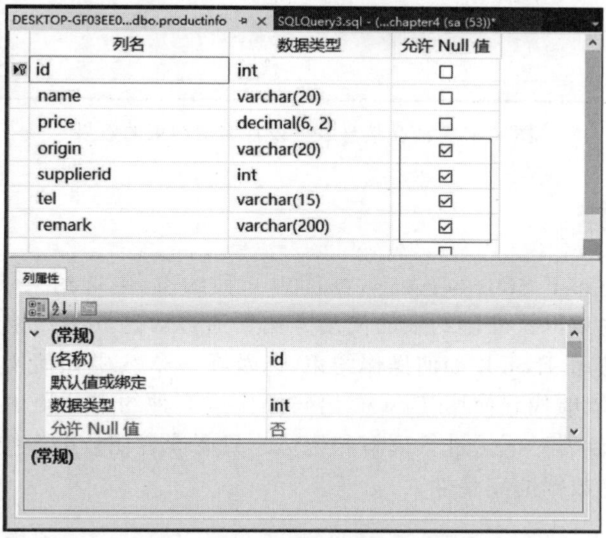

图 4.42 商品信息表的表设计界面

如图 4.43 所示中的设置非空约束的位置在数据类型后面的"允许 Null 值"的列中。从图上可以看出,id、name 和 price 列的"允许 Null 值"列都处于未选中的状态,这就表明了它们是设置了非空约束的。相反,剩余列的"允许 Null 值"列都处于选中状态,这就表名它们是可以为空的。

(2)根据要求设置非空约束。按照题目的要求,将商品信息表中的商品产地列(origin)中的"允许 Null 值"列里的选中状态去掉;将商品名称列(name)中的"允许 Null 值"列的未选中状态变成选中状态。设置后,效果如图 4.43 所示。

在完成了图 4.43 的设置后,记得表保存表信息。这样,就完成了在商品信息表中的非空约束设置。

在例 4-32 中并没有讲解在创建表时如何设置非空约束,其实是与修改表时设置非空约束一样的,只不过在创建表时还需要将表的字段信息一起加入。

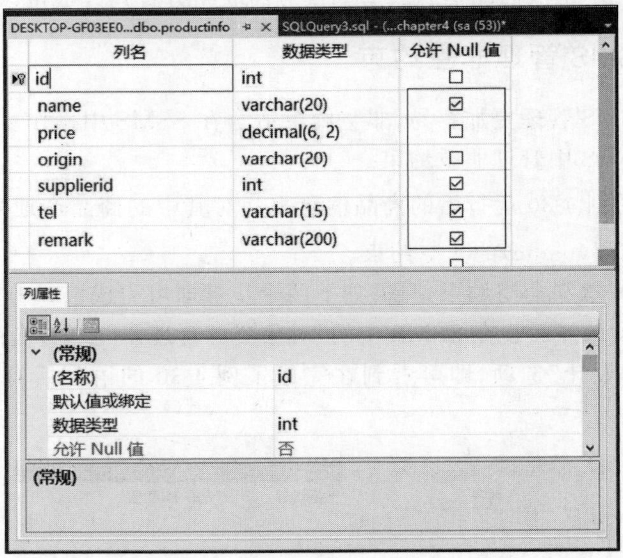

图 4.43 商品信息表中设置非空约束的效果

4.8 本章小结

在本章中主要讲解了 SQL Server 数据库中 6 种约束，主键约束、默认值约束、唯一约束、检查约束、非空约束以及外键约束的使用方法。通过对这 6 种约束使用方法的讲解，读者能够熟练地掌握使用 T-SQL 如何操作约束，以及在 SSMS 中如何操作约束。另外，通过本章的学习，读者也能够找到使用 T-SQL 语句操作这 6 种约束的语法的一些规律，找到了这些规律，就能方便读者对语法进行理解和记忆。只要读者在数据表中灵活使用这些约束，一定会加强数据表中数据的完整性。

4.9 本章习题

一、填空题

1. 确保列中值唯一的有_____。

2. 确保列的值是非空的约束有_____。

3. 必须在列级设置的约束是_____。

二、选择题

1. 关于主键约束描述正确的是（　　）。

    A. 一张表中可以有多个主键约束　　　　B. 一张表中只能有一个主键约束

    C. 主键约束只能由一个字段组成　　　　D. 以上都不对

2. （　　）涉及两张表。

    A. 外键约束　　　　　　　　　　　　　B. 主键约束

    C. 检查约束　　　　　　　　　　　　　D. 唯一约束

3. 下面对检查约束描述正确的是（　　）。

A. 一个列可以设置多个检查约束　　B. 一个列只能设置一个检查约束

C. 检查约束中只能写一个检查条件　　D. 以上都不对

三、问答题

1. 约束的作用什么？

2. 为什么要使用默认值约束？

3. 主键约束和唯一约束的区别是什么？

四、操作题

使用表 4.2 的商品信息表(productinfo)完成如下的约束操作。

(1) 给商品信息表中的编号列设置主键约束。

(2) 给商品价格列设置检查约束，要求商品价格为 1～10000 元。

(3) 给商品名称列设置唯一约束。

(4) 删除之前设置的所有约束。

第 **5** 章

操作表中的数据

通过前面几章的学习,读者已经清楚如何创建数据库和数据表了。但是,数据表中还没有任何数据,本章将介绍如何向表中添加数据以及管理表中的数据。

本章主要知识点如下:

❑ 向数据表中添加数据;

❑ 修改数据表中的数据;

❑ 删除数据表中的数据。

视频讲解

5.1 添加数据

向数据表中添加数据可以通过 SQL 语句,也可以通过使用 SSMS 完成。

5.1.1 INSERT 语句

使用 SQL 语句向数据表中添加数据前,要先弄清楚添加语句的语法规则。添加语句的关键字是 INSERT。在实际应用中添加语句的语法形式有很多,在本节中介绍一个比较常用的 INSERT 语句的语法形式,具体的语法如下:

```
INSERT INTO table_name(column_name1, column_name2,...)
VALUES(value1,value2,...);
```

❑ table_name:表名。

❑ column_name:列名。需要添加值的列名,如果没有指定任何列名,意味着是向表中所有列添加值。

❑ value:值。向数据表中指定列添加的值,值与表中的列是一一对应的。不仅个数要一致,数据类型也要一致。此外,如果没有指定列名,插入值对应列的顺序就是创建表时列的存放顺序,可以直接在 SSMS 中查看。

5.1.2　向表中的全部列添加值

向表中所有的列同时插入值是一个比较常见的应用。下面就用例 5-1 演示如何应用 INSERT 语句向表中全部列添加值。在演示之前，先了解在本章中要操作的数据表，如表 5.1 所示。

表 5.1　银行账号信息表（bankaccount）

编　号	列　名	数 据 类 型	中 文 释 义
1	id	int	账号
2	name	varchar(20)	姓名
3	password	varchar(20)	密码
4	level	int	等级
5	balance	numeric(9,2)	余额
6	bankcode	int	银行代码
7	idcard	char(18)	身份证号
8	tel	char(11)	手机号
9	addr	varchar(30)	家庭住址
10	remark	varchar(200)	备注

根据表 5.1 的表结构，创建银行账号信息表（bankaccount）的语句如下所示。另外，本章的数据表全部创建在数据库 chapter5 中，读者需要自行创建该数据库。

```
USE chapter5;
CREATE TABLE bankaccount
(
    id        int   PRIMARY KEY,
    name      varchar(20),
    password  varchar(20),
    level     int,
    balance   numeric(9,2),
    bankcode  int,
    idcard    char(18),
    tel       char(11),
    addr      varchar(30),
    remark    varchar(200)
);
```

例 5-1　向银行账号信息表（bankaccount）中添加数据。如表 5.2 所示。

表 5.2　银行账号信息表添加的数据

账号	姓名	密码	等级	余额	银行代码	身份证号	手机号	家庭住址	备注
1	张三三	112233	1	1000	1001	11010199001011234	13112345678	海淀区	无

向银行账号信息表（bankaccount）中添加表 5.2 的数据，具体的语法如下：

```
USE chapter5;
INSERT INTO bankaccount
VALUES(1, '张三三', '112233',1,1000,1001,'11010199001011234', 13112345678, '海淀区', '无');
```

执行上面的语法,向银行账号信息表中添加一条数据了,执行效果如图5.1所示。

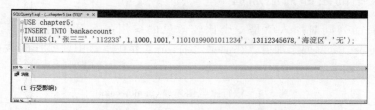

图 5.1　向银行账号信息表(bankaccount)中全部列插入数据

从图 5.1 中可以看到,执行上面的语法后给出的消息是"1 行受影响",这就意味着有一条记录插入到数据表中了。读者如果想查看数据表中是否有这条数据,用下面的语法就可以了。

```
SELECT * FROM table_name;
```

table_name 是表的名字。将 table_name 换成具体的表名如 bankaccount 就可以查询了,查询效果如图 5.2 所示。

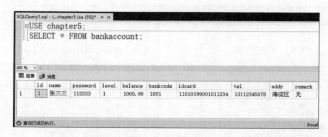

图 5.2　银行账号信息表(bankaccount)中的数据

根据图 5.2 的查询结果可以知道,数据已存放在数据表中了。

5.1.3　给指定列添加值

在实际工作中,添加数据时并不是每次都需要向表中的所有列添加值。这个用 INSERT 语句在插入数据时指定列名就可以。

例5-2　向银行账号信息表(bankaccount)中插入表 5.3 所示的数据。

表 5.3　银行账号信息表添加的数据

账号	姓名	密码	等级	余额	银行代码	身份证号	手机号	家庭住址	备注
2	李小明	123456	1	5000	1002	210101199202111223	18812345678		

从表 5.3 中可以看出,家庭住址和备注两个列是不需要添加值的,因此添加的 SQL 语句写法如下:

```
USE chapter5;
INSERT INTO bankaccount (id,name,password,level,balance,bankcode,idcard,tel)
VALUES(2,'李小明','123456',1,5000,1002, '210101199202111223', 18812345678);
```

执行上面的语法，向银行账号信息表（bankaccount）中添加一条记录了，执行效果如图 5.3 所示。

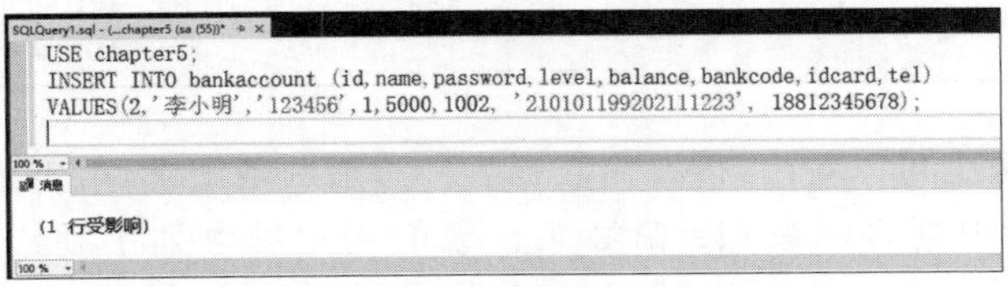

图 5.3　向银行账号信息表指定列插入值

下面利用 SELECT 语句查看插入数据后的效果，如图 5.4 所示。可以看出在例 5-2 中没有添加值的 addr 和 remark 列的值都是 NULL 而不是""。

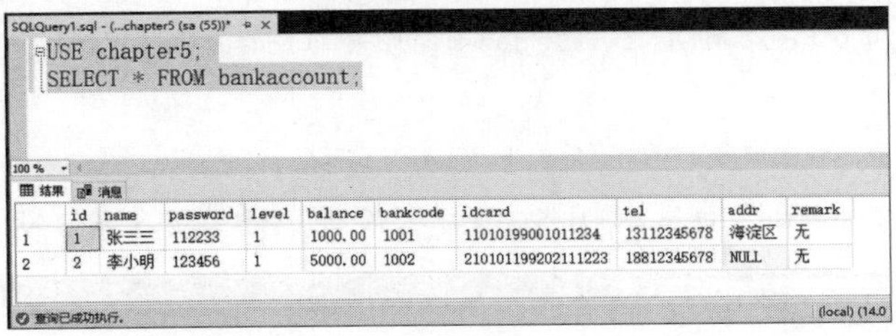

图 5.4　银行账号信息表（bankaccount）中的数据

5.1.4　为标识列添加值

什么是标识列呢？就是在第 3 章中给读者介绍的允许值自动变化的列。标识列只能在整型的列上设置，并且在设置时可以为其指定该列开始的值以及每次的增量。由于标识列的值只能按顺序增加或减少，如果将其中的某一个序号所对应的数据删除掉，系统是不会为其补充该值的。有时有不连续的值输入，需要先将标识列的自动插入属性（IDENTITY_INSERT）设为 ON，允许对标识列中显示值手动插入，具体的设置语法如下：

```
SET IDENTITY_INSERT table_name ON;
```

这里，IDENTITY_INSERT 就是标识列自动插入值的属性，table_name 是表名。如果要将该属性恢复就将上面的语句中 ON 改成 OFF 就可以了。

例 5-3　创建仅包含编号、姓名的用户表，并向标识列中手动添加值。

为了配合标识列的使用，将用户编号列设置为标识列，创建 userinfo 表的语法如下：

```
USE chapter5;
CREATE TABLE userinfo
(
  id   int   PRIMARY KEY IDENTITY(1,1),
  name varchar(20),
);
```

通过上面的语法在数据库 chapter5 中创建数据表 userinfo。

有了用户信息表（userinfo）就可以向该表插入数据了，要添加的数据如表 5.4 所示。

表 5.4　需要添加的数据

账　　号	姓　　名
	小明
5	小晴

从表 5.4 中的数据可以看出,需要向数据表中添加两条记录,第 1 条记录中的用户编号不需要输入,使用标识列自动添加;第 2 条记录的用户编号列手动添加。具体添加语法如下:

```
USE chapter5;
INSERT INTO userinfo
VALUES('小明');
SET IDENTITY_INSERT userinfo ON;
INSERT INTO userinfo (id,name)        -- 必须使用列列表的方式
VALUES(5,'小晴');
SET IDENTITY_INSERT userinfo OFF;
```

执行上面的语法,向用户信息表(userinfo)中添加两条数据,执行效果如图 5.5 所示。

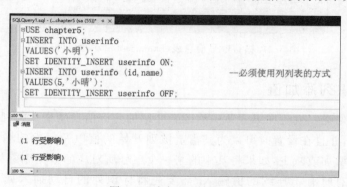

图 5.5　向标识列插入值

向用户信息表(userinfo)中插入两条记录后,查询用户信息表(userinfo),效果如图 5.6 所示。

从图 5.6 的添加结果可以看出,第 1 条记录中 id 列使用了自增长序列的第 1 个值;第 2 条记录中 id 列使用的是手动添加的值“5”。如果再向用户信息表(userinfo)中插入值时,id 列中的值是“2”还是“6”呢? 此时 id 列中的值一定是“6”,因为自增长序列是在该列的最大值基础上增加的。

如果向标识列中添加值,而不将该表的 IDENTITY_INSERT 属性值设为 ON 会出现什么错误呢? 下面仍以向用户信息表(userinfo)插入值为列测试如下的语法:

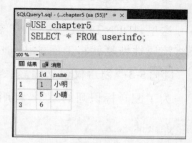

图 5.6　插入 2 条记录后的
用户信息表

```
USE chapter5;
INSERT INTO userinfo
VALUES(2,'小宁');
```

执行上面的语法会发生什么情况呢？执行效果如图5.7所示。

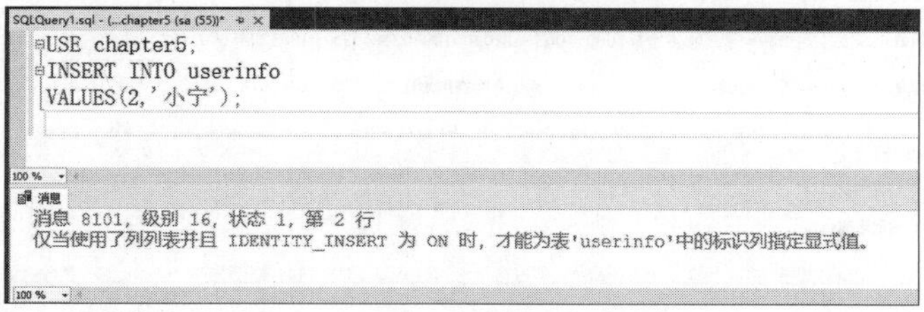

图 5.7 向标识列插入值时出现的错误

请看图5.7的错误提示信息,IDENTITY_INSERT 属性值为 ON 时才可以向自增长字段中手动插入值。除了这个提示外,读者还会发现一个信息"仅当使用了列列表",这个信息的意思是使用 INSERT 语句时,要加上插入列的列名,否则也无法向标识列中插入值。

5.1.5 使用默认值添加数据

在第4章中介绍约束时提到过默认值约束的概念,它的作用是当设置默认值约束的列没有插入值时,会自动采用已经设置好的默认值。例如,银行账号信息表(bankaccount)中的备注列,在没有添加具体的备注信息时,默认为"无"。这种情况可以在创建银行账号信息表(bankaccount)时,为其备注字段设置默认值约束,默认值是"无"。在本章已经创建过银行账号信息表(bankaccount)了,请读者使用下面语法给该表的备注列加上默认值"无"。

```
USE chapter5
ALTER TABLE bankaccount
ADD CONSTRAINT df_bankaccount DEFAULT '无' FOR remark;
```

执行上面的语法,为银行账号信息表(bankaccount)的备注字段添加默认值约束了。

例 5-4 向银行账号信息表(bankaccount)中添加如表5.5所示的数据。

表 5.5 银行账号信息表添加的数据

账号	姓名	密码	等级	余额	银行代码	身份证号	手机号	家庭住址	备注
3	王胜利	123456	1	5000	1003	210105199202181223	18812345679	沈阳市铁西区	无
4	蒋丽	654321	2	1500	1001	130010199602181223	18612345678	未知	新开户

根据表5.5所示的数据,第1条数据中的备注字段是"无",可以在插入的时候利用默认值,具体的语法如下：

```
USE chapter5;
INSERT INTO bankaccount (id,name,password,level,balance,bankcode,idcard,tel,addr)
VALUES(3,'王胜利', '123456',1,5000,1003, 210105199202181223, 18812345679,'沈阳市铁西区');
INSERT INTO bankaccount
VALUES(4,'蒋丽',654321,2,1500,1001, 130010199602181223, 18612345678,'未知','新开户');
```

执行上面的语法,为银行账户信息表(bankaccount)添加两条记录,执行效果如图5.8所示。

从图5.8的效果可以看出,数据已经加入账户信息表中了,那么第1条数据中备注字段的值究竟是不是"无"呢？下面查询银行账户信息表看效果,如图5.9所示。

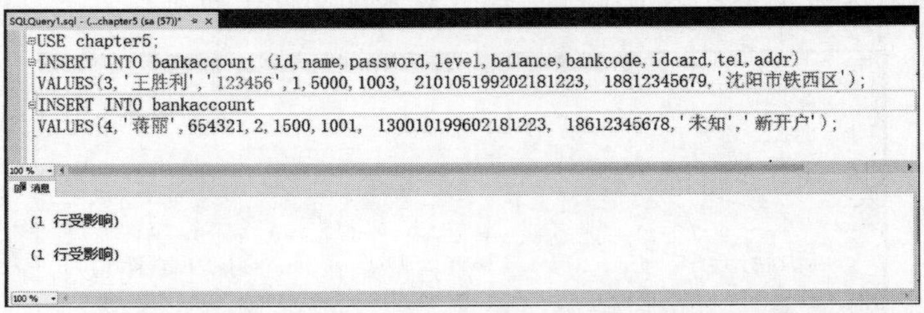

图 5.8　向银行账户信息表（bankaccount）中的默认值列插入值

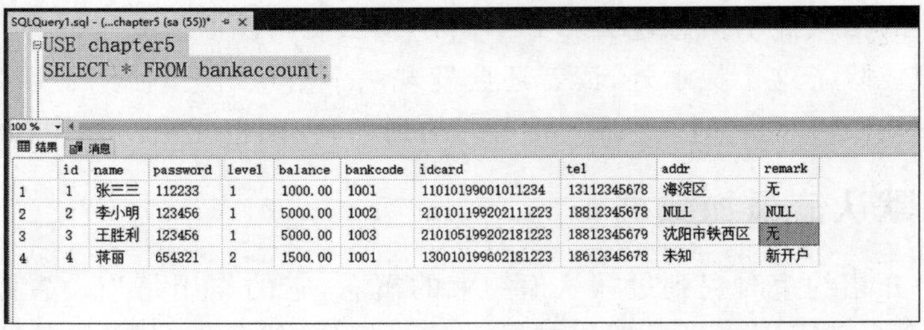

图 5.9　银行账户信息表（bankaccount）中的数据

在图 5.9 的 id 列是 3 的这条记录中，remark 列的值是"无"，这就是默认值约束的应用。

5.1.6　复制表中的数据

表和表之间的数据复制要遵守列的个数和数据类型一致性的原则。此外，可以有选择地复制表中一部分列中的数据。将 table_name2 中的数据加入 table_name1 中具体的语法如下：

```
INSERT INTO table_name1(column_name1, column_name2,...)
SELECT column_name_1, column_name_2,...
FROM table_name2
```

❑ table_name1：插入数据的表。

❑ column_name1：表中要插入值的列名。

❑ table_name2：源数据的表。

❑ column_name_1：table_name2 中的列名。

需要注意的是，在 INSERT INTO 后的列名个数与 SELECT 后的列名个数要一致，数据类型也要兼容。

例 5-5　将表 bankaccount 中的姓名和密码复制到表 bankaccount1 中。

由于表 bankaccount1 不存在，需要先创建 bankaccount1 表，该表仅含有姓名和密码列，创建 bankaccount1 的语法如下：

```
USE chapter5;
CREATE TABLE bankaccount1
(
```

```
    name       varchar(20),
    password varchar(20)
);
```

执行上面的语法，完成 bankaccount1 表的创建。将银行账号表（bankaccount）中的姓名和密码复制到表 bankaccount1 中，具体的语句如下：

```
USE chapter5
INSERT INTO bankaccount1 (name, password)
SELECT name, password
FROM bankaccount;
```

执行上面的语法，将 bankaccount 表中的数据复制到 bankaccount1 表，执行效果如图 5.10 所示。可以看出已经给 bankaccount1 中添加了 4 条记录，查询 bankaccount1 表效果如图 5.11 所示。

图 5.10 复制 bankaccount 表中的数据

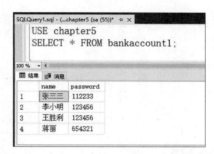

图 5.11 bankaccount1 表中的数据

5.1.7 批量添加

在前面的几个小节中同时向表中添加多条记录，但实际上只是批量地执行 INSERT INTO 语句。同样的操作却要重复地写语句既浪费时间又影响了数据库执行的性能。那么有没有办法只用一条语句就能批量增加数据呢？下面的语法规则就可以完成一次添加多条数据了。

```
INSERT INTO table_name(column_name1, column_name2,...)
VALUES (value1,value2,value3,...),
       (value1,value2,value3,...),
       ...
```

在 VALUES 后面列出要添加的数据，每条记录之间用“,”隔开。

例 5-6 向 bankaccount1 表中添加如表 5.6 中的记录。

表 5.6 bankaccount1 信息表添加的记录

姓　　名	密　　码
Anny	112233
Sophia	213456
Billy	876986

添加记录的语法如下：

```
USE chapter5
INSERT INTO bankaccount1
VALUES ('Anny','112233'),
       ('Sophia','213456'),
       ('Billy','876986');
```

执行上面的语法，一次向 bankaccount1 表添加了 3 条数据，执行效果如图 5.12 所示。查询 bankaccount1 表数据，效果如图 5.13 所示。

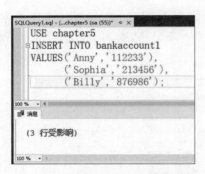

图 5.12　向表 bankaccount1 中添加多条记录

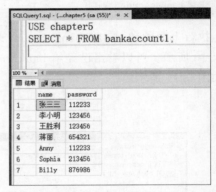

图 5.13　批量添加记录后 bankaccount1 表的数据

视频讲解

5.2　修改表中的数据

如果发现数据出现了问题或不符合要求时，不必删除数据，直接修改即可。例如，在注册个人信息后，如果个人邮箱发生变更，只需要更改邮箱而不需要把所有的注册信息全部重新添加。

5.2.1　UPDATE 语句

修改数据表中的数据使用的是 UPDATE 语句，但修改数据表的语句也有很多种形式。这里给出一个通用的形式以便读者学习。其余的形式将在下面的小节中详细讲解，修改数据表的一般语法如下：

```
UPDATE table_name
SET  column_name1 = value1, column_name2 = value2,...
WHERE conditions
```

❑ table_name：表名。要修改的数据表表名，通常要先打开该数据表所在的数据库。请读者注意，一次只能修改一张表中的数据。

❑ column_name：列名。需要修改列的名字，value 是给列设置的新值。

❑ conditions：条件。按条件有选择地更新数据表中的数据。如果省略了该条件，也就是省略了 WHERE 语句，代表修改数据表中的全部记录。

5.2.2 不指定条件修改数据

在上面修改数据表的语法中,省略 WHERE 语句就是不指定条件修改数据,不指定条件即为修改表中的全部数据。

例 **5-7** 修改银行账号信息表(bankaccount)中的备注信息列(remark),将其全部修改成"无"。

根据题目要求只是修改银行账号信息表的一列,也就是在 UPDATE 中的 SET 语句后只有一个列,具体语法如下:

```
USE chapter5
UPDATE bankaccount
SET remark = '无';
```

执行上面的语法,将银行账号信息表中 remark 列的值修改成了"无",具体执行效果如图 5.14 所示。

从图 5.14 中可以看出,通过上面的语句,修改了表中的全部 4 条记录。修改后如何查看结果呢? 使用 SELECT 语句,银行账号信息表修改后的效果如图 5.15 所示。

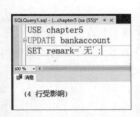

图 5.14 修改银行账号信息表 remark 列　　图 5.15 修改银行账号信息表 remark 列后的查询效果

通过图 5.15 可以一目了然,上面的修改语句确实是将银行账号信息表中 remark 列全部修改成了"无"。请读者自己尝试一下,将银行账号信息表的所有的银行编号(bankcode)和等级(level)列分别修改成 1001 和 1。

5.2.3 按指定条件修改数据

所谓按指定条件修改数据,就是在 UPDATE 语句中使用 WHERE 子句指定条件,按条件有选择地修改数据表中的数据。例如,将银行账号信息中银行代码是 1001 的都修改成 1011,将等级是 1 级的都修改成 2 级等。

例 **5-8** 将银行账号信息表(bankaccount)中银行代码是 1001 的更改为 1011。

根据题目要求,修改银行账号信息表的条件只有一个,并且要修改的列只有账户的银行代码列,具体的修改语法如下:

```
USE chapter5;
UPDATE bankaccount
SET bankcode = 1011
WHERE bankcode = 1001;
```

通过上面的语法将银行账号信息表中银行代码是1001的全部修改成1011了,执行效果如图5.16所示。可以看出,执行上面的修改语句后,修改了账号信息表中的4条记录。查询银行账号信息表,效果如图5.17所示。

```
USE chapter5;
UPDATE bankaccount
SET bankcode=1011
WHERE bankcode=1001;
```

(2 行受影响)

图 5.16　修改银行账号信息表中
银行代码是 1001 的记录

```
USE chapter5
SELECT * FROM bankaccount;
```

	id	name	password	level	balance	bankcode	idcard	tel	addr	remark
1	1	张三三	112233	1	1000.00	1011	11010199001011234	13112345678	海淀区	无
2	2	李小明	123456	1	5000.00	1002	210101992021111223	18812345678	NULL	无
3	3	王胜利	123456	1	5000.00	1003	210105199202181223	18812345679	沈阳市铁西区	无
4	4	蒋丽	654321	2	1500.00	1011	130010199602181223	18612345678	未知	无

图 5.17　修改银行账号信息表的银行代码是 1001 后的效果

在银行账号信息表中现在一共有2条记录的银行代码都是1011,如何知道修改语句执行成功了呢?可以换个角度看,如果银行账号信息表中没有银行代码是1001的记录就说明修改成功了。

5.2.4　修改前 N 条数据

如果在修改数据时,想完成把账号等级是2的记录只修改1条,应该怎么办呢?仔细想一下,用前面给出的UPDATE语句形式是无法完成的。修改的方法是用TOP关键字,具体的语法如下:

```
UPDATE TOP (n) table_name
SET column_name1 = value1, column_name2 = value2,...
WHERE condition;
```

TOP（n)中的n是指前几条记录,是一个整数,其余的语法都可参考前面的UPDATE语句。

例 5-9　修改银行账号信息表(bankaccount)中等级是1的前两条记录,将其备注信息修改成“这是刚修改过的”。

根据题目要求,该语句应该用WHERE子句限制条件,并用TOP(2)确定修改两条记录,修改语法如下:

```
USE chapter5;
UPDATE TOP(2) bankaccount
SET remark = '这是刚修改过的'
WHERE level = 1;
```

执行上面的语法,将level为1的前两条记录修改了,效果如图5.18所示。

为了让读者直观地看到修改的效果,特地将remark字段修改成了“这是刚修改过的”。查询修改后银行账号信息表,效果如图5.19所示。

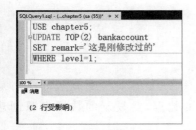

图 5.18　修改银行账号信息表中等级 为 1 的前两条记录

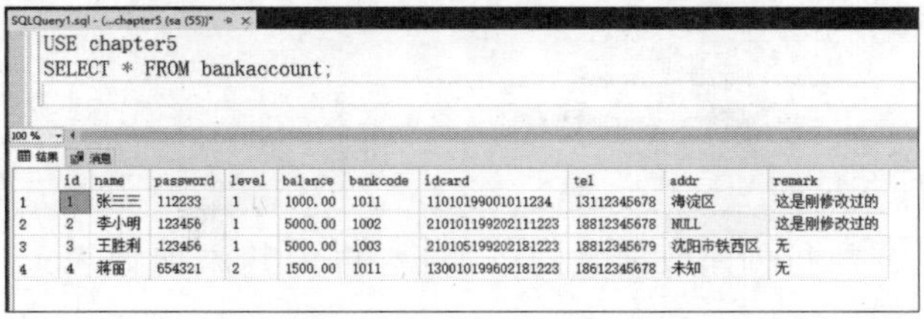

图 5.19　修改银行账号信息表后的效果

5.2.5　根据其他表的数据更新表

上面几个修改数据表的例子都是通过自己指定数据修改的,如果要修改的数据在数据库中的另一张表中已经存在了,可不可以直接复制过来使用呢? 当然是可以的,但是不像在Excel 表格中复制数据那么简单,完成从另一个表复制数据的语法如下:

```
UPDATE table_name
SETcolumn_name1 = table1_name.column_name1,
    column_name2 = table1_name.column_name2,...
FROM table1_name
WHERE conditions
```

❑ table_name:表名。要更新的数据表名称。

❑ column_name1:列名。要修改数据表中的列名。

❑ table1_name:表名。要复制数据的数据表名称。

❑ table1_name.column_name1:列名。要复制数据的列,记住,一定要在列名前面加上表名。

❑ conditions:条件。它是指按什么条件复制表中的数据。

按照上面的语法规则可以在修改数据表时使用其他表中的数据了。下面通过例 5-9 进行练习。在练习之前先创建一张数据表并存入一些数据,以便复制数据使用。创建一张银行卡等级信息表,表结构如表 5.7 所示。

表 5.7　银行卡等级信息表(cardlevel)

序　　号	字　段　名	数 据 类 型	描　　述
1	id	int	等级编号
2	level	int	等级
3	minlimit	numeric(10,2)	存款额最小值
4	maxlimit	numeric(10,2)	存款额最大值

上面的银行卡等级信息表主要描述了每种等级对应的存款额要求,根据表结构创建数据表的语法如下:

```
USE chapter5;
CREATE TABLE cardlevel
(
```

```
id          int  PRIMARY KEY IDENTITY(1,1),
level       int,
minlimit    numeric(10, 2),
maxlimit    numeric(10, 2)
);
```

执行创建数据表的语法后,再为其添加如表 5.8 中的数据,要复制的数据来源创建好了。

表 5.8 银行卡等级信息表添加的数据

等级编号(id)	等级(level)	存款额最小值(minlimit)	存款额最大值(maxlimit)
1	1	0	5000
2	2	5001	20000
3	3	20001	100000

批量向数据表中添加数据的具体语法如下:

```
INSERT INTO cardlevel
VALUES(1,0,5000),(2,5001,20000),(3,200001,100000);
```

执行上面的语法后,银行账号等级信息表中就有了 3 条数据了。

例 5-10 将银行账号信息表中的等级信息按照银行卡等级信息表中每个等级对应的存款额度进行更新。

根据题目要求,要更新银行卡账号信息表中的等级,更新语法如下:

```
USE chapter5;
UPDATE bankaccount
SET bankaccount.level = cardlevel.level
FROM cardlevel
WHERE bankaccount.balance >= cardlevel.minlimit AND bankaccount.balance < cardlevel.maxlimit;
```

执行上面的语法,将银行账号信息表中的银行卡等级根据卡中存款额进行更新,执行效果如图 5.20 所示。

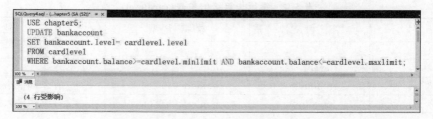

图 5.20 更新银行账号信息表中的等级

从图 5.20 所示的执行效果中可以看出,银行账号信息表中的 4 行数据已经被更新了。更新后的银行账号信息表中的数据如图 5.21 所示,可以看出银行账号信息表中的等级已经按照银行卡等级中的额度范围进行了更新。

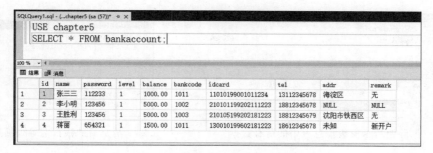

图 5.21 银行账号信息表更新后的效果

5.3 使用 DELETE 语句删除表中的数据

如果某些数据已经没有作用就可以将其删除了。但是，删除的数据不容易恢复，注意备份。

视频讲解

5.3.1 DELETE 语句

在删除数据表中的数据前，如果不能确定这个数据以后是否还会有用，一定要对其数据先进行备份，删除数据表中的数据使用的语法很简单，一般的语法形式如下：

```
DELETE FROM table_name
WHERE conditions;
```

❏ table_name：表名。要删除数据的数据表名称。

❏ conditions：条件。按照指定条件删除数据表中的数据，如果没有指定删除条件删除表中的全部数据。

此外，在上面的语法中也可以将 DELETE 后面的 FROM 关键字省略。

5.3.2 删除表中的全部记录

删除表中的全部数据，就是在使用删除语句时不加 WHERE 子句，下面就用例 5-11 演示如何删除表中的全部数据。

例 5-11 将银行卡等级信息表中的数据全部删除。

根据题目要求，删除语法如下：

```
USE chapter5;
DELETE FROM cardlevel;
```

执行上面的语法，银行卡等级信息表中的记录消失了，效果如图 5.22 所示。可以看到已经有 3 行记录被删除了，删除后剩下一张空表，效果如图 5.23 所示。

从图 5.23 中可以看出，虽然将银行卡等级信息表中的数据删掉了，但是表的结构还是保留的。

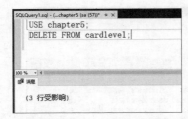

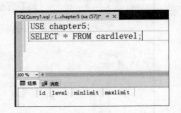

图 5.22 删除银行卡等级信息表中的所有数据　　　图 5.23 清空后的银行卡等级信息表

5.3.3 按条件删除记录

在实际应用中,删除表中全部记录的操作是不太常用的,经常使用的是按条件删除数据,在删除表中数据的语法中加 WHERE 子句。

例 5-12 将银行账号信息表中等级是 1 的记录删除。

根据题目要求,只删除等级是 1 的记录,删除语法如下:

```
USE chapter5;
DELETE FROM bankaccount
WHERE level = 1;
```

执行上面的语法,将银行账号信息表中等级是 1 的记录删掉了,效果如图 5.24 所示。

从图 5.24 中可以看出,影响了表中的 4 条记录,也就是原来表中有 4 条记录等级是 1。删除后查看银行账号信息表,效果如图 5.25 所示。

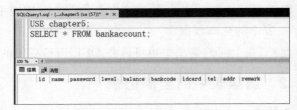

图 5.24 删除等级是 1 的记录　　　　　图 5.25 删除等级是 1 的记录后的效果

读者在图 5.25 中发现所有的记录都被删除了。

5.3.4 删除前 N 条数据

先请读者思考一个问题,如果想删除两条等级是 2 的银行账户信息,怎么办呢?之前学习的 DELETE 语句的语法形式不能够满足要求,除非在银行账号信息表中只有两条等级是 2 的记录,才可以通过在 DELETE 语句的 WHERE 子句里设置条件删除。其他情况请看如下的语法学习如何删除数据。

```
DELETE TOP(N) table_name
WHERE conditions;
```

TOP(N)就是用来指定删除前 N 条记录的。TOP(2)就是指前 2 条记录。

下面通过例 5-13 练习如何删除前 N 条数据。

例 5-13 从银行账户信息表中删除 1 条等级是 1 的银行账户信息。

根据题目要求,删除 1 条记录使用 TOP(1)就可以了,删除语法如下:

```
USE chapter5;
DELETE TOP(1) bankaccount
WHERE level = 1;
```

执行上面的语法,即仅删除 1 条等级是 1 的记录。

5.3.5 使用 TRUNCATE TABLE 语句清空表中的数据

前面已经讲到在清空表中的数据时,可以使用 DELETE 语句完成。实际上,除了使用 DELETE 语句外,还可以使用 TRUNCATE TABLE 语句清空表中的数据。TRUNACTE TABLE 语句的语法很简单,只需要在其后面加上表名就可以了。具体的语法形式如下所示:

```
TRUNCATE TABLE table_name;
```

table_name 就是表名,同样在删除之前还要打开该表所在的数据库。

例 5-14 使用 TRUNCATE TABLE 语句删除银行账号信息表(bankaccount)中的数据。

根据题目的要求,删除银行账号信息表中的数据,语法如下:

```
USE chapter5;
TRUNCATE TABLE bankaccount;
```

执行上面的语法,将银行账号信息表中的数据全部删除,效果如图 5.26 所示。

从图 5.26 的执行效果可以看出,在执行了 TRUNCATE TABLE 语句后并没有像执行 DELETE 语句时出现"影响几行"的消息提示,而是出现"命令已成功完成"的消息提示了。很显然,TRUNCATE TABLE 语句和 DELETE 语句不是一种类型的语句。实际上,TRUNCATE TABLE 属于数据定义语言,与 CREATE、DROP、ALTER 是一类的。

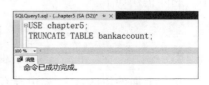

图 5.26 删除银行账号信息表中的全部数据

通过上面的示例,相信读者已经了解了 TRUNCATE TABLE 的基本用法。那么,TRUNCATE TABLE 与 DELETE 删除表中的数据有什么区别呢? 主要区别有两个,具体说明如下:

(1) 使用 TRUNCATE TABLE 删除数据速度较快。使用 DELETE 语句删除数据时,需要把删除的信息写入到事务日志文件中,这样能够编译恢复删除的数据。而使用 TRUNCATE TABLE 语句删除数据,是不会将删除的信息写入事务日志文件的。因此,使用 TRUNCATE TABLE 删除数据的速度较快。当表中的数据不再需要恢复时,可以使用 TRUNCATE TABLE 语句完成删除操作。

(2) 使用 TRUNCATE TABLE 删除数据后标识列重新编号。使用 TRUNCATE TABLE

语句清空表中的所有记录后,表中的标识列会重新编号;而使用 DELELE 删除表中的全部记录后,表中的标识列会继续变化。为了验证 TRUNCATE TABLE 与 DELETE 删除数据后对标识列的影响,新创建一张数据表 test,表结构如表 5.9 所示。

创建好 test 表后,向表中添加如表 5.10 的数据。

表 5.9 test

序 号	字 段 名	数 据 类 型	描 述
1	id	int	编号
2	name	varchar	名称

表 5.10 test 表添加的数据

编号(id)	名称(name)
1	桌子
2	椅子
3	书

创建 test 表并添加数据的语法如下:

```
USE chapter5;
CREATE TABLE test
(
    id      int  IDENTITY(1,1),
    name    varchar(20)
);
INSERT INTO test VALUES('桌子'),('椅子'),('书');
```

执行上面的语法,查询 test 表中的数据,如图 5.27 所示。

下面分别使用 TRUNCATE TABLE 语句和 DELETE 语句删除 test 中的数据。

(1) 使用 TRUNCATE TABLE 语句删除 test 中的数据。删除之前在图 5.27 中,id 是自增长列并且序号已经变成 3 了。删除语法如下:

图 5.27 test 表中的数据

```
USE chapter5;
TRUNCATE TABLE test;
```

执行上面的语法,test 表中没有数据了。下面向 test 表中再插入一条数据,语法如下:

```
USE chapter5;
INSERT INTO test VALUES('本');
```

查询 test 表中的数据,看看 id 究竟是几,如图 5.28 所示。

从图 5.28 中可以看到,id 值是 1,也就是说使用 TRUNCATE 语句删除数据后,自增长列是重新计数的。

(2) 使用 DELETE 语句删除 test 表中的数据。当前 test 表中只有一条数据,id 为 1。下面使用 DELETE 语句将其删除,语法如下:

```
USE chapter5;
DELETE test;
```

执行上面的语法,test 表中的数据也被删除了。下面同样再向 test 表中添加 1 条记录,看看 id 的变化，添加数据的语法如下：

```
USE chapter5;
INSERT INTO test VALUES('书包');
```

再查看 test 表，看看 id 是多少了，如图 5.29 所示。

结果
消息
id
name
1
1
本

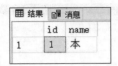

图 5.28 使用 TRUNCATE 删除数据后标识列的变化

结果
消息
id
name
1
2
书包

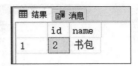

图 5.29 使用 DELETE 删除数据后标识列的变化

这回看到 id 的值是 2，也就是说，通过 DELETE 删除数据后，标识列的序号是在原来的基础上继续增加的。

5.4 使用 SSMS 操作数据表

前面学习了使用 SQL 语句对数据表中数据进行添加、修改以及删除的操作，这些语句需要记住他们才能使用。现在学习一个简单的方法，使用 SSMS 操作数据表。

SSMS 是一个用鼠标操作的友好界面，使用 SSMS 操作表中的数据最能够体现它的便利了。下面通过例 5-15 演示如何在 SSMS 中添加、修改以及删除数据。

例 5-15 在 SSMS 中对银行账号信息表做如下操作。

(1) 向数据表中添加如表 5.2 的数据。

(2) 修改编号是 1 的记录，将其余额修改成 2000。

(3) 删除编号是 1 的记录。

无论对银行账号信息表做添加、修改还是删除操作，都需要在银行账号信息表的表编辑界面中完成。在 SSMS 的“对象资源管理器”中，展开 chapter5 数据库，右击该数据库中的表 bankaccount，在弹出的快捷菜单中选择“编辑前 200 行”选项，即可见到银行账号信息表的编辑界面，如图 5.30 所示。

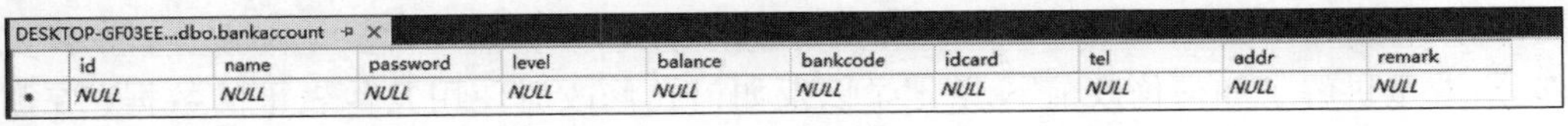

DESKTOP-GF03EE...dbo.bankaccount
id
name
password
level
balance
bankcode
idcard
tel
addr
remark
NULL
NULL
NULL
NULL
NULL
NULL
NULL
NULL
NULL
NULL

图 5.30 银行账号信息表的编辑界面

本题的 3 个小问，都可以在图 5.30 所示的界面中完成。下面分别讲解如下。

(1) 添加表 5.2 的数据，就像在 Excel 表中输入信息一样。录入表 5.2 的信息后，效果如图 5.31 所示。

添加数据后如何保存呢？在 SSMS 中，为表添加数据不用刻意地去保存数据，只需要把光标移动到下一行，就保存了上一行的数据。

(2) 将 id 是 1 的记录余额改成 2000。在图 5.31 所示的界面中，直接将 id 为 1 的列所对应的 balance 列改成 2000 就可以了，效果如图 5.32 所示。

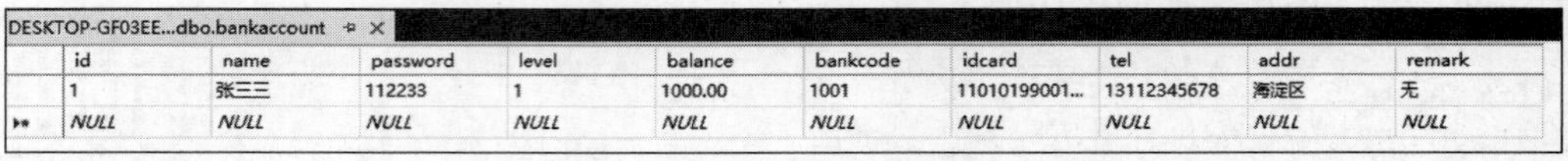

DESKTOP-GF03EE...dbo.bankaccount

	id	name	password	level	balance	bankcode	idcard	tel	addr	remark
	1	张三三	112233	1	1000.00	1001	11010199001...	13112345678	海淀区	无
▸*	NULL	NULL	NULL	NULL	NULL	NULL	NULL	NULL	NULL	NULL

图 5.31　向 bankaccount 表中添加数据

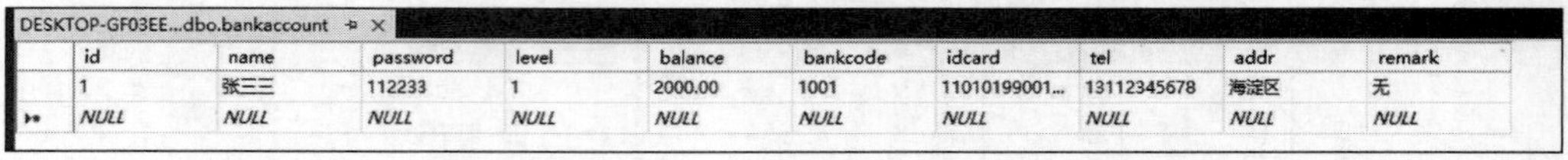

DESKTOP-GF03EE...dbo.bankaccount

	id	name	password	level	balance	bankcode	idcard	tel	addr	remark
	1	张三三	112233	1	2000.00	1001	11010199001...	13112345678	海淀区	无
▸*	NULL	NULL	NULL	NULL	NULL	NULL	NULL	NULL	NULL	NULL

图 5.32　修改 id 为 1 的列

从图 5.32 中可以看出，当前银行账号信息表的状态是“单元格已修改”，修改数据后，仍然将光标移动到其他单元格中，就可以保存该数据了。

(3) 删除数据会稍微复杂一些。删除编号是 1 的记录，需要先单击要删除的记录使其处于选中状态，然后右击该记录，在弹出的快捷菜单中选择“删除”选项，弹出如图 5.33 所示的对话框。

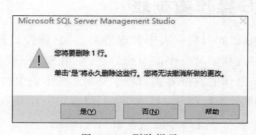

图 5.33　删除提示

在图 5.33 所示的界面中单击“是”按钮，即可将所选的记录删除了。

说明：如果要删除多条记录，不用一条一条地选择，只需要使用 Shift 或 Ctrl 键选中要删除的记录，然后一起删除就可以了。

5.5　本章小结

本章主要讲解了如何使用 SQL 和 SSMS 向数据表中添加、修改以及删除数据。在添加数据部分，着重讲解了如何给标识列添加值、复制表中的数据以及批量添加数据；在修改数据部分，着重讲解了如何修改前 N 条记录以及如何在修改时使用其他表中的数据；在删除数据部分，着重讲解了如何删除 N 条记录，同时也讲解了 TRUNCATE TABLE 语句与 DELETE 语句的区别。希望读者通过本章的学习，能够随意地使用 SQL 语句操作数据表中的数据，而且，SSMS 也得会用。

5.6　本章习题

一、填空题

1. 删除表中全部数据，可以使用________________语句。
2. 修改表中前 N 项数据需要使用的关键字是________________。

3. 未插入值的列,列中的值为_____。

二、选择题

1. 下面对向数据表中插入数据的描述正确的是(　　)。

A. 可以一次向表中的所有字段插入数据

B. 可以根据条件向表中的字段插入数据

C. 可以一次向表中插入多条数据

D. 以上都对

2. 下面对修改数据表中的数据描述正确的是(　　)。

A. 一次只能修改表中的一条数据

B. 可以指定修改前 N 条数据

C. 不能修改主键字段

D. 以上都不对

3. 下面对删除数据表中的数据描述正确的是(　　)。

A. 使用 DELETE 只能删除表中的全部数据

B. 使用 DELETE 可以删除 1 条或多条数据

C. 使用 TRUNCATE 语句也能删除 1 条或多条数据

D. 以上都不对

三、问答题

1. INSERT 语句的基本语法形式是什么?

2. UPDATE 语句的基本语法形式是什么?

3. DELETE 与 TRUNCATE 的区别是什么?

四、操作题

使用表 5.1 的银行账号信息表,完成如下 SQL 语句的编写。

(1) 向银行账号信息表中任意添加 5 条数据。

(2) 将银行账号信息表中前三条记录中账号等级加 1。

(3) 删除所有账号等级为 1 的账号信息。

第 **6** 章

查询语句基础

查询操作是数据表中最重要的一个操作。如果没有查询语句,那么数据表中的数据有什么变化都不知道。这就好像一个仓库只能存取但是不知道里面有多少东西一样。其实在上一章中已经使用过 SELECT 查询语句查询表中的数据,本章将继续学习 SELECT 查询语句更多的用法。

本章主要知识点如下:

- ❑ 运算符的使用;
- ❑ 如何书写简单的查询语句;
- ❑ 如何在查询语句中使用聚合函数。

视频讲解

6.1 运算符

运算符这个词在数学中或者是编程语言时都学习过。在 SQL Server 数据库中,也可以在 SQL 语句中使用运算符。有了运算符,可以对数据表中的数据做一些常用的统计和比较等操作。所以,运算符很重要。在 SQL Server 数据库中,运算符主要包括算术运算符、比较运算符、逻辑运算符、位运算符等。下面逐一讲解每类运算符的使用。

6.1.1 算术运算符

所谓算术运算符就是进行数学运算的,它主要包括加法、减法、乘法、除法、取余数、取商等运算符。具体运算符的使用方法如表 6.1 所示。

表 6.1 算术运算符

运 算 符	说 明
＋	对两个操作数做加法运算,如果是两个字符串类型的操作数,则可以将两个字符串连接到一起。比如:'a'+'b'='ab'

续表

运　算　符	说　　　明
－	对两个操作数做减法运算
*	对两个操作数做乘法运算
/	对两个操作数做除法运算，返回商，例如：10/3＝3
％	对两个操作数做取余运算，返回余数，例如：10％3＝1

下面就用示例解读每种运算符的使用方法。在讲解实例之前，先要告诉读者 SELECT 语句不仅可以在查询数据表数据时使用，也可以直接使用，相当于赋值或者是运算使用。在下面的实例中一律使用 SELECT 语句直接通过算术运算符运算，不使用数据表，以便读者更好地理解运算符的使用。

例6-1 使用"＋""－"运算符计算 100 与 200，0.6 与 1.9 的和与差。

根据题目要求，使用"＋"运算符运算的语句如下：

```
SELECT 100 + 200, 0.6 + 1.9, 100 － 200, 0.6 － 1.9;
```

运算结果如图 6.1 所示。

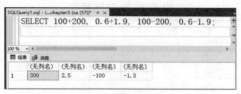

图 6.1　加、减法运算符的使用

需要注意的是，如果不操作数据表则不必使用 USE 语句打开指定的数据库，默认会直接使用 master 数据库。

例6-2 使用"＊"运算符计算 100 与 200，1.6 与 0.2 的积。

根据题目要求，使用"＊"运算符运算的语句如下：

```
SELECT 100 * 200, 1.6 * 0.2;
```

运算结果如图 6.2 所示。

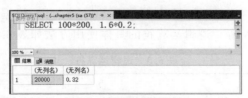

图 6.2　乘法运算符的使用

例6-3 使用"/""％"运算符计算 500 与 100，300 与 200，1.5 与 0.2 的商和余数。

运用"/""％"运算符运算的语句如下：

```
SELECT 500/100,500 ％ 100,300/200,300 ％ 200, 1.5/0.2, 1.5 ％ 0.2;
```

运算结果如图 6.3 所示。

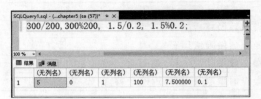

图 6.3　除法和取余运算符的使用

从图 6.3 的结果中可以看出，如果两个数能够整除时，余数就为 0，即使是小数之间的取余运算也是得到余数，并且余数也是小数。例如，1.5％0.2＝0.1。

6.1.2　比较运算符

比较运算符就是用来对两个操作数进行比较。读者可以想想，两个操作数之间比较结果应该是什么呢？通过比较运算符运算的结果不是具体的数值，而是用布尔类型表示的，即 TRUE 或 FALSE。在 SQL Server 数据库中，比较运算符主要有大于、小于、大于等于、小于等于、不等于等，具体的使用方法如表 6.2 所示。

表 6.2　比较运算符

运　算　符	说　　明	运　算　符	说　　明
＞	大于	＜＞或!＝	不等于
＜	小于	!＜	不小于
＞＝	大于等于	!＞	不大于
＜＝	小于等于		

在表 6.2 所列出的运算符中，表示不等于的时候有两种方式"＜＞""!＝"，它们在使用上没有任何区别，根据自己的喜好选择。这里需要注意的是，在 SELECT 语句后面不能直接使用比较运算符对值进行比较。比较运算符通常用在查询语句中的 WHERE 子句或者 T-SQL 编程时的语句中。因此，比较运算符的具体使用方法将在本章的查询部分详细讲解。

6.1.3　逻辑运算符

逻辑运算符与比较运算符有些相似，运算结果的数据类型是布尔类型。逻辑运算符也主要应用于查询语句的 WHERE 子句中。在 SQL Server 数据库中，逻辑运算符包括 AND、OR、NOT、ALL、IN 等。逻辑运算符的具体使用方法如表 6.3 所示。

表 6.3　逻辑运算符

运　算　符	说　　明
AND	与运算符。用于两个操作数比较，当两个操作数同时为 TRUE 时，结果是 TRUE，否则是 FALSE
OR	或运算符。用于两个操作数比较，当两个操作数同时为 FALSE 时，结果是 FALSE，否则是 TRUE
NOT	非运算符。对任意运算结果的布尔类型值取反。即表达式的结果为 TRUE 时，通过 NOT 运算符运算后，结果为 FALSE，否则为 TRUE

续表

运　算　符	说　　明
ALL	用于判断数据是否全部满足条件
ANY	用于判断数据是否有一个值满足条件
SOME	与 ANY 的使用方法相同
IN	判断某一个值是否在 IN 后面的指定范围内。比如：100 IN（100,200,300），如果在 IN 后面的数值中有 100，那么结果为 TRUE，否则为 FALSE
BETWEEN	判断某一个值是否在一个范围内。通常情况下，BETWEEN 与 AND 连用，表示一个具体的范围。比如：100 BETWEEN 50 AND 200，如果 100 在 50 到 200 之间，结果是 TRUE，否则是 FALSE
EXISTS	判断是否能查询出数据。用于检查子查询是否至少会返回一行数据

在表 6.3 中的运算符经常与 NOT 运算符连用，得到与原运算符相反的结果。例如，NOT IN 、NOT BETWEEN ...AND、NOT EXISTS。关于逻辑运算符的具体使用方法也将在后面的查询中详细讲解。

6.1.4　位运算符

位运算符实际上相当于对数值的运算，因此，也可以在 SELECT 语句后面直接使用。在 SQL Server 数据库中，位运算符有按位与、按位或、按位异或三种。位运算符的具体使用方法如表 6.4 所示。

表 6.4　位运算符

运　算　符	说　　明
&	按位与，是将两个操作数转换成二进制数，然后按位进行比较，如果比较的 2 位同时为 1 时结果为 1，否则全都是 0
|	按位或，是将两个操作数转换成二进制数，然后按位进行比较，如果比较的 2 位同时为 0 时结果为 0，否则全都是 1
^	按位异或，是将两个操作数转换成二进制数，然后按位进行比较，如果比较的 2 位值相同时结果为 0，否则是 1

例 6-4　使用按位与运算符计算 5 与 2，使用按位或运算符计算 10 与 8，使用按位异或运算符计算 10 与 6 的结果。

使用位运算符运算的语句如下：

```
SELECT 5&2, 10|8, 10^6;
```

运算结果如图 6.4 所示。

现在就来分析怎么得出图 6.4 的运算结果。先把位运算的操作数转换成二进制数，然后再运算。例如，5 的二进制表示是 00000101,2 的二进制表示是 00000010，那么，按位与的结果是 00000000。因此，结果就是 0 了。其他的操作数在这里就不一一转换了，请读者自己转换

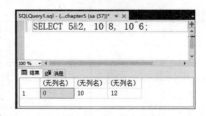

图 6.4　位运算符的使用

再比对运算结果。

6.1.5 其他运算符

除了上面的 4 类运算符之外,还有一元运算符、赋值运算符等。赋值运算符就是等号,用"＝"来表示。一元运算符是对一个表达式或操作数进行运算,具体的使用方法如表 6.5 所示。

表 6.5 一元运算符

运　算　符	说　　　明
＋	表示操作数的值是正值
－	表示操作数的值是负值
～	返回表达式的结果或操作数的补数,也称取反运算。但是该运算通常用于二进制数的取反运算,将每一个二进制数的每一位,是 0 的换成 1,是 1 的换成 0

一元运算符也可以在 SELECT 语句后面直接使用,"＋"和"－"运算符比较简单,只给操作数前面加上一个符号,下面重点学习取反运算符的使用。

例 6-5 使用一元运算符中的取反运算给 10 取反。

使用"～"运算符对 10 取反的语句如下:

```
SELECT ～10;
```

运算结果如图 6.5 所示。

先把 10 转换成二进制数,10 的二进制是 0000000000001010,～10 的结果是 11111111 11110101,这样第 1 位就是 1,表示是一个负数,那么,取补码就应该是 10000000 00001011,转换成十进制数结果就是－11 了。

说明:补码的取值方法是,对于所有的有符号整数,最高位 1 表示负数,最高位 0 表示正数。一般来讲,有符号正整数按位取反后就是其相反数减 1,负数取反就是相反数加 1。

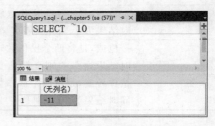

图 6.5 取反运算符的使用

6.1.6 运算符的优先级

如果在一个表达式中使用多个运算符,运算符之间也是有顺序的。下面就用表 6.6 来说明运算符的优先级是如何定义的。

表 6.6 运算符的优先级

顺　　序	运　算　符
1	～
2	＊、％、/
3	＋、－、&
4	＝(判断相等)、>、<、>=、<=、!=、!>、!<

续表

顺　　序	运　算　符
5	^、|
6	NOT
7	AND
8	ALL、SOME、ANY、BETWEEN、OR
9	=（赋值）

从表 6.6 所示的运算符的优先级可以看出，最后执行的是赋值运算符，最先执行的是取反运算符。在实际应用中，也不必总是考虑每个表达式中要先执行什么后执行什么，只需要把先执行的内容用括号括起来，这样可以避免一些不必要的麻烦。

6.2　简单查询

视频讲解

在本节中介绍的简单查询是指对一张表的查询操作。查询操作是对表的一个重要操作，关键字是 SELECT。真正使用好查询不是一件容易的事，只有掌握了简单查询才能更好地掌握下一章中的复杂查询。

6.2.1　查询语句的基本语法形式

任何一种语句都有特定的语法形式，查询语句也不例外。查询语句的语法形式很复杂，这里先给出一种比较容易理解的形式，具体的语法如下：

```
SELECT column_name1, column_name2, column_name3,...
FROM table_name
WHERE conditions;
```

❑ column_name1：列名。在查询结果中显示列信息，多个列之间用逗号隔开。如果想查看表中的全部信息，列名不用一一列出，直接用"＊"代替。

❑ table_name：表名。要查询数据的表名。在查询前也要先打开该表所使用的数据库。

❑ conditions：条件。条件可以是一到多个，多个条件之间就会用到前面学过的运算符了，最常用的是逻辑运算符。

6.2.2　查询表中的全部数据

在上一章对表的操作中，经常会使用从数据表中查询全部数据这种方法验证操作结果。现在跟着例 6-6 再演练一遍。在演练之前，先说明一下本章中使用的数据库和数据表。数据库使用 chapter6。数据表使用博客信息表，博客的信息应该有什么呢？一个博客，通常要知道它的名字、作者、类型、点击率、地址等信息。本实例为了简化表中的列，去除了地址、头像等一些信息，简化后的表结构如表 6.7 所示。

由于本章只是对数据表中的内容做查询操作，因此，还要先为表中输入一些数据。表中输入的数据如表 6.8 所示。

表 6.7　博客信息表(bloginfo)

编　号	列　名	数 据 类 型	中 文 释 义
1	id	int	编号
2	name	varchar(20)	名称
3	author	varchar(20)	作者
4	blogtype	varchar(20)	类型(Java 开发、人工智能、天文)
5	CTR	int	点击率
6	remark	varchar(200)	备注

表 6.8　博客信息表中的数据

编　号	名　称	作　者	类　型	点 击 率	备　注
1	一起学 Java	小高兴	Java 开发	100	无
2	数据无处不在	无名	人工智能	200	无
3	流星雨	章五	天文	300	无
4	来学机器学习	小璐	人工智能	200	2018 年新开博客
5	每日一题	周明	Java 开发	300	无

创建博客信息表并录入数据的语法如下:

```
USE chapter6;
CREATE TABLE bloginfo
(
    id          int IDENTITY(1,1) PRIMARY KEY,
    name        varchar(20),
    author      varchar(20),
    blogtype    varchar(20),
    CTR         int,
    remark      varchar(200)
);
INSERT INTO bloginfo VALUES ('一起学 Java','小高兴','Java 开发',100,'无'),
                ('数据无处不在','无名','人工智能',200,'无'),
                ('流星雨','章五','天文',300,'无'),
                ('来学机器学习','小璐','人工智能','200','2018 年新开博客'),
                ('每日一题','周明','Java 开发',300,'无')
```

执行上面的语法,可以完成博客信息表的创建操作,下面使用 SQL 语句查询博客信息表。

例 6-6　查询博客信息表(bloginfo)的全部数据。

根据题目要求,要查询博客信息表中的全部数据,不需要知道表中的列名,使用"＊"代替列名就可以了,查询语法如下:

```
USE chapter6;
SELECT * FROM bloginfo;
```

执行上面的语法,可以查看表中的全部数据,效果如图 6.6 所示。

6.2.3　按条件查询数据

虽然查询表中的全部记录很简单,但是通常情况并不需要每次都查询全部记录,而且每

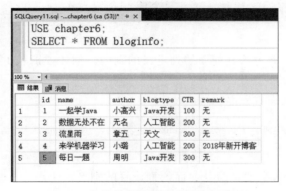

图 6.6 查询博客信息表中的全部数据

次都从表中查询全部数据也会影响查询效率。因此,学习如何按条件查询想要的数据还是很重要的。

例 6-7 查询博客信息表(bloginfo)中的名称(name)和作者(author)。

在查询之前,先明确查询的语法规则,要查询哪个列的信息就在 SELECT 语句中指定该列名。具体的查询语法如下:

```
USE chapter6;
SELECT name,author FROM bloginfo;
```

执行上面的语法,查询到指定列名的相关数据了,效果如图 6.7 所示。

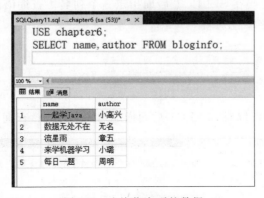

图 6.7 查询指定列的数据

从图 6.7 中可以看出,显示的结果中只包含 SELECT 语句后面指定的列的信息了。

6.2.4 给列设置别名

通过前面的例 6-6 和例 6-7,读者已经对查询语句有所了解。在查询结果中,看到的列标题就是数据表中的列名。如果不是表的设计者,有时真的很难知道字段的意义。那么,如何能够按照自己的意愿去定义列名呢? 在 SQL Server 中,可以使用给列定义别名的方法完成。在给列定义别名时,有如下 3 种方法。

(1)使用 AS 关键字给列设置别名。

```
SELECT column_name1 AS '别名 1', column_name2 AS '别名 2', column_name3 AS '别名 3',…
FROM   table_name
```

在 AS 后面的名字即为给其前面的列定义的别名。例如,"别名 1"是 column_name1 的别名。

（2）使用空格给列设置别名。

```
SELECT column_name1 '别名 1', column_name2 '别名 2', column_name3 '别名 3',…
FROM   table_name
```

其中,空格后面的名字就是给其前面的列设置的别名。

（3）使用等号给列设置别名。

```
SELECT '别名 1' = column_name1, '别名 2' = column_name1, '别名 3' = column_name1,…
FROM   table_name
```

其中,等号前面的名字就是给其后面列设置的别名。

上面的 3 种方式,第一种方法是最常用的,不仅可以让列名和别名之间有个区分,还可以让其看起来更舒服些,其他两种方法也要掌握。

下面就用例 6-8 演示如何运用这 3 种方法给列设置别名。

例 **6-8**　查询博客信息表,显示博客的名称、作者以及类型信息。分别使用上面的 3 种的方式为列设置别名。

根据题目要求,只需要在 SELECT 后面指定 3 个列名。查询语法如下：

（1）使用 AS 关键字设置别名。

```
USE chapter6;
SELECT name AS '名称',author AS '作者',blogtype AS '类型'
FROM bloginfo;
```

执行上面的语法,就可以对 SELECT 后面指定列的内容进行查询了,效果如图 6.8 所示。

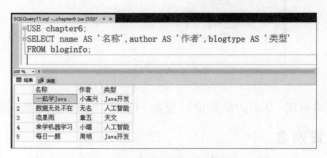

图 6.8　使用 AS 关键字给列设置别名

（2）使用空格给列设置别名。

```
USE chapter6;
SELECT name    '名称',author    '作者',blogtype    '类型'
FROM bloginfo;
```

执行上面的语法,也可以完成与(1)同样的效果。

(3) 使用等号给列设置别名。

```
USE chapter6;
SELECT  '名称' = name, '作者' = author, '类型' = blogtype
FROM bloginfo;
```

执行上面的语法,也可以完成与(1)同样的效果。

6.2.5 使用 TOP 查询表中的前几行数据

在前面的查询中,虽然可以指定要显示的列,但是查询的数据也是表中的数据。每次都要显示表中的所有数据,如果数据少的时候速度还不会受到影响,如果数据量很大时就会造成查询时间过长,数据库访问速度降低的情况。在 SQL Server 中可以使用 TOP 关键字限制显示结果的数量。TOP 关键字可以帮助读者每次仅返回查询结果的前 N 行。

例 6-9 查询博客信息表中的前两条记录,显示博客的名称以及类型的信息。

根据题目的要求,在 SELECT 语句后面列出名称和类型的列就可以了,并在前面加上 TOP(2),具体的语法如下:

```
USE chapter6;
SELECT TOP(2) name AS '名称',blogtype AS '类型' FROM bloginfo;
```

执行上面的语法,可以查询博客信息表的指定列的前两条记录,效果如图 6.9 所示。

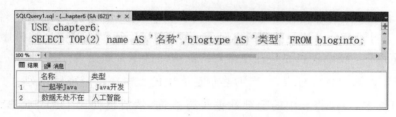

图 6.9　使用 TOP 查询表中的前两条记录

6.2.6 在查询时去除重复的结果

在查询操作时有时希望去除一些重复的数据,只需在 SELECT 语句后面加上 DISTINCT 关键字就可以了。实际上,在真正的数据表中两条完全重复的记录很少见,某一列或多列重复的记录多一些。无论是去除表中重复的记录,还是去除某列的重复值,DISTINCT 关键字都可以实现。

例 6-10 查询博客信息表显示博客的类型,并去除重复的博客类型。

根据题目要求,在 SELECT 语句后面加上博客类型的字段,并在其前面加上 DISTINCT 关键字即可,查询语法如下:

```
USE chapter6;
SELECT DISTINCT blogtype FROM bloginfo;
```

执行上面的语法,即可查看博客信息表中的博客类型信息了,效果如图 6.10 所示。

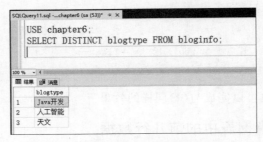

图 6.10　DISTINCT 关键字的使用

从图 6.10 所示的结果可以看出,在博客信息表中只有 3 个博客类型。

6.2.7　对查询结果进行排序

在一些大型网站上,读者经常会看到一些流行音乐排行榜、人气排行榜等信息。这些信息也是通过从数据库中查询出来再对其进行排序的。对查询结果进行排序使用 ORDER BY 语句来完成,语法格式如下:

```
SELECT column_name1, column_name2, column_name3,...
FROM table_name
WHERE conditions
ORDER BY column_name1 DESC|ASC, column_name2 DESC|ASC,...
```

这里,除了 ORDER BY 语句外,其他语句在前面查询语句的语法中已经解释过了。ORDER BY 子句后面可以放置一列或多列,在每一列后面还要指定该列的排序方式,DESC 代表的是降序排列,ASC 代表的是升序排列。默认的排序方式是升序排列。

例 6-11　查询博客信息表,并对博客信息表中的点击率进行降序排列。

根据题目要求,可以将表中的全部数据进行查询,然后再使用 ORDER BY 排序,具体的语法如下:

```
USE chapter6;
SELECT * FROM bloginfo ORDER BY CTR DESC;
```

执行上面的语法,可以将查询结果按照点击率列降序排列,效果如图 6.11 所示。

图 6.11　对查询结果使用 ORDER BY 排序

6.2.8　查看含有 NULL 值的列

在前面的查询语句中都是查询表中的全部数据,如何按某个条件查询数据呢?那就要用到查询语句中的 WHERE 子句,在 WHERE 子句中可以指定按条件查询数据。数据表中的 NULL 值经常出现,NULL 值通常是指没有录入数据的列,如何查看含有 NULL 值的列呢?请看下面 WHERE 语句第一个应用。

例 6-12　查询博客信息表,并显示出所有博客作者是 NULL 值的数据。

根据题目要求,使用 WHERE 子句查询出博客作者是 NULL 的数据,具体的语法如下:

```
USE chapter6;
UPDATE bloginfo SET author = NULL WHERE id = 5;
SELECT * FROM bloginfo WHERE author IS NULL;
```

为了能显示出查询效果,将博客信息表中的"周明"作者先更改为 NULL 值,效果如图 6.12 所示。

图 6.12　查询含有 NULL 值的列

需要注意查询含有 NULL 值的列,使用的语法格式是"列名 IS NULL",而不能直接使用"列名 = 'NULL'"。

6.2.9　模糊查询用 LIKE

所谓模糊查询,就好比在百度搜索一个词或一句话会输出与之相关的内容。在数据库中,模糊查询通过 LIKE 关键字完成。但是,在学习 LIKE 关键字之前先要记住如下几个通配符,如表 6.9 所示。

表 6.9　通配符

运　算　符	说　　　明
%	表示 0 到多个字符
-	表示一个单个字符
[]	表示含有[]内指定的字符

使用表 6.8 中的通配符和 LIKE 关键字可以进行模糊查询。如果想表示"不像…."的意思,使用"NOT LIKE"查询。

例 6-13　查询博客信息表中博客名称含有"Java"的信息。

根据题目要求,具体查询语法如下:

```
USE chapter6;
SELECT * FROM bloginfo WHERE name LIKE '%Java%';
```

执行上面的语法,就可以查询博客名称中含有"Java"的信息了,效果如图 6.13 所示。

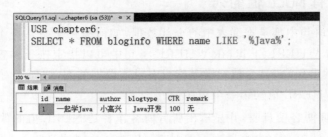

图 6.13　LIKE 关键字在查询中的使用

"%Java %"代表查询博客名称中是否含有"Java"。如果想查询不含有"Java"的博客名称可以使用"NOT LIKE"来查询。

6.2.10　查询某一范围用 IN

在前面的运算符中已经介绍了 IN 的使用,它主要用于判断某个值是否在指定范围。什么时候使用 IN 呢? 例如,查询手机前三位是 133、138 和 188 的用户的,IN 关键字在WHERE 语句中使用的方法如下:

```
SELECT column_name1, column_name2, column_name3,...
FROM table_name
WHERE column_name IN(value1,value2,...)
```

在 IN 关键字前面的是数据表中的列名,IN 后面括号中的是具体值。要注意 IN 后面的内容与相应列的数据类型一致,具体的使用方法请看例 6-14。

例 6-14　查询博客信息表,显示出作者是"小高兴"或者是"小璐"的博客信息。

根据题目要求,具体的语法如下:

```
USE chapter6;
SELECT  * FROM bloginfo
WHERE author IN('小高兴','小璐');
```

执行上面的语法,效果如图 6.14 所示,可以看出在博客信息表中只有两条记录满足条件。

图 6.14　IN 关键字的使用

6.2.11 根据多个条件查询数据

根据条件查询数据在前面提到过,也就是使用 WHERE 关键字的查询语句。所谓按多个条件查询数据,是在 WHERE 后面放置多个查询条件,这些条件之间用什么连接到一起呢?通常情况下使用逻辑运算符连接多个查询条件。

例 6-15 查询博客信息表,显示类型为"人工智能"并且点击率在"100"以上的博客信息。

从题目的要求来看,需要在 WHERE 后面加上两个条件并且两个条件之间用"and"来连接,具体的语法如下:

```
USE chapter6;
SELECT * FROM bloginfo
WHERE   blogtype = '人工智能' AND CTR > = 100;
```

执行上面的语法,效果如图 6.15 所示。

图 6.15 多条件的查询语句

从图 6.15 中可以看出,查询的结果中既要满足博客类型是"人工智能",又要满足点击率大于"100"。如果查询的条件只满足其中一条即可,那么就可以使用 OR 关键字连接条件了。

6.3 聚合函数

聚合函数是数据库系统中众多函数中的一类,它的重要应用就是在查询语句中使用。在 SQL Server 数据库中聚合函数主要包括求最大值的函数 MAX,求最小值的函数 MIN,求平均值的函数 AVG,求和函数 SUM 以

视频讲解

及求记录的行数 COUNT。这些函数什么时候用呢?就和它们的字面意思一样,一般都用于查询和统计表中的数据。

6.3.1 求最大值函数 MAX 和最小值函数 MIN

先认识一下求最大值的函数 MAX,通常情况下,求最大值的列都要是数值类型的,否则就没有比较的意义了。在实际应用中,当需要得到商品的最高价格、小说的最高点击率时,都可以使用最大值函数 MAX。最小值函数 MIN 与 MAX 的用法类似,下面通过实例学习这两个函数的具体用法。

例 6-16 查询博客信息表中最高和最低的点击率信息。

根据题目要求,具体的语法如下:

```
USE chapter6;
SELECT MAX(CTR),MIN(CTR)FROM bloginfo;
```

执行上面的语法,效果如图 6.16 所示。

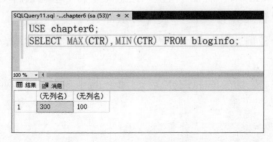

图 6.16　MAX 函数的使用

从图 6.16 所示的结果可以看出,博客信息表中博客的最高点击率是"300",最低点击率是"100"。

6.3.2　求平均值函数 AVG

求平均值函数就更有用了,当需要计算所有学生某一个科目的平均分,计算所有商品的平均价格时,就要考虑使用求平均值函数了。求平均值函数用 AVG 来表示,用来计算数值类型列的平均值,它的用法仍然是"AVG(列名)"。

例 6-17　查询博客信息表中平均点击率。

根据题目要求,要在 SELECT 语句后面加上 AVG 函数,具体的语法如下:

```
USE chapter6;
SELECT AVG(CTR) FROM bloginfo;
```

执行上面的语法,效果如图 6.17 所示。可以看出博客信息表中所有博客的平均点击率是 204。

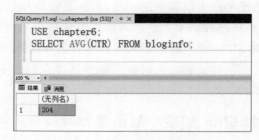

图 6.17　AVG 函数的使用

6.3.3　求和函数 SUM

SUM 是用来求列中数据和的函数,它也是一个比较常用的函数,例如,计算商品的价格总和、每个学生的各科成绩总和等。SUM 函数也是对数值类型列求和的,它的用法是"SUM(列名)"。

例 **6-18** 查询博客信息表中点击率的总和。

根据题目要求,具体的语法如下:

```
USE chapter6;
SELECT SUM (CTR) FROM bloginfo;
```

执行上面的语法,效果如图 6.18 所示。可以看出博客信息表中博客的点击率之和是 1020。

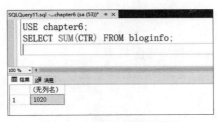

图 6.18 SUM 函数的使用

6.3.4 求记录行数 COUNT

COUNT 函数的用法与前面的 4 个聚合函数略有不同,它通常是用来计算查询结果中的行数。那么,它有什么用途呢?例如,查询成绩在优秀以上的学生个数,查询某一类商品的数量等。COUNT 的使用方法很简单,使用"COUNT(＊)"代表了查询结果的记录行数。下面例子验证 COUNT(＊)的用法。

例 **6-19** 查询博客信息表中类型为"人工智能"的博客数目。

根据题目要求,具体的语法如下:

```
USE chapter6;
SELECT COUNT( ＊ ) FROM bloginfo WHERE blogtype = '人工智能';
```

执行上面的语法,效果如图 6.19 所示。可以看出在博客信息表中有两个"人工智能"类型的博客。

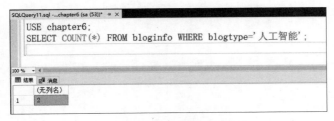

图 6.19 COUNT 函数的使用

6.4 本章小结

在本章中主要讲解了 SQL 语句中常用的运算符以及简单的查询语句,聚合函数在查询语句中的使用。在运算符部分主要讲解了 SQL 语句中常用的算术运算符、比较运算符、逻辑运算符、位运算符以及其他运算符；在查询语句部分重点讲解了基本查询语句的语法形式以及几种常用的简单查询方法；在聚合函数部分，除了讲解何为聚合函数，还讲解了如何在查询语句中应用聚合函数查询数据。读者通过本章的学习了解了简单查询语句，下一章将进入复杂查询语句的学习。

6.5 本章习题

一、填空题

1. 给列设置别名的方法有_____种。

2. LIKE 查询中代表一个字符的通配符为_____。

3. 查询结果中记录的行数，使用的聚合函数是_____。

二、选择题

1. 模糊查询使用的关键字是(　　)。

    A. AVG　　　　　　B. LIKE　　　　　　C. IN　　　　　　D. 以上都不对

2. 求和的聚合函数是(　　)。

    A. AVG　　　　　　B. MIN　　　　　　C. SUM　　　　　　D. COUNT

3. 给查询结果排序的关键字是(　　)。

    A. GROUP　　　　　B. TOP　　　　　　C. ORDER BY　　　　D. 以上都不对

三、问答题

1. 运算符的运算优先级是什么？

2. 如何去除查询结果中的重复数据？

3. 如何给查询字段设置别名？

四、操作题

根据表 6.6 的博客信息表，完成如下查询语句。

（1）查询博客信息表中的全部博客名称。

（2）查询姓"章"的作者所写的博客名称和博客类型。

（3）使用聚合函数计算"天文"类博客的平均点击率。

第 **7** 章

子查询与多表查询

在上一章中读者已经对查询语句有所了解了，细心的读者可能会发现前面的查询都针对一张数据表。如果查询语句每次只能查询一张数据表，那么数据库中的数据表之间就不会有任何关系了，但实际上这些数据表之间是有联系的。例如，表之间的主外键关系。本章将介绍如何同时从多个数据表中查询数据，以及如何处理查询的结果集。

本章主要知识点如下：

❑ 如何使用子查询；

❑ 如何使用分组查询；

❑ 如何使用多表查询；

❑ 如何对结果集进行运算。

7.1 子查询

所谓子查询是在一个查询语句中嵌套另一个查询。也就是说，在一个查询语句中可以使用另一个查询语句中得到的查询结果。本节将介绍子查询中的单列子查询与多行子查询。

视频讲解

为了顺利完成本章的学习，首先需要读者建立如下两张表用于存放青少年计算机等级考试报名信息。为了方便读者查询，在报名表中添加了"年龄"列，在实际应用中，年龄是直接根据身份证号码中的出生日期计算出来的，见表 7.1 和表 7.2。

表 7.1 报名信息表（reginfo）

编　　号	列　　名	数 据 类 型	中 文 释 义	说　　　　明
1	id	int	编号	主键
2	name	varchar(20)	姓名	
3	age	int	年龄	
4	school	varchar(20)	所在学校	
5	levelid	int	等级编号	外键

续表

编　号	列　名	数据类型	中文释义	说　明
6	ispay	bit	是否缴费	1代表缴费,0代表未缴费,默认值为0
7	idcard	char(18)	身份证号码	唯一
8	regdate	datetime	报名时间	默认值(获取系统时间作为报名时间)

表 7.2　计算机等级信息表(levelinfo)

编　号	列　名	数据类型	中文释义
1	id	int	编号
2	name	varchar(20)	等级名称
3	price	decimal(5,2)	报名费

创建表的 SQL 语句如下所示。

```
USE chapter7
CREATE TABLE levelinfo
(
    id          int IDENTITY(1,1) PRIMARY KEY,
    name        varchar(20),
    price       decimal(5,2)
)
CREATE TABLE reginfo
(
    id          int IDENTITY(1,1) PRIMARY KEY,
    name        varchar(20),
    age         int,
    school      varchar(20),
    levelid     int REFERENCES levelinfo(id),
    ispay       bit DEFAULT 0,
    idcard      char(18),
    regdate     datetime DEFAULT GETDATE()
)
```

分别向两张表中加入如表 7.3 和表 7.4 所示的数据。

表 7.3　计算机等级信息表(levelinfo)

编　号	等级名称	报名费	编　号	等级名称	报名费
1	一级	320	4	四级	380
2	二级	320	5	五级	420
3	三级	380			

表 7.4　报名信息表(reginfo)

编号	姓　名	年　龄	所在学校	等级编号	是否缴费	身份证号码	报名时间
1	张小航	9	第一小学	1	1	130112201002211234	2019-01-05
2	李明	8	第二小学	3	1	130112201105211234	2019-01-08
3	王杨	9	第一小学	1	1	210112201003211234	2019-01-12

续表

编　号	姓　名	年　龄	所在学校	等级编号	是否缴费	身份证号码	报名时间
4	李丽	9	第三小学	2	0	210112201009151234	2019-01-06
5	石光	10	第四小学	3	0	230112200902211234	2019-01-05
6	王欢	11	第一小学	2	0	230112200802181234	2019-01-08
7	陈晨	10	第一小学	4	0	130112200908081234	2019-01-05

向表中添加数据的语法如下：

```
USE chapter7;
INSERT INTO levelinfo VALUES('一级',320), ('二级',320) ,('三级',380), ('四级',380), ('五级',420);
INSERT INTO reginfo VALUES('张小航',9,'第一小学',1,1,'1301122010022211234','2019-01-05'),
                          ('李明',8,'第二小学',3,1,'1301122011052111234','2019-01-08'),
                          ('王杨',9,'第一小学',1,1,'2101122010032211234','2019-01-12'),
                          ('李丽',9,'第三小学',2,0,'2101122010091511234','2019-01-06'),
                          ('石光',10,'第四小学',3,0,'2301122009022111234','2019-01-05'),
                          ('王欢',11,'第一小学',2,0,'2301122008021811234','2019-01-08'),
                          ('陈晨',10,'第一小学',4,0,'1301122009080811234','2019-01-05');
```

执行上面的语法，分别向计算机等级信息表和报名信息表中添加数据。至此，已经完成了本章的数据准备工作。

7.1.1　单列子查询

单列子查询指通过子查询返回的查询结果是一行一列的值，通常放置到查询语句的WHERE子句中。例如，查询成绩表中的最高分。单列子查询通常与比较运算符连接，下面通过实例学习单列子查询的用法。

例7-1　查询报名一级考试的学生姓名和所在的学校。

根据题目要求，首先要查询出一级考试的等级编号，然后再根据等级编号查询学生的姓名和学校，查询语法如下：

```
SELECT name, school
FROM reginfo
WHERE levelid = (SELECT id FROM levelinfo WHERE name = '一级')
```

效果如图7.1所示。

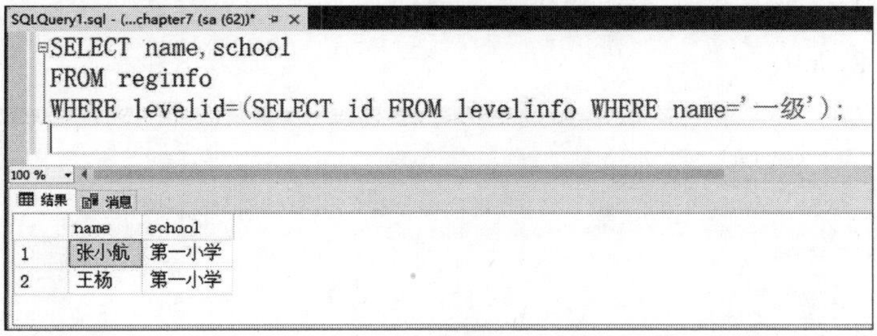

图7.1　查询报名一级考试的学生姓名和所在的学校

其中，"SELECT id FROM levelinfo WHERE name＝'一级'"语句得到的查询结果是"一级"所对应的编号，即"1"。单列子查询的结果是一个具体的值，因此，可以使用"＞""＜""＞＝""＜＝""＜＞""＝"等比较运算符连接。

7.1.2　多行子查询

多行子查询指一列多行的子查询，该类子查询返回多个值，通常与 IN、ANY、SOME、EXISTS 等运算符连用。下面通过实例学习多行子查询的使用。

例 7-2　查询报名等级为一级或二级的学生姓名和所在学校。

根据题目要求，具体的语法如下：

```
USE chapter7
SELECT name,school
FROM reginfo
WHERE levelid IN (SELECT id FROM levelinfo WHERE name = '一级' OR name = '二级');
```

执行上面的语法，效果如图 7.2 所示。

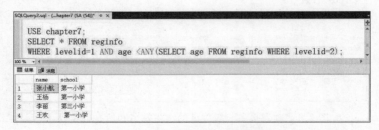

图 7.2　查询报名等级为"一级"或"二级"的学生信息

从图 7.2 的查询结果中可以看出，子查询的结果是"一级"或"二级"等级所对应的等级编号 1 和 2。读者可以想想，如果要查询除了报名"一级"和"二级"的学生信息怎么办呢？其实特别简单，只要使用"NOT IN"运算符即可实现。

例 7-3　查询报名一级并且年龄比二级学生小的学生信息。

根据题目要求，具体语法如下：

```
USE chapter7;
SELECT * FROM reginfo
WHERE  levelid = 1 AND age < ANY(SELECT age FROM reginfo WHERE levelid = 2 );
```

效果如图 7.3 所示。

```
SQLQuery2.sql - (...hapter7 (SA (54))* ⊕ ×
    USE chapter7;
    SELECT * FROM reginfo
    WHERE levelid=1 AND age <ANY(SELECT age FROM reginfo WHERE levelid=2);
100 % ▾ ◀
⊞ 结果 ❗消息
      name    school
1   张小航   第一小学
2   王杨     第一小学
3   李丽     第三小学
4   王欢     第一小学
```

图 7.3　ANY 在子查询中的使用

从图 7.3 的查询结果中可以看出，ANY 前面的小于("＜")运算符代表了对 ANY 后面子查询的结果中任意值进行是否小于的判断。如果判断小于可以使用"＜"，判断不等于可以使用"！＝"。与 ANY 关键字功能一样的是 ALL 关键字，在实际应用中使用哪个关键字都可以。读者可以在上面的实例中尝试应用一下 ALL 关键字，看看查询结果是否一样？

SOME 关键字的用法与 ANY 的用法类似，将例 7-3 中的 ANY 运算符换成 SOME，运行效果也是一样，读者可以自行尝试一下。

EXISTS 关键字代表"存在"的意思。它应用于子查询中，只要子查询返回的结果不为空，返回值就是 TRUE，否则就是 FALSE。通常情况下，EXISTS 关键字都会在 WHERE 语句中使用。

7.2　分组查询

视频讲解

在学习分组查询之前，读者先要弄清楚什么是分组？在现实生活中经常会用到分组，例如，扫雪时将一个班级分成几个小组，分别完成不同的雪段任务；开运动会时将每类比赛报名的运动员分组，分别进行小组的预赛。在数据库中的分组也是同一个意思，将数据按照一定条件进行分组，然后统计每组中的数据。

7.2.1　分组查询介绍

分组查询主要应用在数据库的统计计算中。分组查询使用 GROUP BY 子句完成，具体的语法如下：

```
SELECT column_name1, column_name2,...
FROM table_name1
[WHERE] conditions
GROUP BY column_name1, column_name2,...
[HAVING] conditions
[ORDER BY] column_name1, column_name2,...;
```

❑ GROUP BY：分组查询的关键字。关键字后面跟着按其分组的列名，并且可以按照多列进行分组。

❑ HAVING：在分组查询中使用条件的关键字。该关键字只能用在 GROUP BY 语句后面。它的作用与 WHERE 语句类似，都表示查询条件。但是在执行效率上略有不同。在 7.2.3 节中将详细讲解 HAVING 的用法。

在上面的语法中，WHERE、HAVING、ORDER BY 都是可以省略的，根据实际需要自行添加就可以了。另外，在分组查询中还经常会使用聚合函数，并且要注意在 SELECT 语句后面只能出现聚合函数和 GROUP BY 语句后面的列名。

7.2.2　聚合函数在分组查询中的应用

聚合函数包括 MAX、MIN、COUNT、AVG 和 SUM 共五个。它们在分组查询中起什么作用呢？例如，查看一下谁是小组第一，在每一类小说中哪本小说销量最差等信息。下面通过实例学习聚合函数在分组查询中的用法。

例 7-4 查询报名信息表中每个报名等级中的最小年龄。

根据题目要求,具体的语法如下:

```
USE chapter7;
SELECT levelid AS '等级编号',MIN(age) AS '最小年龄'
FROM reginfo
GROUP BY levelid;
```

执行上面的语法,效果如图 7.4 所示。

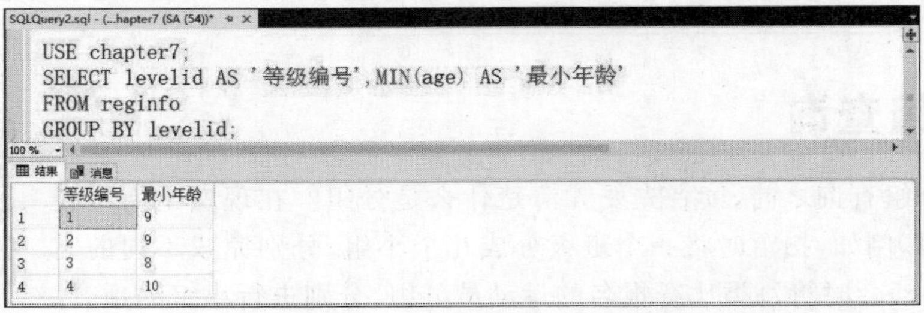

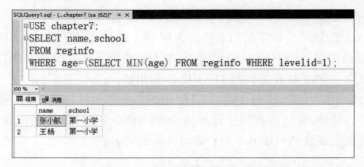

图 7.4　聚合函数 MIN 在子查询中的使用

从图 7.4 的查询结果中可以看出,在报名信息表中共有 4 个等级,每个等级的最小年龄显示在后面。如果要查看报名一级的最小年龄的考生是哪位,应该怎么查询呢? 可以使用 7.1 节中介绍的子查询来完成。

例 7-5 查看报名一级的最小年龄的考生的姓名和学校。

根据题目要求,具体的语法如下:

```
USE chapter7;
SELECT name,school
FROM reginfo
WHERE age = (SELECT MIN(age) FROM reginfo WHERE levelid = 1);
```

执行上面的语法,效果如图 7.5 所示。

图 7.5　聚合函数在子查询中的使用

同样也可以使用 MAX 查看年龄最大的考生报名信息。

7.2.3　使用条件的分组查询

在讲解分组查询的语法时,读者已经知道了在分组查询中也是可以加上条件的。在分组查询中使用条件,既可以使用 WHERE 子句,也可以使用 HAVING 子句。它们有什么区别呢？它们的区别是根据查询语句的位置决定的。WHERE 子句放在 GROUP BY 子句之前,也就是说它先按条件筛选数据再对数据进行分组;HAVING 子句放在 GROUP BY 子句之后,先对数据进行分组,再对其按条件进行数据筛选。哪个子句效率更高一些呢？当然是 WHERE 子句了。因此,在实际应用中都是先使用 WHERE 子句对查询结果进行筛选,然后再使用 HAVING 子句对分组后的查询结果进行筛选。

例 7-6　分别使用 WHERE 和 HAVING 子句进行分组查询。按等级编号进行分组并查询出"第一小学"的每个等级的报考人数。

（1）使用 WHERE 语句作为条件判断。

```
USE chapter7
SELECT levelid AS 报考级别,count( * ) AS 人数 FROM reginfo
WHERE school = '第一小学'
GROUP BY levelid;
```

执行上面的语法,效果如图 7.6 所示。

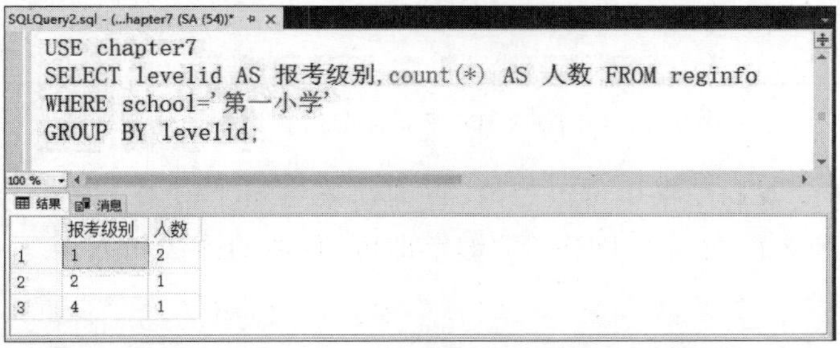

图 7.6　WHERE 子句在分组查询中的使用

（2）使用 HAVING 子句作为条件判断。

```
USE chapter7
SELECT levelid AS 报考级别,count( * ) AS 人数 FROM reginfo
GROUP BY levelid,school
HAVING school = '第一小学';
```

执行上面的语法,也可以完成与(1)相同的效果,效果如图 7.6 所示。

需要注意的是,在 GROUP BY 子句后面出现了两个列,那是因为如果不出现两个列就无法在 HAVING 子句中对 school 列进行判断。在这种情况下,一般会选择使用 WHERE 子句完成。

7.2.4　分组查询的排序

在分组查询语法中最后一个子句 ORDER BY 是对查询结果进行排序。ORDER BY

子句会放到所有查询子句的最后,表示对查询结果进行排序。在排序的时候按照列的升序或降序排列,也可以同时对多个列进行排序。但是,在分组查询中 ORDER BY 后面的列也要是在 GROUP BY 子句中出现过的列或者是使用聚合函数的列才可以。

例 7-7 使用 ORDER BY 子句进行查询。查询每个考试等级的报名人数,并按照报名人数升序排列。

根据题目要求,具体的语法如下:

```
USE chapter7
SELECT levelid AS 报考级别,count( * ) AS 人数 FROM reginfo
GROUP BY levelid
ORDER BY COUNT( * );
```

执行上面的语法,效果如图 7.7 所示。

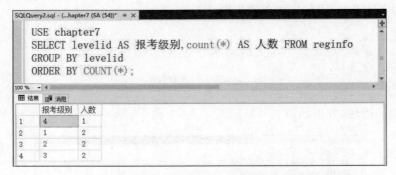

图 7.7　ORDER BY 子句在分组查询中的使用

从图 7.7 所示的查询结果中可以看出,查询结果按照了报考人数升序排列。如果需要降序排列,需要在列名后面加上 DESC 关键字即可,具体的语法如下:

```
USE chapter7
SELECT levelid AS 报考级别,count( * ) AS 人数 FROM reginfo
GROUP BY levelid
ORDER BY COUNT( * ) DESC;
```

7.3　多表查询

视频讲解

在前面的查询中,已经涉及了两张表之间的查询。实际上,查询也可以涉及多张表,只要表与表之间有一些相关的内容,就可以放在一起进行查询。多表查询主要内容包括表之间的自连接查询、外连接查询以及内连接查询。在实际应用中,几乎每一个软件系统中都会用到多表查询的。

7.3.1　笛卡儿积

笛卡儿积是针对多表查询的一种特殊结果,它的特殊之处就在于多表查询时没有指定查询条件,查询结果是多个表中的全部记录。如果不指定查询条件,结果会是什么样的呢?是全部数据的罗列,还是全部数据都挤到一行中,或者是其他的形式?下面通过例 7-8 观察笛卡儿积是什么样的。

例 7-8　不使用任何条件查询报名信息表和计算机等级信息表中的全部数据。

从题目要求看，该查询语句只需要在 SELECT 语句中用“ * ”代替所有列，并在 FROM 后面列出两张表的名字，查询语法如下：

```
USE chapter7;
SELECT * FROM reginfo, levelinfo;
```

执行上面的语法，就可以看到笛卡儿积是什么样的了，效果如图 7.8 所示。

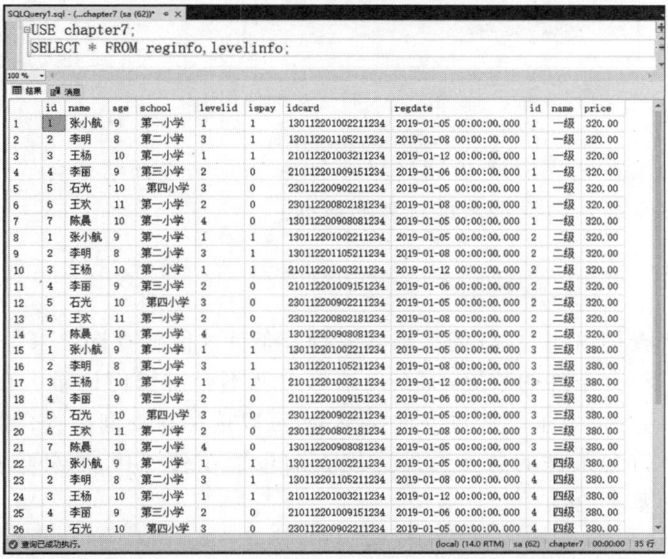

	id	name	age	school	levelid	ispay	idcard	regdate	id	name	price
1	1	张小航	9	第一小学	1	1	130112201002211234	2019-01-05 00:00:00.000	1	一级	320.00
2	2	李明	8	第二小学	3	1	130112201105211234	2019-01-08 00:00:00.000	1	一级	320.00
3	3	王杨	10	第一小学	1	1	210112201003211234	2019-01-12 00:00:00.000	1	一级	320.00
4	4	李丽	9	第三小学	2	0	210112201009151234	2019-01-06 00:00:00.000	1	一级	320.00
5	5	石光	10	第四小学	3	0	230112200902211234	2019-01-05 00:00:00.000	1	一级	320.00
6	6	王欢	11	第一小学	2	0	230112200802181234	2019-01-08 00:00:00.000	1	一级	320.00
7	7	陈晨	10	第一小学	4	0	130112200908081234	2019-01-05 00:00:00.000	1	一级	320.00
8	1	张小航	9	第一小学	1	1	130112201002211234	2019-01-05 00:00:00.000	2	二级	320.00
9	2	李明	8	第二小学	3	1	130112201105211234	2019-01-08 00:00:00.000	2	二级	320.00
10	3	王杨	10	第一小学	1	1	210112201003211234	2019-01-12 00:00:00.000	2	二级	320.00
11	4	李丽	9	第三小学	2	0	210112201009151234	2019-01-06 00:00:00.000	2	二级	320.00
12	5	石光	10	第四小学	3	0	230112200902211234	2019-01-05 00:00:00.000	2	二级	320.00
13	6	王欢	11	第一小学	2	0	230112200802181234	2019-01-08 00:00:00.000	2	二级	320.00
14	7	陈晨	10	第一小学	4	0	130112200908081234	2019-01-05 00:00:00.000	2	二级	320.00
15	1	张小航	9	第一小学	1	1	130112201002211234	2019-01-05 00:00:00.000	3	三级	380.00
16	2	李明	8	第二小学	3	1	130112201105211234	2019-01-08 00:00:00.000	3	三级	380.00
17	3	王杨	10	第一小学	1	1	210112201003211234	2019-01-12 00:00:00.000	3	三级	380.00
18	4	李丽	9	第三小学	2	0	210112201009151234	2019-01-06 00:00:00.000	3	三级	380.00
19	5	石光	10	第四小学	3	0	230112200902211234	2019-01-05 00:00:00.000	3	三级	380.00
20	6	王欢	11	第一小学	2	0	230112200802181234	2019-01-08 00:00:00.000	3	三级	380.00
21	7	陈晨	10	第一小学	4	0	130112200908081234	2019-01-05 00:00:00.000	3	三级	380.00
22	1	张小航	9	第一小学	1	1	130112201002211234	2019-01-05 00:00:00.000	4	四级	380.00
23	2	李明	8	第二小学	3	1	130112201105211234	2019-01-08 00:00:00.000	4	四级	380.00
24	3	王杨	10	第一小学	1	1	210112201003211234	2019-01-12 00:00:00.000	4	四级	380.00
25	4	李丽	9	第三小学	2	0	210112201009151234	2019-01-06 00:00:00.000	4	四级	380.00
26	5	石光	10	第四小学	3	0	230112200902211234	2019-01-05 00:00:00.000	4	四级	380.00

图 7.8　产生笛卡儿积

由于篇幅关系，图 7.8 并未列出所有查询的结果，但可以看出查询结果中的数据很多，共有 11 列，35 行。那么，这个行数和列数是怎么从两张表的数据中得到的呢？在报名信息表中，共有 8 列 7 行；在计算机等级信息表中，共有 3 列 5 行，将两张表的列数和行数进行加和乘的运算，得到了 11 和 35。笛卡儿积的结果中，列数是两张数据表中列数的总和，行数是两张数据表中行数的乘积。

注意：如果在使用多表连接查询时，一定要设定查询条件，否则就会产生笛卡儿积。笛卡儿积会降低数据库的访问效率，因此，每一个数据库的使用者都要避免查询结果中笛卡儿积的产生。

7.3.2　自连接

查询语句不仅可以查询多张表中的内容，还可以多次同时连接同一张数据表，把这种同一张表的连接称为自连接，也就是自己连接自己的意思。但是，在查询时连接同一张数据表要分别为这张表设置不同的别名。下面通过例 7-9 学习什么是自连接。

例 7-9　使用自连接查询。查询报名编号和报名等级编号相同的考生姓名和学校。

根据题目要求，具体的语法如下：

```
USE chapter7
SELECT a.name,a.school FROM reginfo a,reginfo b
WHERE a.levelid = b.id AND a.id = b.id
```

执行上面的语法，效果如图7.9所示。

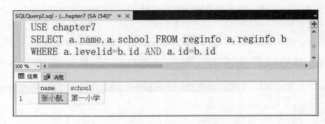

图7.9　自连接的使用

请读者思考如果在SELECT后面只写一个"＊"，那么查询结果会是什么样呢？读者可以尝试看结果是不是显示两次报名信息表的数据。

7.3.3　外连接

在前面的所有查询语句中，查询结果需要符合条件才能够查询出来。换句话说，如果执行查询语句后没有符合条件的数据，那么在结果中就不会有任何记录。在本节中要学习外连接，会带来不同的查询效果。通过外连接查询，可以选择在查询出符合条件的结果后还能显示出某张表中不符合条件的数据。外连接查询包括左外连接、右外连接以及全外连接。先看外连接查询的基本语法。

```
SELECT column_name1, column_name2,...
FROM table1 LEFT| RIGHT| FULL OUTER JOIN table2
ON conditions;
```

- ❑ table1：数据表1。通常在外连接中被称为左表。
- ❑ table2：数据表2。通常在外连接中被称为右表。
- ❑ LEFT OUTER JOIN：左外连接。使用左外连接得到的查询结果除了符合条件的部分，还要加上左表中余下的数据。
- ❑ RIGHT OUTER JOIN：右外连接。使用右外连接得到的查询结果除了符合条件的部分，还要加上右表中余下的数据。
- ❑ FULL OUTER JOIN：全外连接。使用全外连接得到的查询结果除了符合条件的部分，还要加上左表和右表中余下的数据。
- ❑ ON：设置外连接的条件。与WHERE子句后面的写法一样。

下面通过例7-10来分别演示左外连接、右外连接以及全外连接的使用。

例7-10　分别使用3种外连接查询报名信息表和计算机等级信息表。

由于报名信息表和计算机等级信息表是通过等级编号列关联的，因此，可以将两张表中等级编号相等作为查询条件。为了能够更好地看出3种外连接的区别，首先将两张数据表中等级编号相等作为条件查询两表中的数据，语法如下：

```
USE chapter7;
SELECT * FROM reginfo,levelinfo
WHERE reginfo.levelid = levelinfo.id;
```

执行上面的语法,效果如图 7.10 所示。

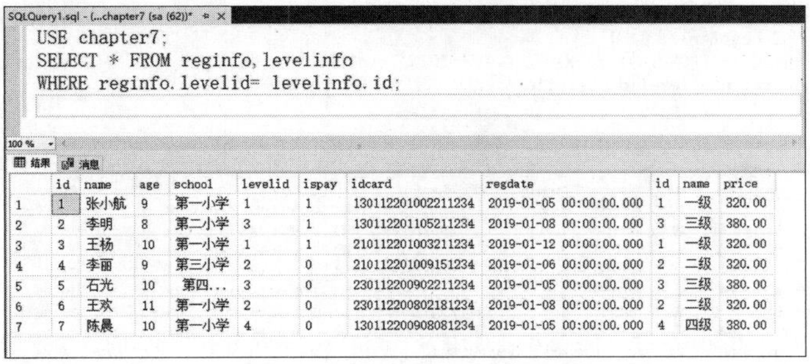

图 7.10　满足等值条件的所有记录

从图 7.10 的查询结果可以看出,在查询结果左侧是报名信息表中符合条件的全部数据;右侧是计算机等级信息表中符合条件的全部数据。下面分别使用 3 种外连接查询数据,请读者注意观察查询效果。

(1) 使用左外连接查询。

使用左外连接查询,将报名信息表作为左表,计算机等级信息表作为右表。查询语句如下:

```
USE chapter7;
SELECT * FROM reginfo LEFT OUTER JOIN levelinfo
ON reginfo.levelid = levelinfo.id;
```

执行上面的语法,完成左外连接的查询了,效果如图 7.11 所示。

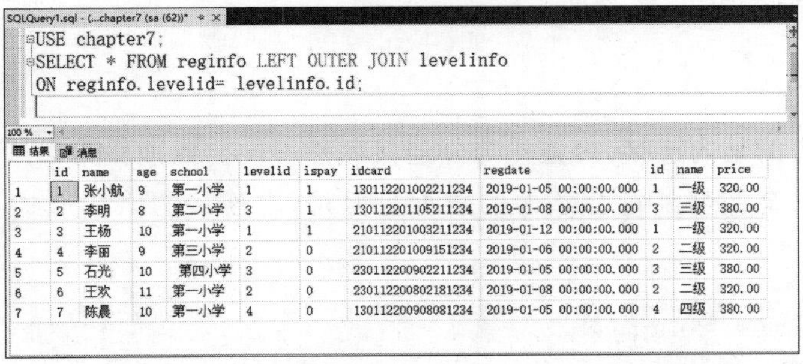

图 7.11　左外连接的使用

从图 7.11 中可以看出,左外连接的查询结果与图 7.10 是一致的,这是因为左表中的数据全部符合查询条件,下面再看右外连接查询。

(2) 使用右外连接查询。

将报名信息表作为左表,计算机等级信息表作为右表,查询语法如下:

```
USE chapter7;
SELECT * FROM reginfo RIGHT OUTER JOIN levelinfo
ON reginfo.levelid = levelinfo.id;
```

执行上面的语法，完成右外连接的查询了，效果如图 7.12 所示。

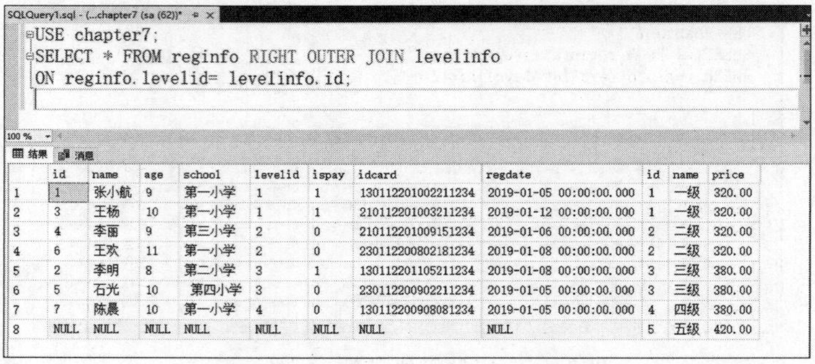

图 7.12　右外连接的使用

从图 7.12 的结果可以看出，第 8 条记录是左表中不存在的数据。由于左表中没有与之对应的数据，因此所有的数据全部都用 NULL 代替。

（3）使用全外连接。

将报名信息表作为左表，计算机等级信息表作为右表，查询语法如下：

```
USE chapter7;
SELECT * FROM reginfo FULL OUTER JOIN levelinfo
ON reginfo.levelid = levelinfo.id;
```

执行上面的语法，完成全外连接的查询了，效果与图 7.12 相同。

通过上面的例子了解了外连接的 3 种连接方式。在以后的应用中，可以选择所需的连接方式完成相关的操作。

7.3.4　内连接

与外连接对应的是内连接，内连接与外连接截然不同。内连接可以理解成等值连接，也就是说查询的结果全部都是符合条件的数据。但是，内连接的语法形式与外连接很相似。具体的语法如下：

```
SELECT column_name1, column_name2,...
FROM table1 INNER JOIN table2
ON conditions
```

❑ table1：数据表 1。通常在外连接中被称为左表。

❑ table2：数据表 2。通常在外连接中被称为右表。

❑ INNER JOIN：内连接的关键字。

❑ ON：设置内连接中的条件。与外连接中的 ON 关键字是一样的。

下面通过例 7-11 演示如何使用内连接。

例 7-11 使用内连接查询报名信息表和计算机等级信息表。

内连接查询使用的条件仍然是报名信息表和计算机等级信息表中等级编号相等,查询语法如下:

```
USE chapter7;
SELECT * FROM reginfo INNER JOIN levelinfo
ON reginfo.levelid= levelinfo.id;
```

执行上面的语法,效果如图 7.13 所示,可以看出内连接查询的结果就是符合条件的全部数据。

	id	name	age	school	levelid	ispay	idcard	regdate	id	name	price
1	1	张小航	9	第一小学	1	1	130112201002211234	2019-01-05 00:00:00.000	1	一级	320.00
2	2	李明	8	第二小学	3	1	130112201105221234	2019-01-08 00:00:00.000	3	三级	380.00
3	3	王杨	10	第一小学	1	1	210112201003211234	2019-01-12 00:00:00.000	1	一级	320.00
4	4	李丽	9	第三小学	2	1	210112201009151234	2019-01-06 00:00:00.000	2	二级	320.00
5	5	石光	10	第四小学	3	0	230112200902211234	2019-01-08 00:00:00.000	3	三级	380.00
6	6	王欢	11	第一小学	2	0	230112200802181234	2019-01-08 00:00:00.000	2	二级	320.00
7	7	陈晨	10	第一小学	4	0	130112200908081234	2019-01-05 00:00:00.000	4	四级	380.00

图 7.13 内连接的使用

7.4 结果集的运算

前面介绍的都是查询语句的写法,执行完每一个查询语句后,都会得到一个结果集。那么一次可以查看多个结果集吗? 当然是可以的,本节将带领读者体会如何操作结果集。

视频讲解

7.4.1 使用 UNION 关键字合并结果集

所谓合并结果集,就是将两个或更多的查询结果放到一个结果集中显示,但是合并结果是有条件的,那就是必须保证多个结果集中的字段和数据类型一致。UNION 关键字就是用于合并多个结果集的,具体的语法如下:

```
SELECT column_name1, column_name2,...FROM table_name1
UNION[ ALL]
SELECT column_name1, column_name2,...FROM table_name1;
UNION
...
ORDER BY column_name
```

❑ UNION ALL:与 UNION 类似,但是在结果中不会去掉重复的行。

❑ UNION:合并结果集的关键字。结果中会去掉相同的行。

❑ ORDER BY:对结果集进行排序。在对结果集进行排序时,是对第一个查询中的字段进行排序的。

下面通过例 7-12 演示如何使用 UNION 合并结果集。

例 7-12   查询报名信息表中的报名编号和姓名以及计算机等级信息表中的等级编号与名称,并将两个结果集使用 UNION 关键字进行合并。

根据题目要求,也就是完成两个查询,并将两个查询用 UNION 关键字连接起来,查询语法如下:

```
USE chapter7;
SELECT id, name FROM reginfo
UNION
SELECT id, name FROM levelinfo;
```

执行上面的语法,可以将两个结果集合并成一个查询结果集了,效果如图 7.14 所示,可以看出在查询结果中是按照 id 列进行升序排列的。

图 7.14   使用 UNION 关键字合并查询结果

7.4.2   排序合并查结果集

在例 7-12 中,读者已经看到了查询结果默认的排序方式是升序排列,那么能够改变这种排序方式吗? 当然可以,在前面的合并查询结果集语句语法中就有 ORDER BY 子句。也就是说,可以使用 ORDER BY 子句对合并后的查询集进行排序。下面就将例 7-13 中查询结果进行排序。

例 7-13   将例 7-12 的结果按照 id 列进行降序排列。

降序排列使用的是 DESC 关键字,查询语法如下:

```
USE chapter7;
SELECT id, name FROM reginfo
UNION
SELECT id, name FROM levelinfo
ORDER BY id DESC;
```

执行上面的语法,将查询结果按照编号列 id 降序排列,效果如图 7.15 所示,可以看出查询结果是按照 id 进行了降序排列。

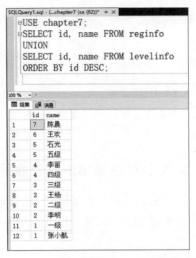

图 7.15　使用 ORDER BY 对结果集排序

7.4.3　使用 EXCEPT 关键字对结果集进行差运算

结果集不仅可以进行合并运算,也可以对结果集进行差运算。差运算并不是简单对结果集的内容进行减法运算,而是从一个结果集中去除另一个结果集中的内容。EXCEPT 关键字的用法与 UNION 类似,语法如下:

```
SELECT column_name1, column_name2,...FROM table_name1
EXCEPT
SELECT column_name1, column_name2,...FROM table_name1;
EXCEPT
...
ORDER BY column_name
```

这里,EXCEPT 是连接结果集之间的关键字,用于集合差值的运算。通过下面的例 7-14 可以完全清楚它的用法。

例 7-14　查询报名信息表中的信息。使用结果集运算去除所有"第一小学"的信息。

根据题目要求,查询的语法如下:

```
USE chapter7;
SELECT * FROM reginfo
EXCEPT
SELECT * FROM reginfo WHERE school = '第一小学';
```

执行上面的语法,得到第 1 个查询结果去除第 2 个查询结果的值,效果如图 7.16 所示。

从图 7.16 所示的结果中可以看出,已经不含有"第一小学"的报名信息了。但是,请读者一定要记住,进行差集运算时也要保证 EXCEPT 前后的两个结果集列的个数和数据类型一致。

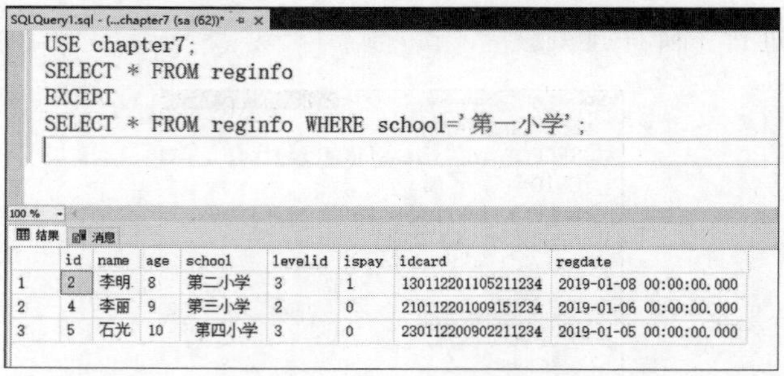

```
USE chapter7;
SELECT * FROM reginfo
EXCEPT
SELECT * FROM reginfo WHERE school='第一小学';
```

	id	name	age	school	levelid	ispay	idcard	regdate
1	2	李明	8	第二小学	3	1	130112201105211234	2019-01-08 00:00:00.000
2	4	李丽	9	第三小学	2	0	210112201009151234	2019-01-06 00:00:00.000
3	5	石光	10	第四小学	3	0	230112200902211234	2019-01-05 00:00:00.000

图 7.16　使用 EXCEPT 对结果集进行差运算

7.4.4　使用 INTERSECT 关键字对结果集进行交集运算

结果集除了合并、求差还有一种比较常用的运算，那就是取交集。交集就是取两个结果集中的公共部分。对结果集取交集使用 INTERSECT 关键字，它的语法形式也与前面的合并、求差类似，具体的语法如下：

```
SELECT column_name1, column_name2,...FROM table_name1
INTERSECT
SELECT column_name1, column_name2,...FROM table_name1;
INTERSECT
...
ORDER BY column_name
```

INTERSECT 就是用来连接结果集求交集的。有了前面对集合操作的基础，交集运算就容易得多了。

例 7-15　查询报名信息表。并使用 INTERSECT 关键字得到所有“第一小学”的报名信息。

根据题目要求，查询语法如下：

```
USE chapter7;
SELECT * FROM reginfo
INTERSECT
SELECT * FROM reginfo WHERE school = '第一小学';
```

执行上面的语法，即可取得两个结果集中的交集，效果如图 7.17 所示，可以看出确实是只查询了“第一小学”的报名信息。

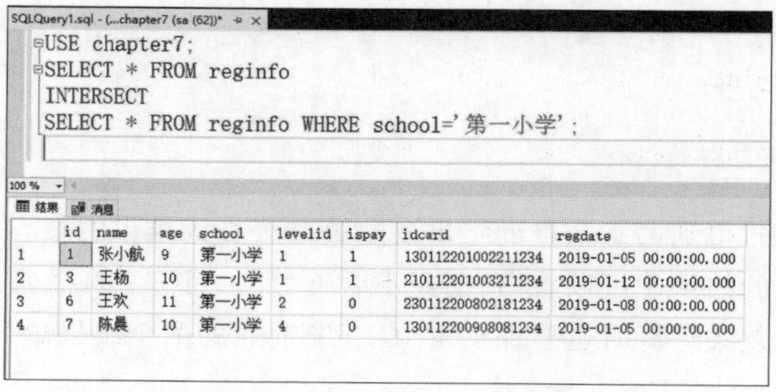

```
USE chapter7;
SELECT * FROM reginfo
INTERSECT
SELECT * FROM reginfo WHERE school='第一小学';
```

	id	name	age	school	levelid	ispay	idcard	regdate
1	1	张小航	9	第一小学	1	1	130112201002211234	2019-01-05 00:00:00.000
2	3	王杨	10	第一小学	1	1	210112201003211234	2019-01-12 00:00:00.000
3	6	王欢	11	第一小学	2	0	230112200802181234	2019-01-08 00:00:00.000
4	7	陈晨	10	第一小学	4	0	130112200908081234	2019-01-05 00:00:00.000

图 7.17　使用 INTERSECT 关键字取结果集的交集

说明：集合运算符 UNION、EXCEPT 和 INTERSECT 也是有优先级的，INTERSECT 的优先级是最高的。其余的 UNION、EXCEPT 优先级是一样的，谁先在前面就先执行谁。当然，优先级也可以通过加括号进行控制。

7.5　本章小结

通过本章的学习，读者对查询语句有了更进一步的了解。在本章中主要学习了几种在实际应用中经常使用的查询语句，主要包括子查询、分组查询、多表查询以及如何对结果集进行运算。这几种查询语句并不都是独立存在的，可以根据实际情况综合选择使用查询语句，也就是说，在一个查询语句中可以有多种查询语句并存。

7.6　本章习题

一、填空题

1. 子查询中常用的关键字有＿＿＿＿＿＿＿＿＿。

2. 外连接的形式有＿＿＿＿＿＿＿＿＿。

3. 合并查询结果的关键字是＿＿＿＿＿＿＿＿＿。

二、选择题

1. 判断某一个查询语句是否能够查询到结果使用的关键字是（　　）。

    A. IN　　　　　　　B. NOT　　　　　　C. EXISTS　　　　　D. 以上都不对

2. 下面对子查询的描述正确的是（　　）。

    A. 子查询就是在一个查询中包含另一个查询

    B. 子查询只能返回一个值

    C. 子查询只能返回多个值

    D. 以上都不对

3. 下面对多表查询的描述正确的是（　　）。

    A. 如果在表查询时没有指定 WHERE 条件，则会出现笛卡儿积

    B. 同一个表之间的连接称为自连接

    C. 多表查询分为内连接和外连接以及自连接

    D. 以上都对

三、问答题

1. 在什么情况下选择 IN 关键字？

2. 什么是分组查询？分组查询使用的关键字是什么？

3. 结果集运算有什么作用？

第 8 章

函　　数

在前面章节中曾学过聚合函数,它是一类系统函数。所谓系统函数,可以理解成是安装 SQL Server 系统后自带的可以直接使用的函数。实际上,在 SQL Server 中除了系统函数 之外还有用户自定义函数。自定义函数有什么作用呢？假如购买了一台计算机,但是所有 品牌的计算机都满足不了用户需求,那就只有去组装一台了。当系统函数满足不了需求时, 用户就可以考虑自己定义一个函数使用。

本章主要知识点如下:

❑ 了解和使用系统函数;

❑ 如何定义和使用自定义函数。

视频讲解

8.1　系统函数

系统函数好比是便利的工具,要想正确使用这个工具就要知道系统函数 都有哪些。在 SQL Server 中,系统函数主要分为数学函数、字符串函数、日期 和时间函数等。在本节中将为读者介绍这些系统函数。

8.1.1　数学函数

数学函数是对数值类型字段的值进行运算的函数。数学函数对读者来说应该是最熟悉 不过的了,因为从小学开始就接触数学运算了。在 SQL Server 数据库中,数学函数包括哪 些呢？主要包括了取绝对值、正弦、余弦、正切、对数等函数。为了让读者对数学函数有一个 全面的了解,下面将常用的数学函数列在表 8.1 中进行讲解。

表 8.1　数学函数

序　号	函数形式	说　　明
1	ABS(x)	取 x 的绝对值函数。该函数只有一个参数,参数是 float 类型的。当输入的参数是正数时,返回值就是该数本身;当输入的参数是负数时,返回值就是去掉负号后的数值。0 取绝对值还是 0

续表

序　号	函数形式	说　明
2	EXP(x)	取 x 的指数函数。该函数只有一个参数,参数是 float 类型的。返回 x 的指数值,也就是 e^x
3	POWER(x,y)	取 x 的 y 次幂。该函数有两个参数,参数类型都可以是 float 类型的
4	ROUND(x,y)	按照指定精度 y 对 x 四舍五入。该函数有两个参数,x 是用来进行四舍五入的参数,类型是 float;y 是精度,类型是 int
5	SQRT(x)	取 x 的平方根。该函数只有一个参数,参数是 float 类型的
6	SQUARE(x)	取 x 的平方。该函数只有一个参数,参数是 float 类型的
7	PI()	返回圆周率的常量值
8	FLOOR(x)	取不大于 x 的最大整数。该函数只有一个参数,参数是 float 类型的
9	CEILING(x)	取不小于 x 的最小整数。该函数只有一个参数,参数是 float 类型的
10	LOG(x)	取 x 的自然对数。该函数只有一个参数,参数是 float 类型的
11	LOG10(x)	取 x 的以 10 为底的对数。该函数只有一个参数,参数是 float 类型的
12	SIN(x)	取 x 的三角正弦值。该函数只有一个参数,参数是 float 类型的
13	COS(x)	取 x 的三角余弦值。该函数只有一个参数,参数是 float 类型的
14	TAN(x)	取 x 的三角正切值。该函数只有一个参数,参数是 float 类型的
15	COT(x)	取 x 的三角余切值。该函数只有一个参数,参数是 float 类型的
16	ASIN(x)	取 x 的反正弦值。该函数只有一个参数,参数是 float 类型的
17	ACOS(x)	取 x 的反余弦值。该函数只有一个参数,参数是 float 类型的
18	ATAN(x)	取 x 的反正切值。该函数只有一个参数,参数是 float 类型的
19	ACOT(x)	取 x 的反余切值。该函数只有一个参数,参数是 float 类型的

从表 8.1 中可以看出,前 11 个函数都是一般的数值运算函数;后面的 8 个函数是三角函数。无论哪种函数,只要读者能够正确地找到要使用的函数,并传入函数要求的参数,就可以很好地使用这个函数了。下面分别通过实例演示如何使用数值运算函数和三角函数。

例 8-1　按照下列要求使用数值运算函数计算值。

(1) 使用函数计算 5 的平方以及 36 的平方根。

(2) 使用函数计算半径是 3 的圆面积。

(3) 使用函数计算 3 的 4 次幂。

(4) 使用函数取不大于 5.28 的最大整数和不小于 5.28 最小整数。

要使用的是数学函数中的数值运算函数,现在根据题目的要求在表 8.1 中找到适合函数来计算。

(1) 计算平方的函数是 SQUARE(),计算平方根的函数是 SQRT(),语法如下:

```
SELECT SQUARE (5), SQRT (36);
```

执行上面的语法,得到 5 的平方和 36 的平方根了,效果如图 8.1 所示。如果只是用 SELECT 语句而不使用数据表,不用指定数据库。

从图 8.1 所示的结果可以看出,通过函数计算后 5 的平方是 25,36 的算术平方根是 6。

(2) 计算圆的面积,需要知道圆的半径和 PI 的值,PI 的值可以通过 PI 函数来得到。语法如下:

```
SELECT PI ( ) * SQUARE(3);
```

执行上面的语法，可以得到半径是 3 的圆面积，效果如图 8.2 所示。

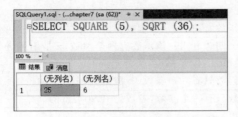

图 8.1 SQUARE()和 SQRT()函数的使用

图 8.2 PI()函数的使用

从图 8.2 的结果可以看出，半径是 3 的圆面积是 28.2743338823081。

（3）计算 x 的 y 次幂使用的函数是 POWER()。语法如下：

```
SELECT POWER (3, 4);
```

执行上面的语法，得到了 3 的 4 次幂的计算结果，效果如图 8.3 所示，可以看出 3 的 4 次幂的结果是 81。

（4）取最大整数用函数 FLOOR()，取最小整数用函数 CEILING()。语法如下：

```
SELECT FLOOR (5.28), CEILING (5.28);
```

执行上面的语法，得到满足题目要求的最大整数和最小整数值，效果如图 8.4 所示。

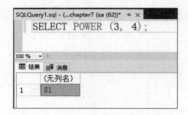

图 8.3 POWER()函数的使用

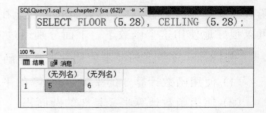

图 8.4 FLOOR()函数和 CEILING()函数的使用

从图 8.4 的结果可以看出，不大于 5.28 的最大整数是 5，不小于 5.28 最小整数是 6。

例 8-2　按照下列要求使用三角函数计算值。

（1）使用三角函数计算 0.5 的正弦值、余弦值。

（2）使用三角函数计算 0.8 的正切值、余切值。

（3）使用三角函数计算 0.6 的反正弦、反正切值。

下面根据不同的要求，选择表 8.1 中不同的三角函数。读者可以先根据自己选择三角函数计算出结果，与下面的答案作对照。

（1）取正弦值的函数是 SIN()，取余弦值的函数是 COS()。语法如下：

```
SELECT SIN (0.5), COS (0.5);
```

执行上面的语法,即可计算出 0.5 的正弦值和余弦值,效果如图 8.5 所示,可以看出 0.5 取正弦值的结果是 0.48(保留 2 位小数),余弦值是 0.88(保留 2 位小数)。

(2) 取正切值使用 TAN(),取余切值使用 COT()。语法如下:

```
SELECT TAN (0.8), COT (0.8);
```

执行上面的语法,效果如图 8.6 所示。

图 8.5 SIN()函数和 COS()函数的使用

图 8.6 TAN()函数和 COT()函数的使用

从图 8.6 的结果可以看出,0.8 的正切值是 1.03(保留 2 位小数),余切值是 0.97(保留 2 位小数)。

(3) 取反正弦值的函数是 ASIN(),取反正切值的函数是 ATAN(),语法如下:

```
SELECT ASIN (0.6), ATAN (0.6);
```

执行上面的语法,就可以得到 0.6 的反正弦值和反正切值了,效果如图 8.7 所示,可以看出,0.6 的反正弦值是 0.64(保留 2 位小数),反正切值是 0.54(保留 2 位小数)。

图 8.7 ASIN()函数和 ATAN()函数的使用

8.1.2 字符串函数

在实际应用中,除了对数值类型的值进行操作需要函数之外,对字符串类型的数据进行操作也同样需要函数。字符串函数主要包括:将字符串转换成大写,将字符串转换成小写,截取字符串中某些字符,向字符串中插入字符等。常用的字符串函数名称和使用方法如表 8.2 所示。

表 8.2 字符串函数

序 号	函 数 形 式	说 明
1	ASCII(x)	用于取 x 的 ASCII 值。该函数只有一个参数,并且这个参数不仅可以是一个字符串,也可以是一个表达式

序　号	函数形式	说　　明
2	SUBSTRING(x,y,z)	取字符串 x 中从 y 处开始的 z 个字符。该函数有 3 个参数,x 代表字符串或表达式,y 代表从哪个位置开始截取字符串,z 代表取几个字符。其中,y 和 z 都是整数类型
3	CHARINDEX(x,y)	取字符串 y 中指定表达式 x 的开始位置。该函数有两个参数,x 代表的是要查找的字符串,y 代表的是指定的字符串
4	LEFT(x,y)	取字符串 x 中从左边开始指定个数 y 的字符。该函数有两个参数,x 代表的是一个给定的字符串,y 代表取字符串的个数。其中,y 是整数类型
5	RIGHT(x,y)	取字符串 x 中从右边开始指定个数 y 的字符。该函数有两个参数,x 代表的是一个给定的字符串,y 代表取字符串的个数。其中,y 是整数类型。
6	LEN(x)	取字符串 x 的长度。该函数需要一个字符串类型的参数
7	LOWER(x)	将 x 中的大写字母转换成小写字母。该函数需要一个字符串类型的参数
8	UPPER(x)	将 x 中的小写字母转换成大写字母。该函数需要一个字符串类型的参数
9	LTRIM(x)	取 x 去除第一个字符前空格后的字符串。该函数需要一个字符串类型的参数
10	RTRIM(x)	取 x 去除最后一个字符空格后的字符串。该函数需要一个字符串类型的参数
11	REPLACE(x,y,z)	用 z 替换 x 字符串中出现的所有 y 字符串。该函数需要 3 个字符串类型的参数
12	REVERSE(x)	取得 x 字符串逆序的结果。该函数需要一个字符串类型的参数
13	SPACE(x)	取得 x 个空格组成的字符串

读者从表 8.2 中发现字符串函数其实很简单,还有很多字符串函数不太常用,表中没有列出。表 8.2 中列出的 13 个函数,有些函数只需要一个参数,而有些函数则需要 2 个或 3 个参数。为了让读者能够完全掌握表中列出的这些函数,下面部分举例说明这些函数的用法。

例 8-3　根据下面的要求选择合适的函数来实现。

(1) 给定字符串"abcdefga",将其中 a 换成 A。

(2) 给定字符串"abcdefabcdef",计算该字符串的长度,并将其逆序输出。

(3) 给定字符串"abcdefg",从左边取该字符串的前 3 个字符。

(4) 给定字符串"aabbcc",将该字符串转换成大写。

(5) 给定字符串"abcdefg",查看字符"b"在该字符串中所在的位置。

根据给出的要求,请读者选择不同的字符串函数,完成下列的题目。

(1) 替换字符串中的字符,可以选择 REPLACE() 函数,语法如下:

```
SELECT REPLACE ('abcdefga','a','A');
```

执行上面的语法,就可以将字符串中的所有的"a"换成"A"了,效果如图 8.8 所示。

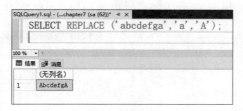

图 8.8　REPLACE()函数的使用

（2）计算字符串长度使用的函数是 LEN()，逆序输出使用的是 REVERSE()函数，语法如下：

```
SELECT LEN ('abcdefabcdef'), REVERSE ('abcdefabcdef');
```

执行上面的语法，可以完成取字符串的长度和逆序输出的效果，效果如图 8.9 所示，可以看出该字符串的长度是 12，逆序输出是"fedcbafedcba"。

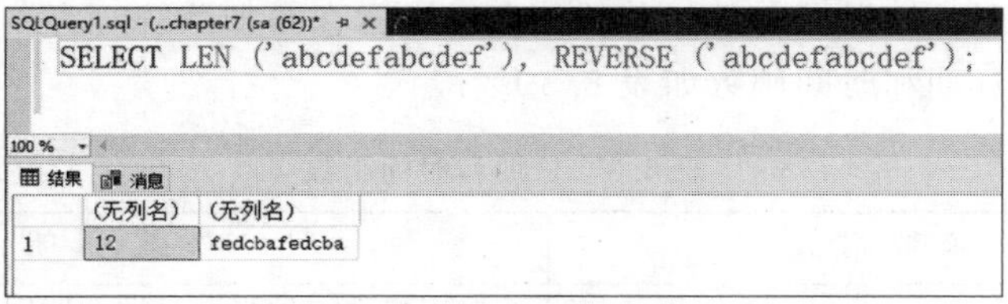

图 8.9　LEN()和 REVERSE()函数的使用

（3）从左边开始截取字符串的函数是 LEFT()，语法如下：

```
SELECT LEFT ('abcdefg', 3);
```

执行上面的语法，就可以取出该字符串中从左边开始的前 3 个字符，效果如图 8.10 所示，可以看出满足要求的前 3 个字符是"abc"。

（4）将字符串转换成大写字母的函数是 UPPER()，语法如下：

```
SELECT UPPER ('aabbcc');
```

执行上面的语法，就可以将该字符串转换成大写了，效果如图 8.11 所示，可以看出已经将"aabbcc"转换成了"AABBCC"。

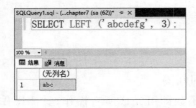

图 8.10　LEFT()函数的使用

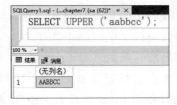

图 8.11　UPPER()函数的使用

（5）查找"b"在字符串"abcdefg"中的位置，语法如下：

```
SELECT CHARINDEX ('b','abcdefg');
```

执行上面的语法,效果如图 8.12 所示,可以看出"b"在字符串"abcdefg"中的位置是 2。

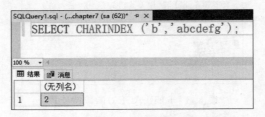

图 8.12 CHARINDEX()函数的使用

上面的示例仅使用了字符串函数中的一部分,有兴趣的读者可以将表 8.2 中的剩余函数全部演练一下。

8.1.3 日期和时间函数

日期和时间函数也是系统函数中的一个重要组成部分。使用日期和时间函数可以方便地获取系统的时间和日期以及与其相关的信息。通常在添加系统时直接使用日期和时间函数来添加。常用的日期和时间函数如表 8.3 所示。

表 8.3 日期和时间函数

序 号	函 数 形 式	说 明
1	GetDate()	获取用户系统的当前日期和时间
2	Day(date)	获取用户指定日期 date 的日数
3	Month(date)	获取用户指定日期 date 的月数
4	Year(date)	获取用户指定日期 date 的年数
5	DatePart(datepart,date)	获取日期值 date 中 datepart 指定的部分值。datepart 可以是 year、day 和 week 等
6	DateAdd(datepart,num,date)	在指定的日期 date 中添加或减少指定 num 的值
7	DateDiff(datepart,begindate,enddate)	计算 begindate 和 enddate 两个日期之间的时间间隔

实际上,在 SQL Server 数据库中,不仅有上面表中列出来的,还有其他一些日期函数,有兴趣的读者可以查看 SQL Server 数据库帮助文档中的相关函数。从表 8.3 中可以看出,日期时间函数的使用方法很简单。下面用例 8-4 演示如何使用日期函数。

例 8-4 使用日期和时间函数完成如下操作。

(1)获取当前的系统时间。

(2)获取当前系统时间中的年份。

(3)在当前时间的基础上,添加 10 天。

(4)获取当前时间到 2019 年 1 月 1 日的时间间隔。

根据题目要求,只要在表 8.3 中选择适合的函数即可完成所有操作,具体操作如下。

(1)使用 GetDate()函数获取当前的系统时间,语法如下:

```
SELECT GetDate ();
```

效果如图 8.13 所示。

（2）使用 Year(date) 函数来获取当前时间的年份，语句如下：

```
SELECT Year(GetDate ());
```

效果如图 8.14 所示。

图 8.13　GetDate() 函数的使用

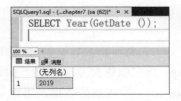

图 8.14　Year() 函数的使用

从图 8.14 的结果可以看出，获取的当前系统时间的年份是 2019 年。在使用 Year() 函数时，不仅可以在函数中使用 GetDate() 函数获取当前的系统时间，还可以直接使用给出具体日期的形式表示，例如，"2019-02-24"。

（3）使用 DateAdd(datepart,num,date) 函数可以在当前日期的基础上加 10 天，语法如下：

```
SELECT DateAdd (day,10,GetDate ());
```

效果如图 8.15 所示。

（4）使用 DateDiff(datepart,begindate,enddate) 函数计算时间间隔，语法如下：

```
SELECT DateDiff (day,GetDate (),'2019-1-1');
```

效果如图 8.16 所示。

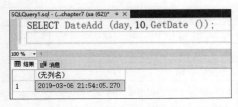

图 8.15　DateAdd() 函数的使用

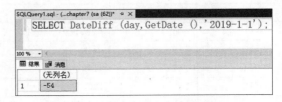

图 8.16　DateDiff() 函数的使用

通过例 8-4 了解了日期和时间函数的使用方法，为了能够让读者对日期和时间函数有更深入的了解，请读者根据上面的示例练习使用 DateAdd() 和 DateDiff() 函数，为其更换不同的 DatePart 参数，看看执行效果是否与预期的一样？

8.1.4　其他函数

除了上面介绍的 3 种类型函数外，在 SQL Server 中还有一些其他的函数。例如，类型转换函数，获取系统主要参数的函数等。下面简单介绍一些常用的函数。

1. 类型转换函数

在 SQL Server 中类型转换函数主要有两个：一个是 CONVERT() 函数，另一个是

CAST()函数。

（1）CONVERT()函数。CONVERT()函数主要用于不同数据类型之间数据的转换。例如,数值型转换成字符串类型、字符串类型转换成日期类型、日期类型转换成字符串类型等。CONVERT()函数的基本语法形式如下:

```
CONVERT( data_type [ ( length ) ] , expression [ , style ] )
```

- data_type:要转换的数据类型。例如,varchar、float 和 datetime 等。
- length:指定数据类型的长度。如果不指定数据类型的长度,默认的长度是 30。
- expression:被转换的数据。可以是任意数据类型的数据。
- style:将数据转换后的格式。由于在实际转换中,经常会指定日期和时间的格式,因此将日期和时间的 style 格式一一列出,仅供读者参考,如表 8.4 所示。其他类型的格式读者可以参考 SQL Server 的帮助文档,这里就不一一列出了。

表 8.4　日期和时间型的 style 值

不带世纪数位的 style 值（yy）	带世纪数位的 style 值（yyyy）	标　准	输入/输出
-	0 或 100	默认	mon dd yyyy hh:miAM(或 PM)
1	101	美国	mm/dd/yyyy
2	102	ANSI	yy. mm. dd
3	103	英国/法国	dd/mm/yyyy
4	104	德国	dd. mm. yy
5	105	意大利	dd-mm-yy
6	106[1]	-	dd mon yy
7	107[1]	-	mon dd,yy
8	108	-	hh:mi:ss
-	9 或 109	默认设置＋毫秒	mon dd yyyy hh:mi:ss:mmmAM(或 PM)
10	110	美国	mm-dd-yy
11	111	日本	yy/mm/dd
12	112	ISO	yymmdd yyyymmdd
-	13 或 113	欧洲默认设置＋毫秒	dd mon yyyy hh:mi:ss:mmm(24h)
14	114	-	hh:mi:ss:mmm(24h)
-	20 或 120	ODBC 规范	yyyy-mm-dd hh:mi:ss(24h)
-	21 或 121	ODBC 规范（带毫秒）	yyyy-mm-dd hh:mi:ss. mmm(24h)
-	126	ISO8601	yyyy-mm-ddThh:mi:ss. mmm(无空格)
-	127	带时区 Z 的 ISO8601	yyyy-mm-ddThh:mi:ss. mmmZ(无空格)
-	130	回历	dd mon yyyy hh:mi:ss:mmmAM
-	131	回历	dd/mm/yy hh:mi:ss:mmmAM

说明: 在实际应用中,通常会将年份写成四位数来显示,也就是使用带世纪的方式。因为,用两位来表示年份会造成一些误读现象。例如,用 50 代表年份,在 SQL Server 数据库中会默认是 1950 年,想代表 2050 年就不能够直接写 50 代表年份了。

（2）CAST（）函数。CAST（）函数与CONVERT（）函数的作用是一样的，但是CAST（）函数的语法形式更简单一些。CAST（）函数的语法形式如下：

```
CAST (expression AS data_type [(length)])
```

❑ expression：表示被转换的数据。可以是任意数据类型的数据。

❑ data_type：要转换的数据类型。例如：varchar、float、datetime等。

❑ length：指定数据类型的长度。如果不指定数据类型的长度，默认的长度是30。

下面通过例8-5演示如何使用CONVERT（）和CAST（）转换数据类型。

例 8-5 按照如下要求对数据类型进行转换。

（1）分别使用CONVERT（）函数和CAST（）函数将当前日期转换成字符串类型。

（2）使用CAST（）函数将字符串1.23转换成数值类型，并保留一位小数。

根据题目要求，按照ONVERT（）函数和CAST（）函数的语法形式来完成题目。

（1）使用CONVERT（）函数将当前日期转换成字符串类型，语法如下：

```
SELECT CONVERT (varchar (20), GetDate (), 111);
```

效果如图8.17所示，可以看出使用了111的日期格式，转换的字符串就成了2019/02/24了。

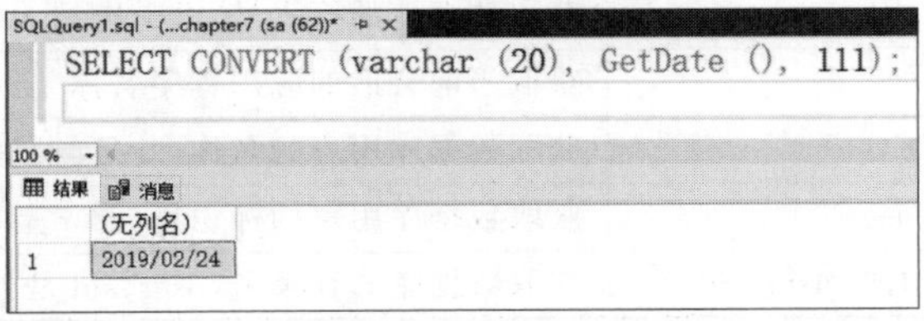

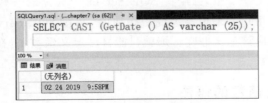

图8.17 使用CONVERT（）函数将日期类型转换成字符串类型

使用CAST（）函数将当前日期转换成字符串类型，语法如下：

```
SELECT CAST (GetDate () AS varchar (25));
```

效果如图8.18所示，可以看出CAST（）函数将日期类型转换成字符串类型的格式。这个格式通常是不能够指定的。

图8.18 使用CAST（）函数将日期类型转换成字符串类型

（2）使用CAST（）函数将字符串类型数据转换成数值类型，语法如下：

```
SELECT CAST ('1.23' AS decimal (3,1));
```

效果如图 8.19 所示。

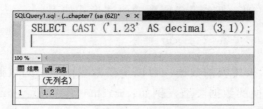

图 8.19　使用 CAST()函数将字符串类型数据转换成数值类型数据

读者也可以自己尝试将本例使用 CONVERT()函数进行转换,并对比转换后的效果。

2. 获取系统参数的常用函数

所谓系统参数是指 SQL Server 数据库所在计算机的一些信息以及数据库的信息。例如,计算机名称、数据库户名、应用程序名称等。常用的获取系统参数函数如表 8.5 所示。

表 8.5　获取系统参数函数

序　号	函 数 形 式	说　　明
1	HOST_NAME()	获取数据库所在的计算机名称
2	HOST_ID()	获取数据库所在计算机的标识号
3	DB_NAME([database_id])	获取数据库名称,database_id 表示数据库的 ID 号
4	DB_ID(['database_name'])	获取数据库的标识号,database_name 表示数据库的名称
5	APP_NAME()	获取当前会话的应用程序名称
6	USER_NAME([id])	获取数据库用户的名称,id 是与数据库用户关联的标识号
7	USER_ID(['user'])	获取数据库用户的标识号,user 是数据库用户名
8	SUER_SNAME([user_sid])	获取数据库的登录名,user_sid 是数据库用户的 ID 号

上面表格中列出的都是比较常用的获取系统参数的函数,如果需要学习其他一些函数,可以参考 SQL Server 帮助文档中的内容。此外,以上 8 个函数,请读者自行在 SQL Server 的环境中熟悉它们的用法,以便在今后的学习和工作中更好地应用它们。

视频讲解

8.2　自定义函数

在上一节中,已经将 SQL Server 中提供的一些常用函数做了详尽的介绍。用户如果想要实现一些功能,又在 SQL Server 提供的函数列表中找不到应该怎么办呢?那就只能自己定义函数了,在本节中就学习如何自定义函数。

8.2.1　创建自定义函数的语法

在实际应用中,如果没有可用的系统函数选择,通常都会自己创建函数。那么如何创建自定义函数呢?还是要遵循系统函数的形式创建。自定义函数主要分为两种:一种是标量值函数,即通过计算得到一个具体的数值;一种是表值函数,即通过函数返回数据表中的查询结果。常用的自定义函数是标量值函数。创建自定义函数的语法如下:

（1）标量值函数的语法结构。

```
CREATE FUNCTION function_name (@parameter_name parameter_data_type...)
RETURNS return_data_type
    [AS]
    BEGIN
                function_body
        RETURN scalar_expression
    END
```

❑ function_name 项：用户定义函数的名称。

❑ @parameter_name 项：用户定义函数的参数，函数最多可以有 1024 个参数。

❑ parameter_data_type 项：参数的数据类型。

❑ return_data_type 项：标量用户定义函数的返回值类型。

❑ function_body 项：指定一系列定义函数值的 T-SQL 语句。

❑ scalar_expression 项：指定标量值函数返回的标量值。

（2）内联表值函数的语法结构。

```
CREATE FUNCTION function_name (@parameter_name parameter_data_type...)
RETURNS TABLE
    [ AS ]
    RETURN [ ( ] select_stmt [ ) ]
```

❑ function_name 项：用户定义函数的名称。

❑ @parameter_name 项：用户定义函数的参数，函数最多可以有 1024 个参数。

❑ parameter_data_type 项：参数的数据类型。

❑ TABLE 项：指定表值函数的返回值为表。

❑ select_stmt 项：定义内联表值函数的返回值的单个 SELECT 语句。

8.2.2 标量值函数

无参数的函数也是经常会用到的。例如，获取系统的当前时间，按照标量值函数的创建语法，在标量值函数中既可以带参数也可以不带参数，下面从例 8-6 学习如何创建一个没有参数的标量值函数。本章所有函数都将创建在 chapter8 数据库中。

例 8-6 创建标量值函数，计算当前系统年份被 2 整除后的余数。

根据题目要求，直接使用系统函数是不方便的。创建标量值函数返回值是余数值，创建语法如下：

```
CREATE function fun1()
RETURNS int
AS
BEGIN
RETURN CAST(Year(GetDate()) AS int) % 2
END
```

执行上面的语法，可以在 chapter8 数据库中创建一个名为 fun1 的函数。那么该如何调用这个函数呢？这就与直接调用系统函数类似，但是也略有不同。在调用自定义函数时，需

要在该函数前面加上 dbo。下面就来调用新创建的函数 fun1(),具体的语法如下:

```
SELECT dbo.fun1();
```

效果如图 8.20 所示。

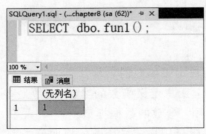

图 8.20　调用函数 fun1()

从图 8.20 的结果可以看出,返回值是 1,也就是说 2019%2 等于 1。

下面继续学习如何创建带参数的标量值函数。带参数的标量值函数不论是在创建还是调用时,都与无参函数的使用有一些区别。请读者认真体会例 8-7,看看它们究竟有什么不一样呢?

例 8-7　创建标量函数,传入商品价格作为参数,并将传入的价格打八折。

根据题目要求,将商品价格打八折,也就是将商品价格乘以 0.8 即可,语法如下:

```
CREATE FUNCTION fun2(@price decimal(6,2))
RETURNS decimal(6,2)
BEGIN
RETURN @price * 0.8
END
```

执行上面的语法,可以在数据库 chapter8 中创建名为 fun2 的函数。在例 8-6 中学习了如何调用无参函数,带参数的函数又如何调用呢?

假设要打八折的商品价格是 2100 元,那么调用函数的语法如下:

```
SELECT dbo.fun2(2100);
```

执行上面的语法,效果如图 8.21 所示。

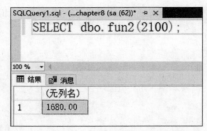

图 8.21　调用函数 fun2()

通过图 8.21 的调用结果可以看出,在调用带参数的函数时必须要为其传递参数,并且参数的个数以及数据类型要与函数定义时的一致才可以。

8.2.3　创建表值函数

表值函数与标量值函数一样,既可以带参数也可以不带参数。使用表值函数通常是为了根据某一个条件查询相应的结果。下面就通过例 8-8 演示如何使用表值函数。在使用表值函数之前,先要在数据库 chapter8 中准备一张数据表,这里创建一张用户信息表,表结构如表 8.6 所示。

表 8.6　用户信息表(userinfo)

序　号	列　　名	数 据 类 型	中 文 释 义
1	id	int	用户编号
2	name	varchar(20)	用户名
3	password	varchar(20)	密码

根据表 8.6 的结构创建数据表后,录入表 8.7 所示的数据。

表 8.7　用户信息表数据

用户编号(id)	用户名(name)	密码(password)
1	吴丹丹	123456
2	王明	123456
3	孙久	123456

例 8-8　创建表值函数,根据输入的用户编号查询出该用户的用户名以及密码。

根据题目要求,该表值函数含有一个 INT 类型的参数,创建语法如下:

```
CREATE FUNCTION fun3(@id int)
RETURNS TABLE
AS
RETURN SELECT name,password FROM userinfo WHERE id=@id;
```

执行上面的语法,在数据库 chapter8 中创建了函数 fun3()。由于表值函数的结果是一张表,因此,在调用的时候也是直接用 SELECT 语句查询就可以了。调用 fun3()函数的语法如下:

```
SELECT  *  FROM dbo.fun3 (1);
```

执行上面的语法,效果如图 8.22 所示,可以看出向 fun3()函数中传递 1 作为参数,得到数据表中 id 为 1 的数据。

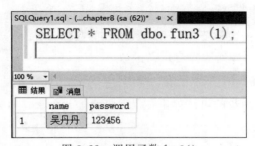

图 8.22　调用函数 fun3()

8.2.4 修改自定义函数

自定义函数也是可以修改的,修改语句与创建语句相似。将创建自定义函数语法中的
CREATE 语句换成 ALTRE 语句就可以了。具体的语法请读者参考创建自定义函数的语
句,下面通过例 8-9 讲解如何修改自定义函数。

例 8-9 修改自定义函数 fun3(),改成根据编号查询用户名。

根据题目要求,修改 fun3() 的语法如下:

```
ALTER function fun3(@id int)
RETURNS table
AS
RETURN SELECT name FROM userinfo WHERE id = @id;
```

执行上面的语法,chapter8 中的函数 fun3() 就已经被修改了,调用 fun3() 函数的语法如下:

```
SELECT * FROM dbo.fun3(1);
```

效果如图 8.23 所示。

图 8.23 调用修改后的 fun3() 函数

通过例 8-9,读者已经了解如何修改自定义函数了。请读者自行练习修改函数 fun1() 和
fun2()。

8.2.5 删除自定义函数

如果自定义函数不再需要了,为了节省数据库占用的空间,要及时地删除没有用的自定
义函数。无论是标量函数还是表值函数,删除的语句都是一样的,语法如下:

```
DROP FUNCTION dbo.fun_name;
```

值得注意的是,删除函数前要先打开函数所在的数据库。
下面通过例 8-10 演示如何删除自定义函数。

例 8-10 删除函数 fun1()。

根据题目要求,删除函数的语法如下:

```
DROP FUNCTION dbo.fun1;
```

执行上面的语法,函数 fun1() 就从数据库 chapter8 中删除了。

8.2.6 在 SSMS 中管理函数

在前面的小节中都是使用 SQL 语句创建和管理自定义函数。实际上,使用 SSMS 也能完成同样的功能。也就是说,如果一时想不起来创建自定义函数的语法,可以借助 SSMS 帮助。下面就以创建、修改、删除 fun1() 函数为例,讲解如何在 SSMS 中操作自定义函数。

(1) 在 SSMS 中创建 fun1() 函数。fun1() 函数是计算当前系统年份被 2 整除后的余数。在 SSMS 中创建 fun1() 函数,只需要使用鼠标展开 chapter8 数据库节点,再展开其下的"可编程性"节点可以看到"函数"的节点,如图 8.24 所示。

从图 8.24 所示的界面中可以看出,函数包括了表值函数、标量值函数、聚合函数以及系统函数。这里,fun1() 属于标量值函数,因此创建在"标量值函数"的节点下。

在图 8.24 所示的界面中右击"标量值函数"节点,在弹出的快捷菜单中选择"新建标量值函数"选项,打开如图 8.25 所示的界面。

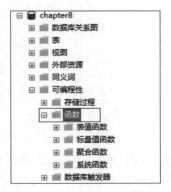

图 8.24 SSMS 中函数节点

```
SET ANSI_NULLS ON
GO
SET QUOTED_IDENTIFIER ON
GO
-- =============================================
-- Author:        <Author,,Name>
-- Create date: <Create Date,,>
-- Description:   <Description,,>
-- =============================================
CREATE FUNCTION <Scalar_Function_Name, sysname, FunctionName>
(
    -- Add the parameters for the function here
    <@Param1, sysname, @p1> <Data_Type_For_Param1, , int>
)
RETURNS <Function_Data_Type, , int>
AS
BEGIN
    -- Declare the return variable here
    DECLARE <@ResultVar, sysname, @Result> <Function_Data_Type, , int>

    -- Add the T-SQL statements to compute the return value here
    SELECT <@ResultVar, sysname, @Result> = <@Param1, sysname, @p1>

    -- Return the result of the function
    RETURN <@ResultVar, sysname, @Result>

END
GO
```

图 8.25 新建标量值函数界面

在图 8.25 所示的界面中可以发现,创建标量值函数的语法框架已经显示出来了,只需要添加具体的内容就可以了。下面就将 fun1() 函数的功能填入图 8.25 所示的界面中,效果如图 8.26 所示。

确认图 8.26 填入的信息后,保存函数信息即可。至此,fun1() 函数就创建成功了。

(2) 在 SSMS 中修改 fun1() 函数。修改函数信息,相对于创建函数还是要简单一些。

图 8.26　创建 fun1()函数的界面

在 SSMS 中的 chapter8 数据库里,选择"可编程性"→"标量值函数"选项,并在标量值函数列表中选择右击"fun1"函数,在弹出的快捷菜单中选择"修改"选项,即可打开如图 8.27 所示的界面。

图 8.27　修改 fun1()函数界面

在图 8.27 所示的界面中,对 fun1()函数修改后,按 F5 键即可完成对 fun1()函数的修改。

(3) 在 SSMS 中删除 fun1()函数。删除函数的操作相对于添加和修改就更简单了。在 SSMS 中 chapter8 数据库里,选择"可编程性"→"标量值函数"选项,右击"fun1"函数,并在弹出的快捷菜单中选择"删除"选项,弹出如图 8.28 所示的界面。

在图 8.28 所示的界面中单击"确定"按钮,即可将函数 fun1()删除。

虽然在 SSMS 中操作函数很方便,但是读者也不能忽视对 SQL 语句的学习。

说明:在 SSMS 中,不仅可以对函数进行创建、修改以及删除的操作,还可以对函数进行重命名、脚本编辑等操作。另外,还要提醒读者的是,在创建不同类型的函数时,一定要创建在相应的函数文件中。

图 8.28　删除 fun1() 函数界面

8.3　本章小结

　　本章主要讲解了在 SQL Server 中的系统函数以及如何创建和使用自定义函数。在系统函数部分主要给读者介绍了常用的数学函数、字符串函数、日期和时间函数以及其他函数。在自定义函数部分主要给读者分别讲解了如何使用 SQL 语句和在 SSMS 中创建和管理自定义函数。函数作为数据库的主要组成部分，如果能够在实际工作中运用自如，一定会起到事半功倍的作用。

8.4　本章习题

一、选择题

1. 下列关于自定义函数描述正确的是（　　　）。

　　A. 自定义函数可以重名　　　　　　　　B. 自定义函数必须有参数

　　C. 自定义函数可以有 0 到多个参数　　　D. 以上都不对

2. 取绝对值的函数是（　　　）。

　　A. ABS()　　　　　　B. EXP()　　　　　C. MAX()　　　　　D. 以上都不对

3. 取字符串长度的函数是（　　　）。

　　A. count()　　　　　B. LEN()　　　　　C. LENGTH()　　　　D. 以上都不对

二、问答题

1. 系统函数中字符串函数都有哪些？

2. 表值函数与标量值函数的区别是什么？

3. 如何删除自定义函数？

第 9 章

视　图

　　视图从字面上的意思理解可以说成是"可以看见的图"，也就是说是图而不是表。视图既然不是表，那它在数据库中扮演着什么角色呢？视图与表的操作非常相似，它实际上是由查询一张或多张表的语句所组成的对象。在本章中将学习如何使用视图。

　　本章主要知识点如下：

　　❑ 视图的概念；

　　❑ 创建视图；

　　❑ 更新视图；

　　❑ 删除视图；

　　❑ 使用 DML 语句操作视图。

9.1　视图的概念

　　视图经常被很多人称为"虚拟的表"。所谓虚拟指不是真实存在的东西。视图中的数据全部都来源于数据库中的一张或多张数据表。通常情况下，将组成视图中的数据表称为源表或基表。既然视图是一张虚拟的表，为什么数据库中要有这样的对象呢？下面先讲视图的作用和好处。

　　（1）降低 SQL 语句的复杂程度。在 SQL Server 中，如果查询的数据来自多张表，就需要用多表的联合查询。如果在 SQL 语句中过多地使用多表联合查询，就会使 SQL 语句复杂一些。如果使用视图，将经常需要多表连接查询的数据保存到视图中，以后再查询同样的信息，就能够直接通过视图查询了。例如，表 9.1、表 9.2 是学生成绩表和科目信息表。表 9.3 是从表 9.1、表 9.2 查询的数据构成的，如图 9.1 所示。

　　从图 9.1 的效果来看，要查询的是学生的成绩信息，由于学生成绩表中的科目编号列是与科目信息表的序号列对应的，所以在查询时需要使用多表连接查询。具体的查询语句如下：

编号	姓名	学号	科目编号	成绩
1	王笑	0001	1	80
2	齐云	0002	2	90
3	李政	0003	1	86
4	周渊源	0004	2	67
5	王鹏	0005	3	79

表 9-1 学生成绩表

序号	科目名称
1	计算机基础
2	C语言
3	数据库

表 9-2 科目信息表

编号	姓名	学号	科目名称	成绩
1	王笑	0001	计算机基础	80
2	齐云	0002	C语言	90
3	李政	0003	计算机基础	86
4	周渊源	0004	C语言	67
5	王鹏	0005	数据库	79

表 9-3 学生信息视图中的数据

图 9.1 视图的形成

```
SELECT a.编号,a.姓名,a.学号,b.科目名称,a.成绩
FROM 学生成绩表 a,科目信息表 b
WHERE a.科目编号 = b.序号;
```

如果将上面的数据存放到学生信息视图中,可以直接查询表 9.3 的结果。查询视图和查询表的语句类似,具体如下:

```
SELECT * FROM 学生信息视图;
```

从上面的语句可以看出,通过视图已经将查询语句从 3 行简化变成了 1 行。

(2)提高数据库的安全性。所谓数据库的安全性,也是数据表的安全性。如果直接在数据表中查询数据,在查询语句中就会涉及数据表的名称和列名,这样给数据表的安全带来了隐患。如果将数据表的数据集合存放到视图中,使用视图查询数据时可以避免数据表名称泄露。因此,使用视图可以提高数据库的安全性。

(3)便于数据共享。数据共享可以理解成数据对于每个人来说都是公用的,谁都可以拿来使用。当需要根据不同条件查询一张数据表时,数据库存取速度会下降。而将数据表的不同查询数据存放到多个视图中时,每次只分别查询视图,这样在数据共享的基础上提高了查询速度。

任何一个事物都有优点也有缺点,视图也不例外,它也是有缺点的。例如,在创建视图时不能够使用 GROUP BY、HAVING 等子语句;在视图中存放的数据包含多张表时不能够直接更新视图信息等。

9.2 创建视图

在 9.1 节中,已经清楚了视图的基本概念以及视图的作用。创建视图是使用视图的第一个步骤。视图既可以由一张表组成也可以由多张表组成。在本节中将完成创建视图的学习。

视频讲解

9.2.1 创建视图的语法

创建视图的语法与创建表的语法一样,都是使用 CREATE 语句创建。在创建视图时,只能用到 SELECT 语句,具体的语法如下:

```
CREATE VIEW view_name
AS select_statement
[WITH CHECK OPTION]
[ENCRYPTION]
```

❑ view_name：视图的名称。在一个数据库中视图的名称也是不能重复的。通常视图的名称都是以"V_"开头的。

❑ AS：指定视图要执行的操作。

❑ select_statement：用于定义视图的查询语句。该语句可以使用多个表和其他视图。在视图中使用的数据表被称为基表或者源表。

❑ CHECK OPTION：强制执行对视图的数据修改语句，都必须符合在 select_statement 中设置的条件。该选项是可选的。

❑ ENCRYPTION：对创建视图的语句加密。该选项是可选的。

9.2.2 源自一张表的视图

根据一张表创建视图通常都是选择一张表中经常需要查询的字段。在本章中共使用两张数据表，把这两张数据表创建在数据库 chapter9 中。这两张数据表分别是学生成绩信息表以及科目信息表。具体表结构如表 9.1、表 9.2 所示。

表 9.1 学生成绩信息表（studentinfo）

编　号	列　　名	数 据 类 型	中 文 释 义
1	id	int	编号（主键）
2	studentid	int	学号
3	name	varchar(20)	姓名
4	major	varchar(20)	专业
5	subjectid	int	科目编号
6	score	decimal(5,2)	成绩
7	remark	varchar(200)	备注

表 9.2 科目信息表（subjectinfo）

编　号	列　　名	数 据 类 型	中 文 释 义
1	id	int	科目编号
2	subject	varchar(20)	科目名称

根据上述的表结构，创建数据表的语法如下：

```
USE chapter9;
CREATE TABLE studentinfo
(
  id          int IDENTITY(1,1) PRIMARY KEY,
  studentid   int,
  name        varchar(20),
  major       varchar(20),
```

```
  subjectid      int,
  score          decimal(5,2),
  remark         varchar(200)
);
CREATE TABLE subjectinfo
(
  Id             int IDENTITY (1, 1) PRIMARY KEY,
  subject        varchar(20),
);
```

通过上面的语法,可以将学生成绩信息表和科目信息表创建在 chapter9 数据库中了。创建好数据表后,将表 9.3、表 9.4 中的数据分别添加到数据表中。

表 9.3 学生成绩信息表中的数据

编 号	学 号	姓 名	专 业	科目编号	成 绩	备 注
1	201801	刘保	计算机	1	80	
2	201810	王明	会计	2	85	
3	201815	周婷	金融	3	77	
4	201825	吴琳	金融	3	80	
5	201818	张小	数学	4	79	

表 9.4 科目信息表中的数据

科 目 编 号	科 目 名 称	科 目 编 号	科 目 名 称
1	英语	4	线性代数
2	政治	5	运筹学
3	高等数学		

有了前面的数据,下面开始学习如何创建视图。

例 9-1 创建视图 v_studentinfo,用于查看学生的学号以及姓名、所在专业。

根据题目要求,要查询的信息都在学生成绩信息表中,创建视图的语法如下:

```
CREATE VIEW v_studentinfo
AS
SELECT studentid AS 学号,name AS 姓名,major AS 所在专业 FROM studentinfo
```

执行上面的语法,就可以在数据库 chapter9 中创建视图了,效果如图 9.2 所示。

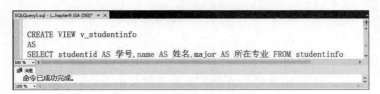

图 9.2 创建视图 v_studentinfo

9.2.3 源自多张表的视图

源自多张表的视图是把视图中的数据从多张数据表进行查询。视图中的数据来源于多张表可通过更改 SQL 语句来实现。下面通过例 9-2 演示如何建立源自多张表的视图。

例 **9-2**　创建视图 v_studentinfo2，用于查询学生的姓名、专业、科目名称以及成绩。

根据题目要求，要从学生成绩信息表和科目信息表中查询数据，具体的语法如下：

```
CREATE VIEW v_studentinfo2
AS
SELECT studentinfo.name AS 姓名,studentinfo.major AS 所在专业,subjectinfo.subject AS 科目名
称,studentinfo.score AS 成绩
FROM studentinfo,subjectinfo
WHERE studentinfo.subjectid = subjectinfo.id;
```

执行上面的语法，即可创建视图 v_studentinfo2，效果如图 9.3 所示。可以看出，源自多张表的视图只是 SQL 语句改变了。

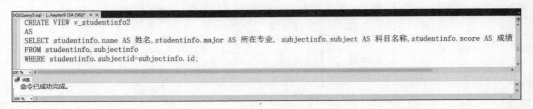

图 9.3　创建视图 v_studentinfo2

说明：查询视图中的数据与查询数据表中的数据是一样的，都是使用 SELECT 语句查询。

9.3　更新视图

视频讲解

无论是购买的商品还是制订的工作计划，都免不了需要修改。视图也不例外，当创建了一个视图后，如果有些地方需要改进是可以修改的，不需要重新创建视图。

9.3.1　更新视图的语法

在 SQL Server 中，更新视图的语句与创建视图的语句非常类似，具体的语法如下：

```
ALTER VIEW view_name
AS select_statement
[WITH CHECK OPTION]
[ENCRYPTION]
```

从上面的语法中可以看出，除了将创建视图的 CREATE 关键字换成 ALTER 之外，其他的语法都是一样的。读者如果对上面参数还有不清楚的地方，可以参考创建视图的语法解释。

9.3.2　更新视图的示例

看了 9.3.1 小节更新视图的语法，下面就以例 9-3 演示如何修改视图。

例 **9-3** 修改在例 9-1 中创建的视图 v_studentinfo，将其改成只显示学生的姓名和专业。

根据题目要求，修改视图的语法如下：

```
ALTER VIEW v_studentinfo
AS
SELECT name AS 姓名,major AS 所在专业 FROM studentinfo;
```

执行上面的语法，即可完成对视图 v_studentinfo 的修改，效果如图 9.4 所示。修改视图的语法很容易记忆，只需要将创建视图语法中的 CREATE 改成 ALTER 就可以了。

图 9.4 修改 v_studentinfo 界面

9.3.3 视图重命名

给视图换名字，就是我们通常所说的视图重命名。重命名视图使用系统存储过程进行 sp_rename 实现。下面演示如何给视图换名字。

例 **9-4** 将视图 v_studentinfo 的名字改成 v_studentinfo1。

根据题目要求，给视图重命名的语法如下：

```
sp_rename 'v_studentinfo', 'v_studentinfo1';
```

执行上面的语法，即可对完成对视图的重命名，效果如图 9.5 所示。

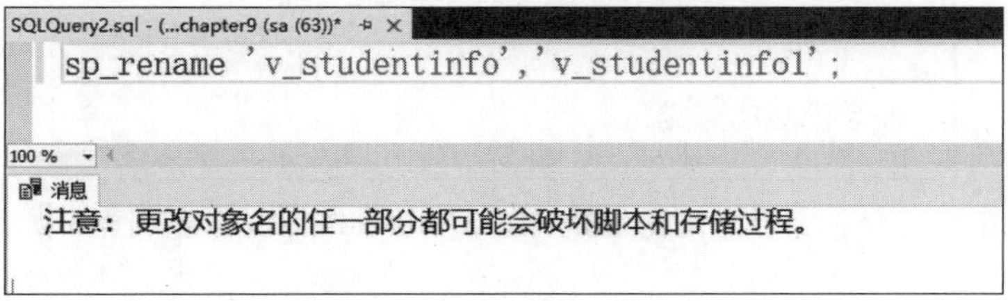

图 9.5 视图的重命名

从图 9.5 的结果可以看出，在对视图进行重命名后会给使用该视图的程序造成一定的影响。因此，在给视图重命名前，先要知道是否有一些其他数据库对象使用该视图名称。在确保不会对其他对象造成影响后，再对视图名称进行修改。

说明：视图除了使用系统存储过程对其更名，也可以使用系统存储过程 sp_refreshview 对其进行刷新操作。刷新视图的目的在于更新视图的查询结果。

9.4 删除视图

任何数据库对象都会占用数据库的存储空间,视图也不例外。当视图不再使用时,要及时删除数据库中多余的视图。如果不确定该视图以后是否使用时,要对视图先备份然后再删除。

9.4.1 删除视图的语法

删除视图的语法很简单,但是在删除视图前一定确认视图是否不再使用了,否则删除后就不能恢复了。删除视图仍然使用 DROP 关键字完成,删除视图的语法如下:

```
DROP VIEW [ schema_name . ] view_name [ ...,n ] [ ; ]
```

❏ schema_name 项:指该视图所属架构的名称。
❏ view_name 项:指要删除的视图的名称。
这里,schema_name 是可以省略的。

9.4.2 删除视图的示例

下面应用删除视图的语法演示如何删除数据库中不再使用的视图。

例 9-5 删除视图 v_studentinfo1。

根据题目要求,删除视图的语法如下:

```
DROP VIEW v_studentinfo1;
```

执行上面的语法,视图即可从数据库 chapter9 中删除了,效果如图 9.6 所示。

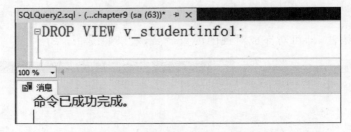

图 9.6 删除视图 v_studentinfo1

视频讲解

9.5 使用 DML 语句操作视图

DML 语句指数据操纵语言,是对数据表进行操作的。那么,DML 语言能够在视图中使用吗?答案是肯定的,但不是说使用 DML 语言可以操作所有视图中的数据。在本节中将带领读者学习如何使用 DML 语言操作视图。

9.5.1　使用 INSERT 语句向视图中添加数据

视图是一张虚拟的数据表,实际在视图中是不保存数据的。那如何向视图中添加数据的呢?既然视图中的数据来源于基表,也就是向基表中添加数据,但并不是所有的视图都能够使用 INSERT 语句添加数据。只有当视图中的基表唯一,并且在视图中是直接使用基表的字段,而不是通过其他形式,如使用聚合函数或其他的函数派生的字段。

在视图中使用 INSERT 语句,与数据表中使用 INSERT 语句的语法是一样的。INSERT 语句的语法可以参考本书第 3 章的相关内容。

在前面的例 9-2 中,创建了视图 v_studentinfo2,并且该视图是由两张基表组成的。下面使用例 9-6 演示 INSERT 语句在 v_studentinfo2 上的应用。读者想想这种 INSERT 操作会成功吗?

例 9-6　使用 INSERT 语句向视图 v_studentinfo2 中添加一条数据。

根据题目要求,添加数据的语法如下:

```
INSERT INTO v_studentinfo2
VALUES('章小','计算机','数据库',88);
```

执行上面的语法,效果如图 9.7 所示。

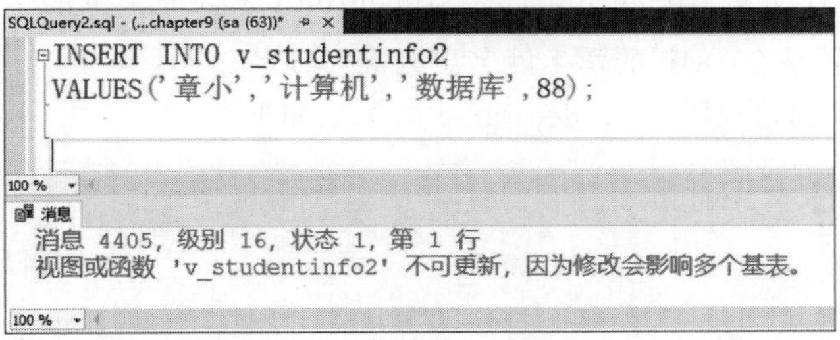

图 9.7　向由多张基表组成的视图添加数据

从图 9.7 的结果可以看出,由多张基表组成的视图是无法使用 INSERT 语句对其添加数据的。下面再通过例 9-7 演示如何使用 INSERT 语句向单基表组成的视图添加数据。

例 9-7　创建视图 v_studentinfo3,查询科目信息表的科目名称,再使用 INSERT 语句向该视图中添加一条数据。

根据题目要求,创建视图的语法如下:

```
CREATE VIEW v_studentinfo3
AS
SELECT subject FROM subjectinfo;
```

执行上面的语法,在数据库 chapter9 中创建视图 v_studentinfo3。

有了视图 v_studentinfo3,下面使用 INSERT 语句向其添加一条数据:

```
INSERT INTO v_studentinfo3
VALUES('电子技术');
```

执行上面的语法,效果如图9.8所示。

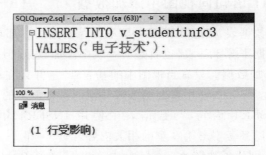

图 9.8　向单基表组成的视图中添加数据

从图9.8的效果可以看出,使用 INSERT 语句可以直接向符合条件的视图中添加数据。

9.5.2　使用 UPDATE 语句更新视图中的数据

UPDATE 语句与 INSERT 语句在视图中的使用方法是类似的,只能对单基表的视图进行操作,并且在视图中是直接使用基表的字段,而不是通过其他形式,如使用聚合函数或其他的函数派生的字段。修改视图的语句与修改数据表的语句也是一样的。下面用例 9-8演示如何使用 UPDATE 语句更新视图中的数据。

例 9-8　创建视图 v_studentinfo4,从 studentinfo 表查询学生的学号(studentid)和姓名(name),再将学号是 201810 的学生姓名更改成"宋昕"。

根据题目要求,创建视图 v_studentinfo4 的语法如下:

```
CREATE VIEW v_studentinfo4
AS
SELECT studentid, name FROM studentinfo;
```

执行上面的语法,视图 v_studentinfo4 在数据库 chapter9 中就创建好了。

有了视图 v_studentinfo4,使用 UPDATE 语句更新视图的语法如下:

```
UPDATE v_studentinfo4
SET name = '宋昕' WHERE studentid = 201810;
```

执行上面的语法,效果如图9.9所示,可以看出使用 UPDATE 语句是可以完成符合条件的视图数据的更新的。

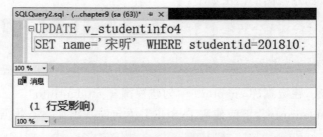

图 9.9　使用 UPDATE 语句更新视图 v_studentinfo4

9.5.3 使用 DELETE 语句删除视图中的数据

和 INSERT 和 UPDATE 语句一样,使用 DELETE 语句也只能对单基表的视图进行操作。下面通过例 9-9 演示如何使用 DELETE 语句删除视图中的数据。

例 9-9 删除视图 v_studentinfo4 中名字为"宋昕"的学生信息。

根据题目要求,删除语法如下:

```
DELETE FROM v_studentinfo4
WHERE name = '宋昕';
```

执行上面的语法,效果如图 9.10 所示。

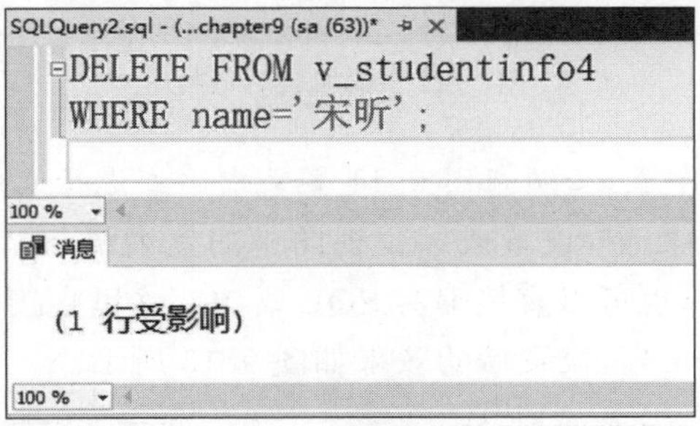

图 9.10 使用 DELETE 语句删除视图中的数据

从图 9.10 的结果中可以看出,可以通过 DELETE 语句删除单基表组成的视图中的数据。

9.6 使用 SSMS 操作视图

在前面的内容中,都是使用 SQL 语句操作视图。实际上,在 SSMS 中同样可以完成对视图的操作,包括创建视图、修改视图以及删除视图等。在本节中将介绍如何在 SSMS 中操作视图。

视频讲解

9.6.1 使用 SSMS 创建视图

在 SSMS 中创建视图,免去了记住 SQL 语句的麻烦。下面通过例 9-10 演示如何在 SSMS 中创建视图。

例 9-10 创建视图 v_studentinfo5,查询学生成绩信息表(studentinfo)中学号(studentid)、姓名(name)以及专业(major)信息。

在 SSMS 中创建视图,需要通过如下 4 个步骤。

(1)在 SSMS 中,展开"chapter9"数据库,右击"视图"节点,在弹出的快捷菜单中选择"新建视图"选项,弹出"添加表"对话框,如图 9.11 所示。"添加表"对话框有当前数据库中存在的表、视图、函数和同义词对象。

(2)在图 9.11 所示的对话框中,选择创建视图要使用的数据表 studentinfo,单击"添加"按钮,再单击"关闭"按钮关闭添加表对话框,效果如图 9.12 所示。

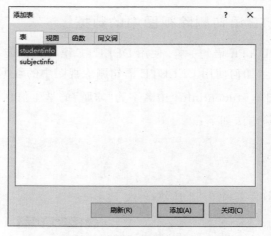

图 9.11　添加表对话框

说明：如果要选择多个表，必须在图 9.11 界面中单击选择表的同时按下 Ctrl 键。

（3）在图 9.12 所示界面中，设置或编写视图中的查询语句。视图中的查询语句，可以直接在选中的表格中选择，也可以直接编写 SQL 语句。这里直接在数据表中使用鼠标选择 studentid、name 以及 major 列，设置后的效果如图 9.13 所示。

图 9.12　添加表后的效果

图 9.13　设置视图中的 SQL 语句

（4）通过前面 3 个步骤，视图已经创建完成了。最后一步是保存视图，单击工具栏中的"保存"按钮，弹出"选择名称"对话框，如图 9.14 所示。输入视图名称"v_studentinfo5"，单击"确定"按钮，即可完成创建视图的操作。

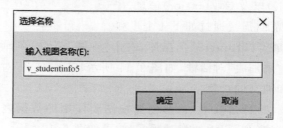

图 9.14　选择名称对话框

9.6.2　使用 SSMS 修改视图

修改视图的界面与创建视图类似,下面通过例 9-11 学习如何在 SSMS 中修改视图。

例 9-11　使用 SSMS 修改视图 v_studentinfo5,使其只查询学生成绩信息表(studentinfo)中的学生姓名(name)和专业(major)。

在 SSMS 中修改视图需要通过如下 3 个步骤。

(1) 在 SSMS 中,选择视图所在的数据库"chapter9",展开"视图"节点,查找要修改的视图 v_studentinfo5。右击该"视图"节点,在弹出的快捷菜单中选择"设计"命令,如图 9.15 所示。

(2) 修改视图中的语句。在图 9.15 所示的界面中,从数据表中去掉 studentid 的选项,如图 9.16 所示。

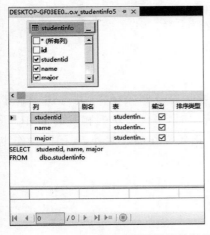

图 9.15　v_studentinfo5 视图的设计界面

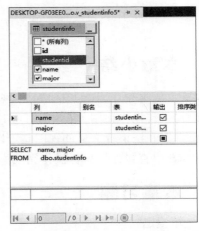

图 9.16　修改后的 v_studentinfo5 视图

(3) 单击工具栏中的"保存"按钮,即可完成对 v_studentinfo5 视图的修改操作。

说明:在 SSMS 中也可以修改视图的名称,右击"视图"节点,选择"重命名"命令,直接修改视图名称即可,注意视图不能重名。

9.6.3　使用 SSMS 删除视图

删除视图是最简单的一种视图操作了,不需要使用视图设计器操作,直接选择视图就可以进行删除。下面通过例 9-12 演示如何删除视图。

例 9-12　删除视图 v_studentinfo5。

删除视图 v_studentinfo5 需要通过以下两个步骤来完成。

(1) 在 SSMS 中,展开"chapter9"数据库,选择要删除的视图 v_studentinfo5,右击该视图名称,在弹出的快捷菜单中选择"删除"命令,弹出如图 9.17 所示的对话框。

(2) 在提示对话框中单击"确定"按钮,即可删除视图 v_studentinfo5。

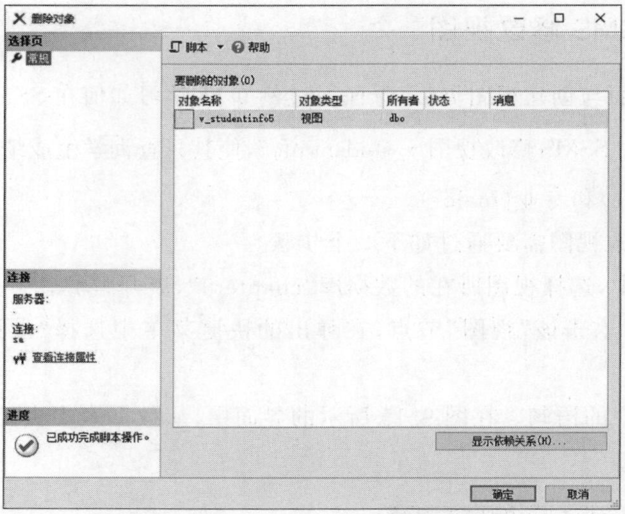

图 9.17　删除视图提示对话框

9.7　本章小结

本章主要讲解了 SQL Server 中视图的创建、更新以及删除操作，并且还讲解了使用 DML 语句如何操作视图。在使用 DML 语句操作视图时，不仅要掌握相关的 DML 语法规则，还要掌握和辨识什么样的视图是可以通过 DML 语句操作的。此外，视图的操作也是可以在 SSMS 中直接使用鼠标操作完成的。

9.8　本章习题

一、填空题

1. 加密创建视图的语句是_____。

2. 视图中的数据可以来源于_____张表。

3. 给视图重命名使用的是_____。

二、问答题

1. 视图的作用是什么？

2. 如何使用 SSMS 操作视图？

3. 如何使用 DML 语句操作视图？

三、操作题

通过本章学习完成如下对视图的操作，以表 9.4 的学生成绩信息表（studentinfo）为例。

（1）创建视图，查询 studentinfo 表中的学生姓名和专业。

（2）向（1）中创建的视图添加一条数据。

（3）查询（1）中创建的视图。

（4）删除（1）中创建的视图。

第10章

索　引

在 SQL Server 2017 中，索引与图书上的目录相似，目录是为了让读者更快地查找所需的内容，索引也是帮助数据库操作人员更快地查找数据库中的数据。

本章主要知识点如下：

❑ 认识索引；

❑ 创建索引；

❑ 修改索引；

❑ 删除索引。

10.1　认识索引

在 SQL Server 2017 中，索引究竟有什么作用？索引分为哪几类？下面的章节中将作介绍。

10.1.1　索引的作用

索引在数据库检索中起着重要的作用，如果在数据表中没有索引，也是可以查找数据的，但是花费的时间较长。如果想通过数据库快速查找资料该怎么办呢，由此，使用索引很有必要。索引是建立在数据表中列上的一个数据库对象，在一个数据表中可以给一列或多列设置索引。如果在查询数据时，使用了设置的索引列作为检索列，那么就会大大提高查询速度。

10.1.2　索引的分类

在 SQL Server 2017 数据库中，索引主要分为聚集索引和非聚集索引两类。在一张数据表中只有一个聚集索引，因为数据行的物理排列方式与聚集索引为顺序相同。具体使用方法如下所示。

❑ 聚集索引：最常见的聚集索引就是主键约束。它根据数据行的键值在表或视图中排序和存储这些数据行。

❑ 非聚集索引:非聚集索引在一张表中可以有多个。它包含非聚集索引键值,并且每个键值项都有指向包含该键值的数据行的指针。

10.2　创建索引

视频讲解

创建索引是使用索引的第一步,前面在学习索引类型时已经清楚了索引有非聚集索引和聚集索引两种。因此,在创建索引前要决定创建的是哪种类型的索引。本节将向读者介绍使用语句和 SSMS 创建不同类型的索引。

10.2.1　创建索引的语法

创建索引与创建表一样,都是创建数据库对象,因此仍然使用 CREATE 语句。在创建索引的语法中包括了创建聚集索引和非聚集索引的两种方式,读者可以根据需要自行选择,具体语法如下:

```
CREATE [ UNIQUE ] [ CLUSTERED | NONCLUSTERED ] INDEX index_name
ON
[ database_name]. table_or_view_name(column [ ASC | DESC ] [ ,...n ])
```

❑ UNIQUE:唯一索引。
❑ CLUSTERED:聚集索引。
❑ NONCLUSTERED:非聚集索引。
❑ index_name:索引的名称。索引名称在表或视图中必须唯一。
❑ column:索引所基于的一列或多列。由多列组成的索引被称为组合索引。
❑ [ASC|DESC]:确定索引列的升序或降序排序方式,默认值为 ASC。

说明:在给数据表中添加索引时,索引通常是以 IX 开头的。

10.2.2　创建聚集索引

聚集索引几乎在每张数据表都存在。如果不创建索引,也会存在聚集索引吗?是这样的,如果一张表中有了主键,那么系统默认主键列就是聚集索引列。为了让读者更好地理解索引的使用,先为本章创建要使用的数据库和数据表。本章使用的数据库为 chapter10,在 chapter10 数据库中创建培训课程信息表(courseinfo),表结构如表 10.1 所示。

表 10.1　培训课程信息表(courseinfo)

编　　号	字　段　名	数　据　类　型	说　　　明
1	id	int	编号
2	name	varchar(200)	课程名称
3	address	varchar(30)	培训地点
4	tel	varchar(15)	联系人电话
5	remark	varchar(200)	内容简介
6	period	int	课程时长

按照上面的表结构创建数据表,语法如下:

```
USE chapter10;
CREATE TABLE courseinfo
(
id        int  IDENTITY(1,1),
name      varchar(20),
address   varchar(30),
tel       varchar(15),
remark    varchar(200),
period    int
);
```

执行上面的语法,在数据库 chapter10 中创建数据表 courseinfo。有了数据表,现在可以为其创建索引了。

例 10-1 为培训课程信息表(courseinfo)中的编号(id)列创建聚集索引。

根据题目要求,使用 CREATE UNIQUE CLUSTERED INDEX 语句创建聚集索引,具体的语法如下:

```
USE chapter10;
CREATE UNIQUE CLUSTERED INDEX IX_COURSEINFO_ID
ON courseinfo (id);
```

执行上面的语法,可以为表 courseinfo 中的 id 列创建聚集索引了,效果如图 10.1 所示。

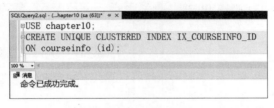

图 10.1 创建聚集索引 IX_ COURSEINFO _ID

从图 10.1 中可以看出,索引已经在表 courseinfo 中创建成功了。那么,如何使用语句查看到为表创建的索引呢? 通过使用系统存储过程 sp_helpindex 可以进行查看。查看为表 courseinfo 创建的索引,语法如下:

```
sp_helpindex 'courseinfo';
```

执行上面的语法,可以查看表 courseinfo 中的索引。目前在表中只创建了一个索引,效果如图 10.2 所示。

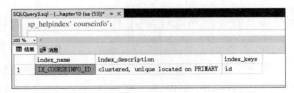

图 10.2 查看 courseinfo 表中的索引

从图 10.2 中就可以清楚地看到,为表 courseinfo 创建的索引的类型以及该索引所在的列名。

10.2.3　创建非聚集索引

非聚集索引在一张数据表中可以存在多个,并且在创建非聚集索引时,可以不将其列设置成唯一索引。下面通过例 10-2 演示如何创建非聚集索引。

例 **10-2**　为培训课程信息表(courseinfo)中的课程名称(name)创建一个非聚集索引。

根据题目要求,使用 CREATE NONCLUSTERED INDEX 语句创建非聚集索引,具体的语法如下:

```
USE chapter10;
CREATE NONCLUSTERED INDEX IX_COURSEINFO_NAME
ON courseinfo(name);
```

执行上面的语法,可以为 courseinfo 中的 name 列创建非聚集索引了,效果如图 10.3 所示。

从图 10.3 中可以看出,创建非聚集索引的命令执行成功了。使用系统存储过程 sp_helpindex 查看表 courseinfo 中的索引,上面创建的非聚集索引名为 IX_COURSEINFO _NAME,查询效果如图 10.4 所示。

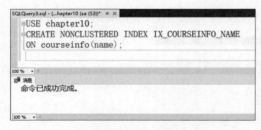

图 10.3　创建非聚集索引

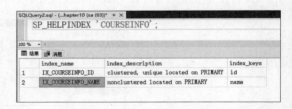

图 10.4　查看 courseinfo 表中的索引

从图 10.4 中可以看出,查询结果中的第 1 行就是新创建的非聚集索引 IX_COURSEINFO_ NAME。

10.2.4　创建复合索引

复合索引指在一张表中创建索引时,索引列可以由多列组成,有时也被称为组合索引。一个主键约束可以由多列组成,复合索引也是将索引列的括号中放置多个列名,每个列名之间用逗号隔开即可。另外,复合索引可以是聚集索引也可以是非聚集索引。下面通过例 10-3 进行介绍。

例 **10-3**　为培训课程信息表(courseinfo)中的地址(address)和电话(tel)创建一个复合索引。

根据题目要求,要创建一个复合索引,由于在例 10-1 时已经为表 courseinfo 创建了聚集索引。因此,这里只能为 courseinfo 表创建非聚集索引了,创建索引的语法如下:

```
USE chapter10;
CREATE NONCLUSTERED INDEX IX_COURSEINFO_ADDRESS_TEL
ON courseinfo(address,tel);
```

执行上面的语法,可以为表 courseinfo 创建一个复合索引,效果如图 10.5 所示。

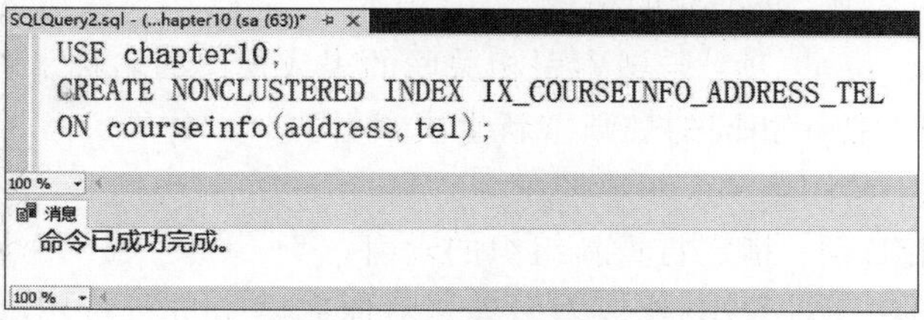

图 10.5　创建复合索引

从图 10.5 中可以看出,复合索引已经创建完成了。下面使用 sp_helpindex 系统存储过程查看表 courseinfo 中的索引,效果如图 10.6 所示。

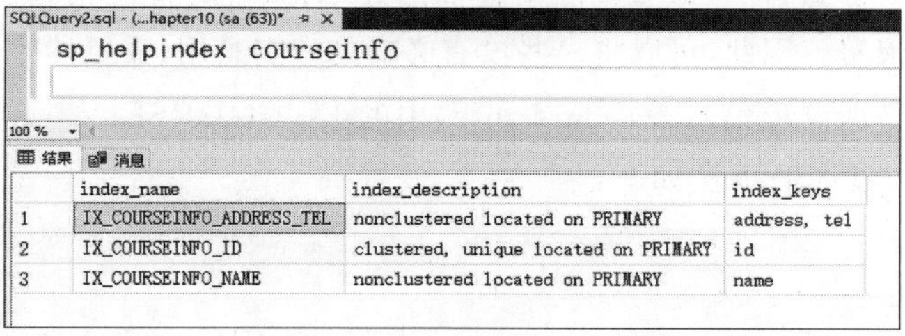

图 10.6　查看 courseinfo 中的索引

从图 10.6 所示的查询结果中可以看出,第 1 行就是新创建的复合索引,在 index_keys 列中标明了该索引是由 address 和 tel 列组成的。

10.3　修改索引

在 10.2 节中已经学习了如何创建索引,其实索引也是可以修改的,并且不仅可以使用语句修改,也可以通过 SSMS 修改,但不是可以对索引中的全部内容进行修改。

视频讲解

10.3.1　修改索引的语法

修改索引的语法与创建索引的语法有很大的区别,具体的语法如下:

```
ALTER INDEX index_name
    ON
    {
        [database_name]. table_or_view_name
    }
{[REBUILD]
    [ WITH ( < rebuild_index_option > [ ,...n ] ) ]
    [DISABLE]
```

SQL Server 2017数据库
从入门到实战—微课版

```
[REORGANIZE]
    [ PARTITION = partition_number ]
}
```

❏ index_name 项：索引的名称。

❏ database_name 项：数据库的名称。

❏ table_or_view_name 项：与该索引相关联的表或视图的名称。

❏ REBUILD 项：使用相同的规则重新生成索引。

❏ DISABLE 项：禁用索引。

❏ REORGANIZE 项：指定将重新组织的索引。

从上面的修改语法不难看出，修改索引只是对原有索引进行禁用、重新生成等操作，并不是直接更改原来索引的表和列。

10.3.2　禁用索引

索引有优点也有缺点，优点就是提高了查询的效率，但有时在一张数据表创建多个索引，也会造成对空间的浪费。因此，可以将一些没有必要的索引禁用，需要的时候再重新启用。

例 **10-4**　对培训课程信息表（courseinfo）中的 IX_COURSEINFO_NAME 索引禁用。根据题目要求，具体的语法如下：

```
USE chapter10;
ALTER INDEX IX_COURSEINFO_NAME
ON courseinfo
DISABLE;
```

通过上面的语法，可以将索引 IX_COURSEINFO_NAME 禁用。也就是说当查询 courseinfo 时该索引会失效，效果如图 10.7 所示。

图 10.7　使用 DISABLE 禁用索引

当用户希望使用该索引时，可以重新启用。启用索引时，只需要将上面语句中的 DISABLE 换成 ENABLE。

如何知道在一个数据表中哪些索引是禁用的、哪些索引是可以使用的呢？通过查询视图 sys.indexes 就可以了。由于在 sys.indexes 视图中列数众多，为了一目了然，可以只查询其中的索引名称列（name）和索引是否禁用列（is_disabled）。查询的语法如下：

```
SELECT name,is_disabled FROM sys.indexes;、
```

194

执行上面的语法,可以查询到索引是否被禁用了,查询效果如图 10.8 所示。

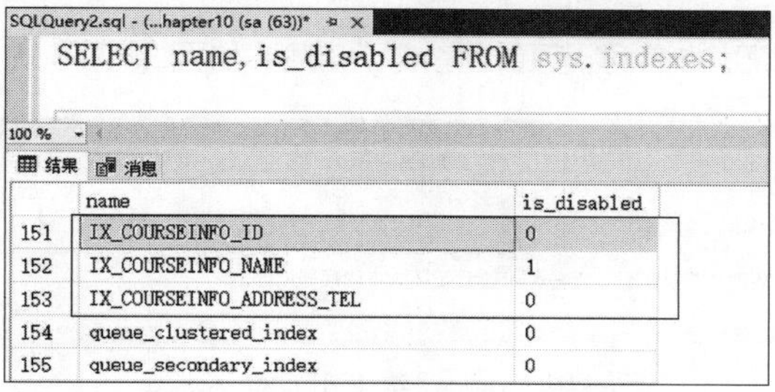

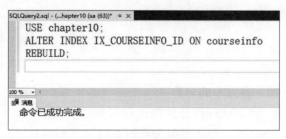

图 10.8 查看索引是否被禁用

从图 10.8 的查询结果中可以看出,只有名为 IX_COURSEINFO_NAME 的索引的 is_disabled 列的值是 1。如果 is_disabled 列的值是 1,则代表了该索引被禁用,相反,如果该列的值是 0,则代表了该索引是启用的。

10.3.3 重新生成索引

重新生成索引指将原来的索引删除再创建一个新的索引。重新生成索引的好处是可以减少获取请求数据所需的页读取数,以便提高磁盘性能。使用修改索引语法中的 REBUILD 关键字可以实现重新生成索引。

例 10-5 重新生成培训课程信息表(courseinfo)中的 IX_ COURSEINFO _ID 索引。

根据题目要求,使用 REBUILD 关键字重新生成索引,语法如下:

```
USE chapter10;
ALTER INDEX IX_ COURSEINFO _ID ON courseinfo
REBUILD;
```

执行上面的语法,可以重新生成索引,效果如图 10.9 所示。

图 10.9 重新生成索引

10.3.4 修改索引名

索引的名称与上一章中介绍的视图一样,都是可以修改的,并且都可以使用系统存储过程 sp_rename 来完成修改操作。下面就使用例 10-6 来演示如何修改索引的名称。

例 10-6 将名为 IX_ COURSEINFO _ID 的索引,名字改成 IX_NEW_ COURSEINFO _ID。

根据题目要求,修改索引名称的语法如下:

```
sp_rename 'courseinfo.IX_COURSEINFO_ID','IX_NEW_COURSEINFO_ID';
```

执行上面的语法,索引的名称就更改完成了,效果如图 10.10 所示。

图 10.10　给索引重命名

注意:在给索引进行重命名时,一定要将原来的索引名前面加上该索引在的表名,否则在数据库中查找不到。

10.4　删除索引

在前面介绍索引时提到过,索引既可以给数据库带来好处,也会造成数据库存储中的浪费。因此,当表中的索引不再需要时,就需要及时将索引删除。

10.4.1　删除索引的语法

像前面学习过的视图一样,也是通过 DROP 语句将索引删除的,具体的语法如下:

```
DROP INDEX
{
    index_name ON
    {
        [ database_name. [ schema_name ] . | schema_name. ]
            table_or_view_name
    }
[ ,...n ]
| [ owner_name. ] table_or_view_name.index_name
[ ,...n ]
}
```

❑ index_name 项:索引名称。
❑ database_name 项:数据库的名称。
❑ schema_name 项:该表或视图所属架构的名称。
❑ table_or_view_name 项:与该索引关联的表或视图的名称。

10.4.2　删除索引案例

从删除索引的语法可以看出,可以一次删除一到多个索引。为了让读者更好地掌握删除索引的方法,在本节中先通过例 10-7 讲解如何删除一个索引。

例 10-7　删除索引名为 IX_NEW_COURSEINFO_ID 的索引。

```
USE chapter10;
DROP INDEX IX_NEW_COURSEINFO_ID ON dbo.courseinfo;
```

执行上面的语法,效果如图 10.11 所示。

图 10.11 删除索引 IX_NEW_COURSEINFO_ID

有了例 10-7 删除单个索引的基础,删除多个索引不是问题。删除多个索引只需要把多个索引名依次写在 DROP INDEX 后面即可。下面通过例 10-8 学习如何同时删除多个索引。

例 10-8 删除索引名为 IX_NEW_COURSEINFO_ID、IX_COURSEINFO_NAME 的索引。

```
USE chapter10;
DROP INDEX
IX_NEW_COURSEINFO_ID ON dbo.courseinfo,
IX_COURSEINFO_NAME ON dbo.courseinfo;
```

执行上面的语法,效果如图 10.12 所示。

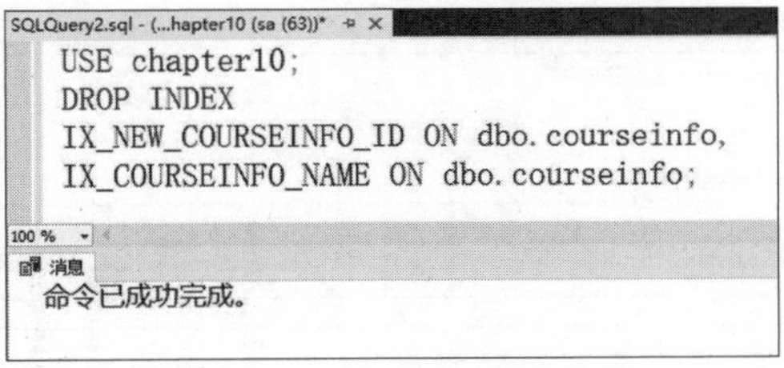

图 10.12 同时删除多个索引

10.5 使用 SSMS 操作索引

通过前面几节的学习,相信读者已经对索引的使用有所了解了,但是 SQL 语句比较复杂,本节中将讲解如何在 SSMS 中轻松完成对索引的操作。

视频讲解

10.5.1 使用 SSMS 创建索引

创建索引的语法中有些关键字比较难记,那么,在 SSMS 中创建索引就省去了很多的麻烦。下面以例 10-9 演示如何在 SSMS 中创建索引,创建每一个索引的步骤如下。

例 10-9 使用 SSMS 中创建例 10-1 中的索引 IX_COURSEINFO_ID。

在 SSMS 中,创建索引分为如下 4 个步骤。

(1) 在 SSMS 的"对象资源管理器"中,展开"chapter10"数据库节点,并在该节点下展开"courseinfo"表节点,并右击"索引"选项,在弹出的快捷菜单中选择"新建索引"→"聚集索引"选项,如图 10.13 所示。

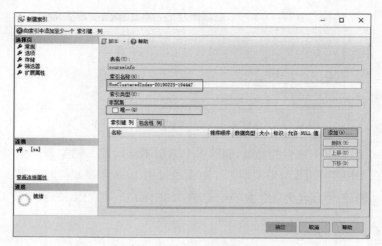

图 10.13　新建索引界面

（2）在图 10.13 所示的界面中,输入索引名称再选中"唯一"复选框,并单击"添加"按钮添加索引键所需的列。这里,索引名称是 IX_COURSEINFO_ID,添加索引需要的列为 id。

（3）添加索引设置的列。在图 10.13 所示的界面中单击"添加"按钮,弹出如图 10.14 所示界面。

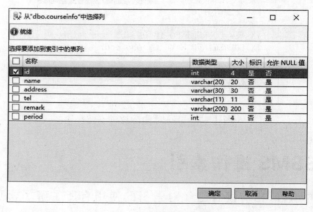

图 10.14　选择添加索引列

在图 10.14 所示界面中,单击要设置成索引的列,这里将 id 选中,并单击"确定"按钮,即可完成索引列的添加操作。

（4）完成前 3 步操作后,单击图 10.13 所示界面中的"确定"按钮,即可完成索引 IX_COURSEINFO_ID 的创建。

10.5.2　使用 SSMS 修改索引

在 10.3 节中,已经学习使用 SQL 语句修改索引,包括禁用索引、重新生成索引以及修改索引名的操作。下面分别通过例 10-10、例 10-11、例 10-12 演示在 SSMS 中如何禁用索引、重新生成索引、重命名索引。同时,用户也会体会到使用 SSMS 修改索引的便利。

例 **10-10** 禁用例 10-9 中新创建的索引 IX_ COURSEINFO_ID。

在 SSMS 中,禁用索引分为以下步骤。

(1) 在 SSMS 的"对象资源管理器"中,展开"chapter10"数据库节点,并在该节点下展开"courseinfo"表节点,再展开"索引"节点,在其节点下右击名为"IX_COURSEINFO_ID"的索引,在弹出的快捷菜单中选择"禁用"选项,弹出如图 10.15 所示的界面。

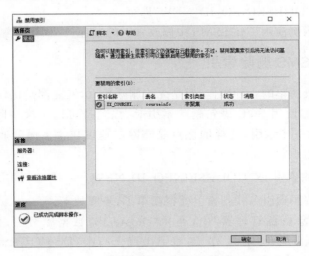

图 10.15 禁用索引 IX_COURSEINFO_ID

(2) 在图 10.15 所示的界面中单击"确定"按钮,即可完成禁用索引的设置操作。

例 **10-11** 重新生成索引 IX_ COURSEINFO_ID。

在 SSMS 中,重新生成索引需要以下步骤完成。

(1) 在 SSMS 的"对象资源管理器"中,展开"chapter10"数据库节点,并在该节点下展开"courseinfo"表节点,再展开"索引"节点,在其节点下右击名为"IX_COURSEINFO_ID"的索引,在弹出的快捷菜单中选择"重新生成"选项,弹出如图 10.16 所示的界面。

图 10.16 重新生索引界面

（2）在图 10.16 所示界面中单击"确定"按钮，即可重新生成该索引。

例 10-12 将索引 IX_COURSEINFO_ID 重新命名为 IX_COURSEINFO _ID_NEW。

在 SSMS 中也可以修改索引的名称，通过一个步骤可以完成。在 SSMS 中，展开"chapter10"数据库节点，并在该节点下展开"courseinfo"表节点，再展开"索引"节点，在其节点下右击名为"IX_COURSEINFO_ID"的索引，在弹出的快捷菜单中选择"重命名"选项，将其名称改为"IX_COURSEINFO_ID_NEW"即可。

通过上面 3 个示例演示了在 SSMS 中修改索引的过程。

10.5.3 使用 SSMS 删除索引

删除索引是比较简单的一种操作，但是无论删除什么，恢复都是比较困难的。因此一定要慎重。在前面讲解使用 SQL 语句删除索引时，提到过可以一次删除多个索引，但使用 SSMS 只能一次删除一个索引，这样的优点是删除的速度快。下面就通过例 10-13 讲解如何在 SSMS 中删除索引。

例 10-13 删除索引 IX_COURSEINFO_ID_NEW。

删除索引只要按照索引名找到索引就很简单了，步骤如下。

在 SSMS 的"对象资源管理器"中，展开"chapter10"数据库节点，并在该节点下展开"courseinfo"表节点，再展开"索引"节点，在其节点下右击"IX_COURSEINFO_ID_NEW"节点，在弹出的快捷菜单中选择"删除"选项，弹出如图 10.17 所示的对话框。

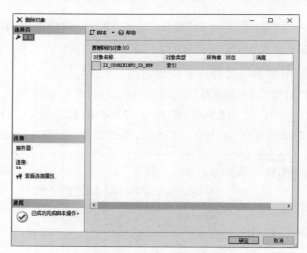

图 10.17 "删除对象"对话框

在图 10.17 所示的对话框中单击"确定"按钮，即可将索引 IX_COURSEINFO_ID_NEW 删除了。

10.6 本章小结

本章主要讲解了索引的分类、创建、修改以及删除的操作。在索引分类中，主要讲解了索引中的聚集索引和非聚集索引的作用；在创建索引中，除了讲解创建索引的语法外，还分别演示了聚集索引、非聚集索引以及复合索引的创建；在修改索引时，着重讲解了如何禁用索引、重新生成索引以及重命名索引；在删除索引时，讲解了一次删除一个或多个索引。最后，还讲解了索引如何在 SSMS 中使用。

10.7 本章习题

一、填空题

1. 聚集索引在一张表中允许有_____个。

2. 禁用索引的关键字是_____。

3. 删除索引的关键字是_____。

二、选择题

1. 关于索引下列叙述正确的是（　　）。

　　A. 在一张表中可以有多个聚集索引和非聚集索引

　　B. 在一张表中只能有一个聚集索引

　　C. 在一张表中只能有一个非聚集索引

　　D. 以上都对

2. 下面对索引的操作描述正确的是（　　）。

　　A. 索引不能删除　　　　　　　　　　B. 使用语句一次只能删除一个索引

　　C. 使用语句一次可以删除多个索引　　D. 以上都不对

3. 重新生成索引的关键字是（　　）。

　　A. REUSE　　　　　　B. RENEW　　　　　　C. REBUILD　　　　　D. 以上都不对

三、操作题

对于培训课程信息表（表 10.1）完成下列索引操作。

（1）给培训课程信息表的 id 列创建聚集索引。

（2）禁用给培训课程信息表的 id 列中创建的索引。

（3）重新生成给培训课程信息表的 id 列中的索引。

（4）将给培训课程信息表的 id 列中创建的索引更名。

（5）将给培训课程信息表的 id 列中创建的索引删除。

第11章

T-SQL 语言基础

T-SQL 中的 T 是 Transact 的缩写，它是在标准 SQL 基础上改进的并且在 SQL Server 数据库中使用的 SQL 语言。在 T-SQL 中，集合了 ANSI89 和 ANSI92 标准，并在此基础上对其扩展。因此，T-SQL 并不适用于所有的数据库，仅可以在 SQL Server 中使用。打个比方，SQL 可以比作是普通话，而 T-SQL 就是方言，只能在某个地区使用。

本章主要知识点如下：

❑ 了解 T-SQL 语法规则；

❑ 什么是变量和常量；

❑ 如何使用流程控制语句；

❑ 如何使用游标；

❑ 如何使用事务。

11.1 了解 T-SQL 语法规则

每一门编程语言都有语法规则，SQL 语句也有其语法规则。在 T-SQL 中通常包括的基本语法有使用的变量、常量以及流程控制语句，下面就一一介绍。

1. 使用的常量和变量

在前面的章节中虽然也使用过 SQL 语句，但是这些 SQL 语句都是通过一条语句完成某一个操作。例如，使用 INSERT 语句向数据表添加一条数据；使用 UPDATE 语句更新数据表中的一条数据。常量和变量通常不会在以上 SQL 语句中出现，而是在一个或多个语句块中使用。所谓语句块，就是由多条 SQL 语句组成的一组 SQL 语句。

2. 流程控制语句

流程控制语句是指用来控制执行语句的先后顺序的，能够按一定的条件控制执行 SQL 语句。在 SQL 中的流程控制语句，与常见的编程语言，如 C♯语言或 Java 语言使用方法类似。此外，SQL 中也有捕获异常的语句。

11.2 常量和变量

常量也称为文字值或标量值,是表示一个特定数据值的符号。常量的格式取决于它所表示值的数据类型。在对数据的操作中要经常使用常量,例如,在 SELECT 语句中,可以使用常量构建查询条件。变量则是相对于常量而说的,变量的值是可以改变的,通常会设置一个标识符存储变量。

视频讲解

11.2.1 常量

在 SQL Server 中,所有基本的数据类型表示的值都可以作为常量使用。常量主要包括字符串常量、二进制常量、日期和时间常量、整型常量和数值型常量等。下面依次对各种类型的常量举例说明。

(1)字符串类型常量。字符串常量包含字母、数字字符以及特殊字符,如感叹号(!)、at符(@)和数字号(♯)。此外,字符串常量要用单引号括住。下面是字符串常量的例子。

```
'today'
'2018@126.com'
```

(2)二进制常量。所谓二进制常量是用二进制数表示的数。在 SQL Server 数据库中,二进制数使用十六进制的形式标识,前缀是 0x。这部分常量不必使用单引号括住,该常量不仅可以表示具体的数值,也可以表示二进制字符串。下面是二进制常量的例子。

```
0xmorning
0x12E
0x (空二进制字符)
```

(3)日期和时间常量。日期和时间常量是由 datetime 类型的数据组成的。该常量要使用特定形式的字符日期值来表示,并且也要用单引号括起来。日期和时间常量格式有很多,读者可以参考本书第 3 章数据类型部分的内容。下面看如何表示日期和时间类型的常量。

```
'23 May, 2012'
'20120101'
'06/1/2012'
'9:05:11'
'05:24 PM'
```

从上面的例子可以看出,前 3 个例子表示的是日期类型的常量,而后面的 2 个例子表示的是时间类型的常量。不论是哪种类型的常量,读者都要按照日期和时间类型数据的格式写,并且一定要用单引号括住。

(4)整型常量。整型常量是指不包含小数点的数,整型常量也不必用单引号括住。下面是整型常量的例子。

```
2012
5
```

（5）数值型常量。数值型常量比整型常量表示的范围广一些，不仅包含整数也包含小数，但无论是整数还是小数都不需要使用单引号括住。下面是数值型常量的例子。

```
2012.13
3.0
```

上面是对 5 种主要常量的讲解，可以将这些常量应用到 T-SQL 语言中。在讲解例 11-1 之前，需要先创建本章使用的数据库 chapter11。

例 11-1　在数据库 chapter11 中，创建商品信息表 productinfo 存放商品信息，表结构如表 11.1 所示，再在此表中存放如表 11.2 所示的数据。使用 T-SQL 语句，将办公类商品的价格上调 10 元。

表 11.1　商品信息表（productinfo）

编号	列名	数据类型	说明
1	id	int	编号，主键
2	name	varchar(20)	商品名称
3	price	decimal(6,2)	商品价格
4	ptype	varchar(20)	商品类型
5	address	varchar(15)	商品产地
6	tel	varchar(15)	厂商电话

表 11.2　商品信息表中的数据

编号	商品名称	商品价格	商品类型	商品产地	厂商电话
1	鼠标	35	办公	北京	010-12345678
2	咖啡杯	100	生活	上海	021-12345678
3	水性笔	10	办公	沈阳	024-12345678

有了数据表和数据，现在编写 SQL 语句，具体的语法如下：

```
USE chapter11;
UPDATE productinfo SET price = price + 10 WHERE type = '办公';
```

执行上面的语法，可以将商品信息表中价格列的信息更新。这里哪个是使用的常量呢？就是 10 这个整型常量。

说明：常量不仅可以放置在 SET 语句中，而且可以在 SQL 语句中任何子句里出现，并且可以参与计算，但在计算时要注意数据类型的转换。

11.2.2　变量

T-SQL 语句中的变量主要应用在后面讲解的流程控制语句中。变量主要包括局部变量和全局变量。局部变量是指用户自定义的变量，而全局变量是指 SQL Server 数据库中系统自带的一些变量。下面分别讲解局部变量和全局变量的使用。

1. 局部变量

T-SQL 局部变量必须先声明后使用，并且在声明时要指定变量的数据类型，声明数据类型后，该变量就只能存在该类型的数据了。局部变量是如何声明和赋值的，介绍如下。

（1）声明局部变量。在 T-SQL 中，局部变量使用 DECLARE 关键字声明，并且可以一次声明多个变量。特别需要注意的是，局部变量名前都要加上前缀@，具体语法形式如下：

```
DECLARE @var_name datatype,@var_name datatype,...;
```

❑ @var_name：var_name 是变量名，@是局部变量的前缀。
❑ datatype：数据类型。该数据类型是系统内置的数据类型。
变量是如何定义的，举例如下：

```
DECLARE @name varchar (20), @age int;
```

上面的语法分别定义了一个字符串类型变量@name 和一个整型变量@age。

（2）给变量赋值。知道了变量如何声明后，要学习的是如何给变量赋值。局部变量的赋值通常有两种方法：一种是使用 SET 关键字赋值，另一种是使用 SELECT 关键字赋值，语法说明如下：

```
SET @var_name = value;
```

❑ var_name：var_name 是变量名，必须是在前面已经声明过的变量名。
❑ value：给变量赋的值。该值一定要与变量的数据类型匹配。

```
SELECT @var_name = value, @var_name = value,...
```

通过上面的语法可以得出，使用 SET 和 SELECT 都可以为局部变量赋值，并且赋值的方法很相似，但它们也是有区别的。使用 SET 关键字对局部变量赋值，一次只能给一个变量赋值，而使用 SELECT 关键字对局部变量赋值，一次可以给多个变量赋值。

下面通过例 11-2 演示如何在 T-SQL 语句中使用局部变量。

例 11-2　分别定义商品名称和价格的变量，并给其赋值。

```
DECLARE @name varchar (30), @price decimal (6, 2);
SET @name = '登山包';
SET @price = 305.5;
```

执行上面的语法，可以完成声明变量和对变量赋值的操作。这里使用的是 SET 语句对变量赋值，请读者练习使用 SELECT 语句替换 SET 语句完成例 11-2，效果如图 11.1 所示。

说明：如果想查看赋值后变量的值，可以通过 PRINT 语句将其值输出，也可以直接使用 SELECT 语句显示变量值。要显示例 11-2 中变量@name 的值，可以使用以下方法。

```
PRINT @name;
```

```
SQLQuery1.sql - (...hapter11 (sa (52))*  ⊕ ×
 DECLARE @name varchar (30), @price decimal (6, 2);
 SET @name='登山包';
 SET @price=305.5;
100 %  ▾  ◂
 消息
  命令已成功完成。
```

图 11.1   局部变量的声明和赋值

或者

SELECT @name;

2. 全局变量

全局变量是系统自带的变量,不需要定义可以直接使用。在 SQL Server 数据库中,全局变量是以"@@"为前缀的,常用的全局变量如表 11.3 所示。

表 11.3   常用的全局变量

序 号	变 量 名	说 明
1	@@ERROR	存储上一次执行语句的错误代码
2	@@IDENTITY	存储最后插入行的标识列的值
3	@@VERSION	存储数据库的版本信息
4	@@ROWCOUNT	存储上一次执行语句影响的行数
5	@@FETCH_STATUS	存储上一次 FETCH 语句的状态值

表 11.3 所示的全局变量如何使用呢?下面通过例 11-3 演示如何使用全局变量。

例 11-3   通过全局变量查看当前数据库的版本信息。

显示版本信息所用的全局变量是@@VERSION,具体的语法如下:

SELECT @@VERSION;

效果如图 11.2 所示。

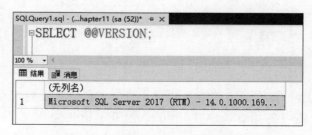

图 11.2   全局变量@@VERSION 的使用

通过图 11.2 中可以看出,全局变量直接在 SELECT 语句中使用可以查出结果。除了在 SELECT 语句中使用外,还经常用在 11.3 节所讲解的流程控制语句中。

11.3 流程控制语句

流程控制语句是 T-SQL 语句中的主要组成部分。它通常在后面要学习的存储过程、触发器等数据库对象中使用。T-SQL 中的流程控制语句主要包括 BEGIN … END 语句、IF 语句、WHILE 语句、CASE 语句、WAITFOR 语句以及异常处理的 TRY…CATCH 语句。本节将逐一介绍这些语句。

11.3.1 BEGIN…END 语句

BEGIN…END 语句相当于程序设计语句中的一对括号，在括号中存放一组 T-SQL 语句。在 BEGIN…END 中的语句可以视为一个整体，虽然 BEGIN 和 END 表示的含义相当于一对括号，但是绝对不能用括号来代替，它们是 T-SQL 语句中的关键字，具体的语法如下：

```
BEGIN
{
    sql_statement | statement_block
}
END
```

❑ BEGIN…END 为语句关键字，它允许嵌套。

❑ {sql_statement|statement_block}项，指任何有效的 T-SQL 语句或语句块。所谓语句块，是指多条 SQL 语句。

11.3.2 IF 语句

IF 语句主要对 T-SQL 语句进行条件判断，是使用最频繁的语句之一。它的执行过程是如果满足 IF 条件则执行 IF 后面的语句，否则就不执行。此外，在 IF 条件语句中，还可以选用 ELSE 关键字，作为不满足 IF 条件时要执行的语句，具体的语法如下：

```
IF (boolean_expression)
BEGIN
    { sql_statement | statement_block }
END
[ ELSE
BEGIN
    { sql_statement | statement_block }
END ]
```

❑ boolean_expression：必须是能够返回 TRUE 或 FALSE 值的表达式。

❑ {sql_statement|statement_block}：任何 T-SQL 语句或语句块。

在上面的语法中，IF 后面的小括号是可以省略的，但是建议读者不要省略，以免降低程序的可读性。

下面通过例 11-4 演示如何使用 IF 语句。

例 11-4 使用 IF 语句判断变量的值是否为偶数，如果偶数，输出"该数是偶数"，否则输出"该数是奇数"。

根据题目要求,具体的语法如下:

```
DECLARE @num int;
SET @num = 10;
IF (@num % 2 = 0)
BEGIN
PRINT '该数是偶数';
END
ELSE
BEGIN
PRINT '该数是奇数';
END
```

执行上面的语法,效果如图11.3所示。

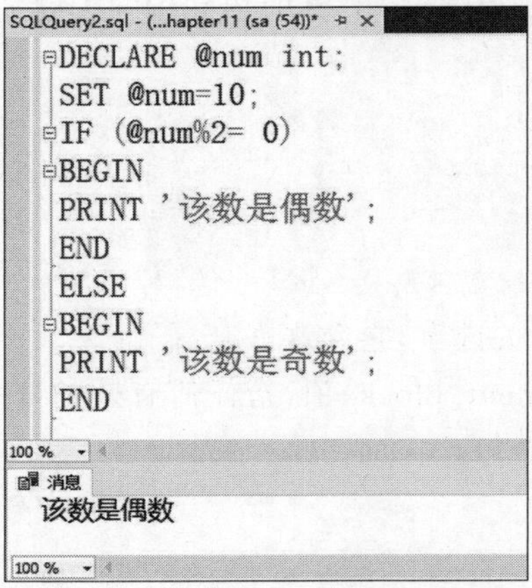

图11.3　IF语句的使用

11.3.3　WHILE 语句

WHILE 语句是循环语句,用于重复执行符合条件的 SQL 语句或语句块,只要满足 WHILE 后面的条件就重复执行语句。那会不会出现不停地执行 WHILE 中的语句呢?当然会了,我们把这种一直重复执行的语句称为死循环。如果想避免死循环的发生,就要为 WHILE 循环设置合理的判断条件,并且可以使用 BREAK 和 CONTINUE 关键字控制循环语句的执行,具体的 WHILE 语句语法形式如下:

```
WHILE (Boolean_expression)
BEGIN
{ sql_statement | statement_block }
END
```

❑ Boolean_expression:必须是能够返回 TRUE 或 FALSE 值的表达式。

❑ {sql_statement|statement_block}:T-SQL 语句或语句块。

前面已经提到过在循环中可以使用 BREAK 和 CONTINUE 控制循环语句的执行。实际上,它们的作用就是跳出循环,也是避免发生死循环的重要手段。接下来介绍一下它们的作用。

❑ BREAK：跳出 WHILE 循环，使 WHILE 循环终止。

❑ CONTINUE：结束本次的 WHILE 循环，继续下一次循环。

下面通过例 11-5 演示如何使用 WHILE 语句。

例 11-5 使用 WHILE 循环输出 1～10 的数，其中不包括 5。

根据题目要求，具体的语法如下：

```
DECLARE @i int;              -- 声明变量
SET @i = 0;                  -- 赋值
WHILE (@i <= 9)              -- WHILE 循环开始
BEGIN
SET @i = @i + 1;
BEGIN
IF (@i = 5)
BEGIN
CONTINUE;                    -- 当@i = 5 时结束当前循环,继续下一次循环
END
PRINT @i;
END
END
```

执行上面的语法，效果如图 11.4 所示。

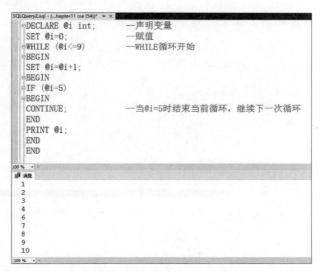

图 11.4　WHILE 语句的使用

从图 11.4 的输出结果可以看出，当 @i 是 5 的时候，并没有将其值输出。如果将 CONTINUE 换成 BREAK，效果又会是什么样的呢？请读者自己试试。

11.3.4　CASE 语句

CASE 语句与 IF 类似都被称为选择语句。但是，CASE 语句不同于 IF 的是，CASE 语句中的表达式允许不是布尔类型的。有一些 CASE 语句是可以直接用 IF 语句转换的，CASE 语句的基本语法如下：

```
CASE input_expression
WHEN when_expression THEN result_expression
  [ ...n ]
  [
 ELSE else_result_expression
  ]
END
```

❑ input_expression：条件，任意表达式。

❑ when_ expression：条件，任意表达式，但是该表达式的结果必须要与 input_ expression 表达式结果的数据类型一致。

❑ result_expression：当 input_expression＝when_expression 的结果为 TRUE 时返回的表达式。

❑ else_result_expression：如果前面的 when_expression 条件全都不满足时返回的表达式。

如果省略了 CASE 后面的条件，此时的 CASE 语句就被称为搜索式的 CASE 语句。当成为搜索式的 CASE 语句后，WHEN 关键字后面的表达式结果必须是布尔类型的值。

下面通过例 11-6 演示如何使用 CASE 语句。

例 11-6 查询商品信息表（productinfo），并使用 CASE 语句运算，当商品的类型是生活类时，将其价格涨 10 元；当商品的类型是办公类时，将其价格降 5 元。

根据题目要求，具体的语法如下：

```
USE chapter11;
SELECT name AS '商品名称',ptype AS '商品类型',price AS '原来的商品价格',
  '新商品价格' = CASE ptype
                WHEN '生活' THEN price + 10
                WHEN '办公' THEN price - 5
                END
FROM productinfo;
```

执行上面的语法，效果如图 11.5 所示。

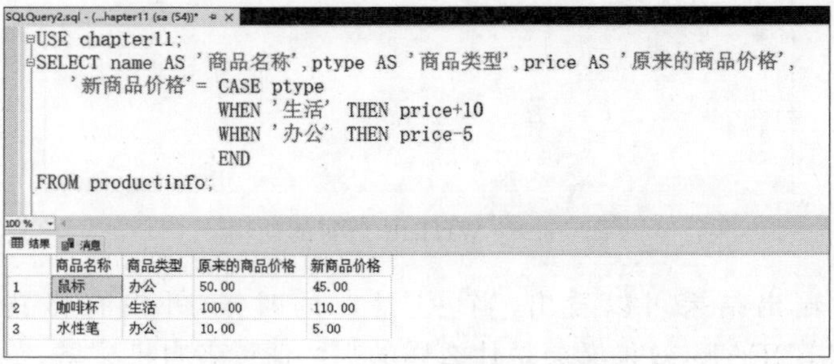

图 11.5　CASE 语句的使用

上面例子使用的是一般情况下的 CASE 语句，下面通过例 11-7 演示如何使用搜索式的 CASE 语句。

例 11-7 查询商品信息表（productinfo），并使用 CASE 语句对商品进行价格分类。当价格大于 50 元，显示"高价商品"，当价格大于 10 元，显示"正价商品"，当价格小于 10 元时,显示"促销商品"。

根据题目要求,具体的语法如下:

```
SELECT name AS '商品名称', ptype AS '商品类型', price AS '商品价格',
    '商品分类' = CASE
                WHEN price >= 50 THEN '高价商品'
                WHEN price >= 10 THEN '正价商品'
                WHEN price < 10 THEN '促销商品'
                END
FROM productinfo;
```

执行上面的语法,效果如图 11.6 所示。

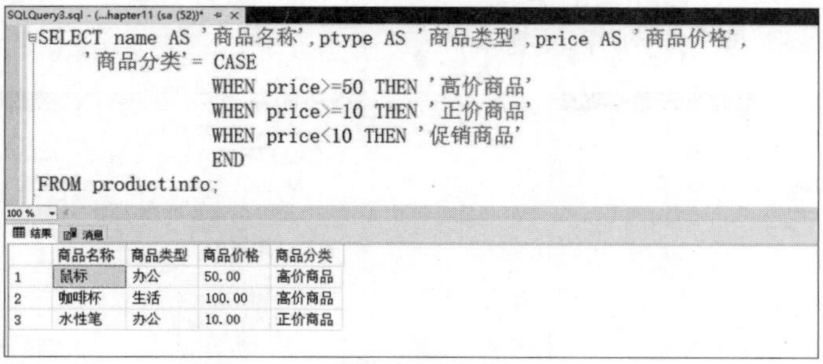

图 11.6　搜索式 CASE 语句的使用

11.3.5　WAITFOR 语句

WAITFOR 语句可以控制语句执行的时间。例如,1 分钟后执行语句或者在 13:00 执行语句等。但是,一定要记住的是 WAITFOR 语句只能够控制在 24 小时的时间范围之内,具体的语法如下:

```
WAITFOR
{ DELAY 'time_to_pass'
  | TIME 'time_to_execute'
}
```

❑ time_to_pass 项:等待多长时间可以执行。

❑ time_to_execute 项:设置语句的具体执行时间。

下面通过例 11-8 演示如何使用 WAITFOR 语句。

例 11-8　使用 WAITFOR 语句完成下列操作。

(1) 在 10 秒钟后,查询商品信息表(productinfo)中商品名称(name)信息。

(2) 在 21:25:50 时,查询商品信息表(productinfo)中商品名称(name)和商品价格(price)的信息。

根据题目要求,依次完成下列操作。

(1) 根据题目要求,要在 10 秒钟后执行语句,那么使用 WAITFOR 语句的 DELAY 语句完成即可,具体的语法如下:

```
USE chapter11;
WAITFOR DELAY '00:00:10';
SELECT name FROM productinfo;
```

执行上面的语法,效果如图 11.7 所示。

(2)根据题目要求,要在 21 时 25 分 50 秒时执行语句,那么就使用 WAITFOR 语句中的 TIME 语句完成,具体的语法如下:

```
USE chapter11;
WAITFOR TIME '21:25:50';
SELECT name, price FROM productinfo;
```

执行上面的语法,效果如图 11.8 所示。

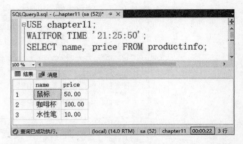

图 11.7　WAITFOR 语句中的 DELAY 语句　　　图 11.8　WAITFOR 语句中 TIME 语句的使用

从上面的执行效果可以看出,在执行上面的语句时距离"21:25:50"有 22 秒,即在等待了 22 秒后执行语句。

11.3.6　TRY…CATCH 语句

TRY…CATCH 语句是捕获异常的语句。如果学习过 C♯ 或者是 Java 语言的读者,对捕获异常一定不陌生了,就是当语句出现错误时处理错误的一种语句。但是,它并不能将错误修改,只是能够获得一些错误信息。下面介绍 T-SQL 语句中 TRY…CATCH 语句的语法形式。

```
BEGIN TRY
    { sql_statement | statement_block }
END TRY
BEGIN CATCH
    { sql_statement | statement_block }
END CATCH
[ ; ]
```

❑ sql_statement | statement_block：任何 T-SQL 语句或语句块。

❑ BEGIN TRY…END TRY：在 TRY 之间的语句,是可能会发生异常的一些语句。

❑ BEGIN CATCH…END CATCH：在 CATCH 之间的语句是当 TRY 之间的语句出现异常时执行的语句。通常在 CATCH 语句中,可以获取到相应的错误号以及错误信息。获取错误信息可以使用的函数如表 11.4 所示。

表 11.4　获取错误信息的常用函数

序　　号	函　数　名	说　　　明
1	ERROR_NUMBER()	返回错误号
2	ERROR_STATE()	返回错误状态号
3	ERROR_PROCEDURE()	返回出现错误的存储过程或触发器名称
4	ERROR_LINE()	返回导致错误的例程中的行号
5	ERROR_MESSAGE()	返回错误消息的内容

下面通过例 11-9 演示如何在 T-SQL 语句中捕获异常。

例 11-9　使用 TRY…CATCH 语句捕获异常,向商品信息表中插入一条数据。商品编号列(id)插入 1,并显示错误号和错误信息。

根据题目要求,向商品信息表中插入数据,由于在商品信息中商品编号列是主键。因此,再插入编号是 1 的数据,就会出现错误,具体的语法如下:

```
USE chapter11;
BEGIN TRY
INSERT INTO productinfo(id,name,price)VALUES(1,'橡皮',2);
END TRY
BEGIN CATCH
SELECT
ERROR_NUMBER() AS '错误号',
ERROR_MESSAGE() AS '错误信息';
END CATCH;
```

执行上面的代码,效果如图 11.9 所示。

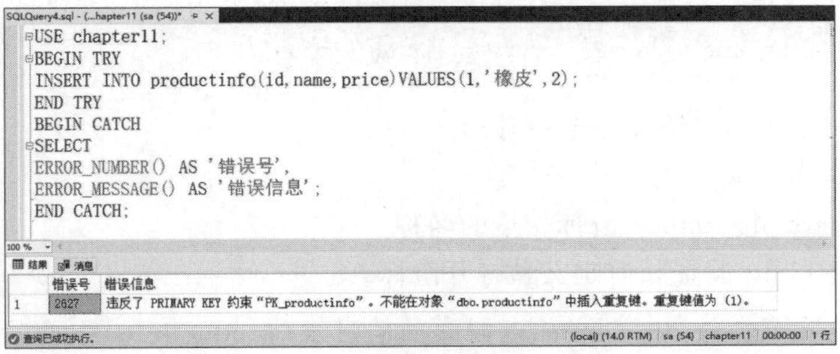

图 11.9　TRY…CATCH 的使用

从图 11.9 所示的结果可以看出,通过捕获异常可以很容易知道语句出现了什么问题。读者可以在上面的例子中,将其他获取错误消息函数试着使用,并查看其效果。

11.4　游标

用户在数据库中查询数据时,查询的结果都是一组数据或者说是一个数据集合。如果想查看其中的某一条数据,只能通过 WHERE 条件语句控制。使用 WHERE 语句控制的方法固然简单,但是缺乏灵活性,如果查看

视频讲解

每条数据都要使用 WHERE 语句较麻烦。为了改善 WHERE 语句带来的不便,在 SQL Server 中提供了游标这种操作结果集的方式。

11.4.1　定义游标

游标与前面学习过的变量一样,都是要先定义再使用的。与定义变量的方法类似,使用 DECLARE 关键字定义,具体的语法如下:

```
DECLARE cursor_name [ INSENSITIVE ] [ SCROLL ] CURSOR FOR select_statement [ FOR { READ ONLY |
UPDATE [ OF column_name [ ,...n ] ] } ]
[;]
```

- cursor_name:游标的名称。遵循标识符定义的规则。
- INSENSITIVE:指定创建所定义的游标使用的数据临时副本。也表明该游标的所有请求均在 tempdb 得到回应,该游标不允许修改。
- SCROLL:指定游标的提取方式(FIRST、LAST、PRIOR、NEXT、RELATIVE、ABSOLUTE)。
- select_statement 项:SELECT 语句。
- READ ONLY:禁止通过该游标进行更新。
- UPDATE [OF column_name [,...n]]:声明游标中能够更新的列。

11.4.2　打开游标

游标与其他数据库对象不同,不仅要定义游标,还要在使用游标之前打开游标。打开游标使用 OPEN 关键字,具体的语法如下:

```
OPEN { { [ GLOBAL ] cursor_name } | cursor_variable_name }
```

- GLOBAL:表示该游标是全局游标。
- cursor_name:游标的名称。
- cursor_variable_name:游标变量的名称。

下面通过例 11-10 验证如何定义和打开游标。

例 11-10　定义游标 db_cursor 查询商品信息表(productinfo)中商品名称(name)和商品价格(price),并使用 OPEN 语句打开该游标。

根据题目要求,具体的语法如下:

```
USE chapter11;
DECLARE db_cursor SCROLL CURSOR FOR SELECT name, price FROM productinfo;
OPEN db_cursor;
```

执行上面的语句,效果如图 11.10 所示。

11.4.3　读取游标

读取游标使用 FETCH 关键字组成的语句完成,具体的语法如下:

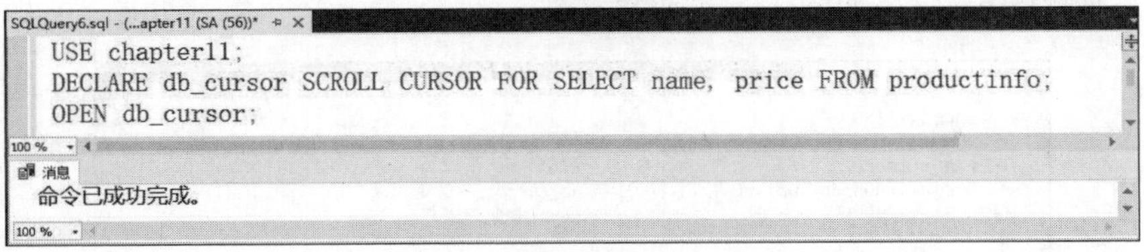

图 11.10 定义和打开游标的应用

```
FETCH
    [ [ NEXT | PRIOR | FIRST | LAST
          | ABSOLUTE n
          | RELATIVE n
      ]
      FROM
    ]
{ { [ GLOBAL ] cursor_name } | @cursor_variable_name }
[ INTO @variable_name [ ,...n ] ]
```

- □ NEXT：表示返回结果集中当前记录的下一条记录。如果是第一次读取记录返回的是第 1 条记录。
- □ PRIOR：表示返回结果集中当前记录的上一条记录。如果是第一次读取记录则不返回任何记录。
- □ FIRST：返回结果集中的第一条记录。
- □ LAST：返回结果集中的最后一条记录。
- □ ABSOLUTE n：如果 n 为正数，则返回从游标中读取第 n 行记录；如果 n 为负数，返回游标中从最后一行算起的第 n 行记录。
- □ RELATIVE n：如果 n 为正数，则返回从当前行开始的第 n 行记录；如果 n 为负数，则返回从当前行开始的向前的第 n 行记录。
- □ GLOBAL：全局游标。
- □ cursor_name：游标名称。
- □ @cursor_variable_name：游标变量名。
- □ INTO @variable_name[,...n]：将提取出来的数据存放到局部变量中。

[例] **11-11** 创建游标 db_cursor1，查询商品信息表（productinfo）中的商品名称（name）、商品价格（price）以及商品产地（address），并使用 FETCH 语句读取游标中的数据。

根据题目要求，具体的语法如下：

```
USE chapter11;
DECLARE db_cursor1 SCROLL CURSOR FOR SELECT name,price,address FROM productinfo;
OPEN db_cursor1;                   -- 打开游标
FETCH NEXT FROM db_cursor1         -- 读取 db_cursor1 中第 1 条记录
WHILE @@FETCH_STATUS = 0           -- 判断 FETCH 命令的状态
BEGIN
FETCH NEXT FROM db_cursor1         -- 向下逐条读取 db_cursor1 中的记录
END
```

执行上面的语句,效果如图 11.11 所示。

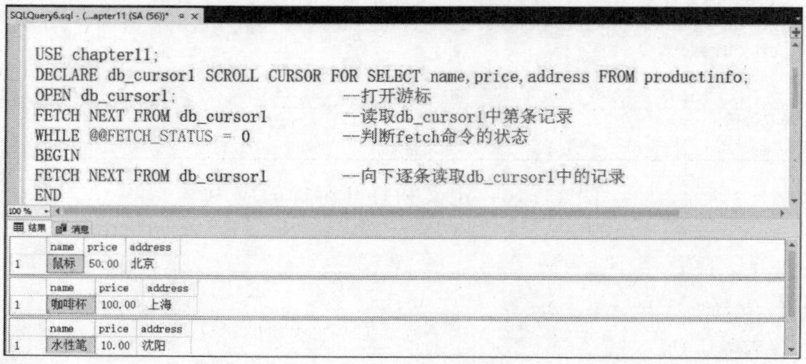

```
SQLQuery6.sql - (...apter11 (SA (56))*  ⇋ ×
USE chapter11;
DECLARE db_cursor1 SCROLL CURSOR FOR SELECT name,price,address FROM productinfo;
OPEN db_cursor1;                        --打开游标
FETCH NEXT FROM db_cursor1              --读取db_cursor1中第条记录
WHILE @@FETCH_STATUS = 0               --判断fetch命令的状态
BEGIN
FETCH NEXT FROM db_cursor1              --向下逐条读取db_cursor1中的记录
END
```

图 11.11　使用 FETCH 语句查询游标中的数据

11.4.4　关闭和删除游标

数据库占用内存,在使用后要将数据库关闭。实际上,任何一个数据库对象都占用内存,游标也不例外。因此,在游标完成了特定任务后,一定要将其关闭。如果游标以后不再使用,还可以将游标删除。下面分别学习如何关闭和删除游标。

1. 关闭游标

关闭游标后游标就不能再使用,也不能再读取游标中的内容。但是,游标是可以重新打开的,关闭游标的具体语法如下:

```
CLOSE {{[GLOBAL] cursor_name} | cursor_variable_name}
```

❏ GLOBAL:全局游标。

❏ cursor_name:要关闭的游标名称。

❏ cursor_variable_name:游标变量的名称。

2. 删除游标

删除游标使用的不是 DELETE 或者 DROP,删除游标使用的是 DEALLOCATE 关键字。删除后的游标不能够再恢复了,删除游标的语法如下:

```
DEALLOCATE {{[GLOBAL] cursor_name} | @cursor_variable_name}
```

❏ cursor_name:要删除的游标名称。

❏ cursor_variable_name:变量的名称。

至此,对游标的操作已经介绍完毕。下面通过例 11-12 应用所学的游标操作。

例 11-12　创建游标 db_cursor2,查询商品信息表(productinfo)中的全部信息,并使用 FETCH 读取数据,最后将游标先关闭再删除。

根据题目要求,具体的语法如下:

```
USE chapter11;
DECLARE db_cursor2 SCROLL CURSOR FOR SELECT * FROM productinfo;
```

```
OPEN db_cursor2;                      -- 打开游标
FETCH NEXT FROM db_cursor2            -- 读取 db_cursor2 中第 1 条记录
WHILE @@FETCH_STATUS = 0             -- 判断 FETCH 命令的状态
BEGIN
FETCH NEXT FROM db_cursor2            -- 向下逐条读取 db_cursor2 中的记录
END
CLOSE db_cursor2;                     -- 关闭游标
DEALLOCATE db_cursor2;                -- 删除游标
```

执行上面的语法,效果如图 11.12 所示。

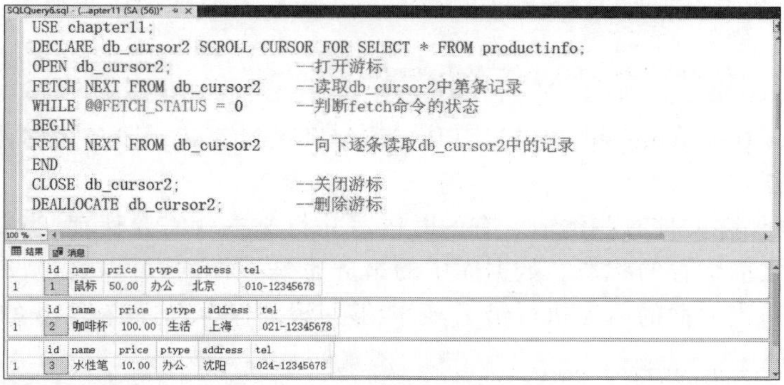

图 11.12　游标的综合应用

11.5　使用事务控制语句

事务可以看作是一件具体的事。例如,吃饭、看电影或学英语等。在 SQL Server 数据库中,事务被理解成一个独立的语句单元。在现实生活中,一般习惯按部就班地做每件事,如果要同时完成多件事应该如何处理呢? 实际上,在数据库中也经常会遇到这些情况,例如,多个用户同时提交数据,在数据库中会是谁提交的数据呢? 这些问题就要通过事务解决了。

视频讲解

11.5.1　什么是事务

事务在数据库中的地位就像交通信号灯一样,信号灯对所有的机动车和非机动车都很重要,而事务对于数据也是非常重要的。如果能够合理地处理事务,数据库中的数据就能够确保安全和准确了。在数据库中什么是事务? 非常简单,满足下面 4 个要求即可称为事务,或者说事务具有 4 个特性,即原子性、一致性、隔离性和持久性。

❑ 原子性:也称为事务的不可分割性。在数据库中事务的每一部分都不能省略,不能只执行事务中的一部分,而要执行全部内容。这就像洗衣机洗衣服,当设定好一个执行程序就要按照这个程序执行,否则就不能完成任务。

❑ 一致性:指事务要确保数据的一致性。一致性通常指不论数据如何更改都要满足数据库之前设置好的约束。

❑ 隔离性:指在执行时每个事务之间是不能够查看中间状态的,也就是说事务只有提交了,才能够看到结果。

❑ 持久性：指当一个事务提交完成后，无论结果是否正确，都会将结果永久保存在数据
库中，提交过的事务是不能够恢复的。

11.5.2 启动和保存事务

启动和保存事务是接触事务第一件要做的事情，执行每一个事务时都要先告诉数据库，
现在要开启一个事务，并且在事务执行过程中也要注意设置保存点，这样能够避免事务出现
错误。下面就介绍如何启动和保存事务。

1. 启动事务

启动事务使用 BEGIN TRANSACTION 语句来完成，具体的语法如下：

```
BEGIN { TRAN | TRANSACTION } transaction_name
```

这里，transaction_name 和 TRAN|TRANSACTION 都表示事务名称，用哪个都可以。

2. 保存事务

保存事务与保存文件有些类似。有的时候写几行文本就需要保存，当后面的内容写错
了，还能恢复到之前保存的状态。数据库中的事务也是一样的，可以通过设置保存点，保存
语句执行的状态，当后面的内容执行错了，还能够回滚到保存点，保存事务的语法如下：

```
SAVE { TRAN | TRANSACTION } savepoint_name
```

这里，savepoint_name 是保存点的名称。需要特别注意的是保存点的名字和变量名不
同，它在一个事务中是可以重复的，但不建议读者在一个事务中设置相同的保存点。如果设
置了重复的保存点，当事务需要回滚时，只能回滚到离当前语句最近的保存点。

11.5.3 提交和回滚事务

启动了事务和设置了事务的保存点后，接下来最关键的就是提交事务和回滚事务环节
了。没有了这两个环节，设置再多的保存点也没办法完成事务的操作。下面分别讲解如何
提交和回滚事务。

1. 提交事务

所谓提交事务是指事务中所有内容都执行完成。这就好像考试交卷一样，如果提交了，
就不能再进行更改，这也体现了事务持久性的特点。提交事务的语法如下：

```
COMMIT { TRAN | TRANSACTION } transaction_name;
```

这里，transaction_name 是指事务的名称。

2. 回滚事务

回滚事务就是可以将事务全部撤销或者回滚到事务中已经设置的保存点中，提交后的
事务是无法再进行回滚的。

使用 ROLLBACK TRANSACTION 回滚事务的语法如下：

```
ROLLBACK {TRAN | TRANSACTION}
       [transaction_name| savepoint_name]
[ ; ]
```

❑ transaction_name：事务名称。

❑ savepoint_name 项：保存点的名称,必须是在事务中已经设置过的保存点。

11.5.4 事务的应用

本节分别列举一个提交事务的示例和一个回滚事务的示例来演示事务在 T-SQL 语句中的使用方法。

例 11-13 使用事务完成向商品信息表中添加 1 条数据,并提交该事务。

根据题目要求,具体的语法如下:

```
USE chapter11;
BEGIN TRANSACTION;                       -- 开始事务
INSERT INTO productinfo VALUES(4,'靠垫',80,'车饰','北京','010 - 12348765');
COMMIT TRANSACTION;                      -- 提交事务
```

执行上面的语法,效果如图 11.13 所示。

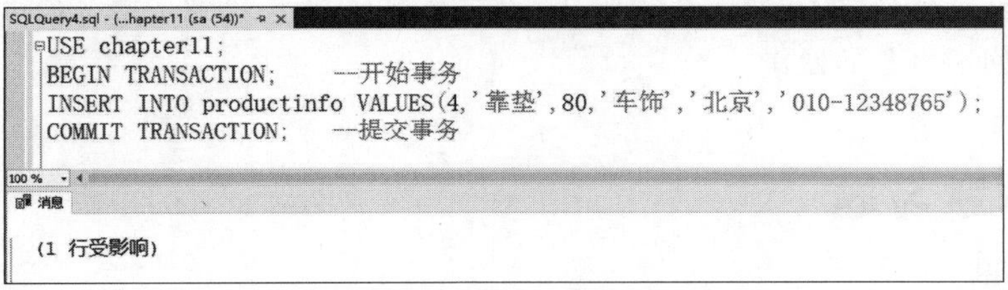

图 11.13　提交事务的应用

从图 11.13 中可以看出,通过提交事务的语句将数据添加到商品信息表(productinfo)中了。

例 11-14 使用事务完成修改商品信息表中编号是 1 的商品价格,将其价格修改成 100,并给其操作设置一个保存点 savepoint1；然后,再删除编号是 1 的商品信息,最后将事务回滚到保存点 savepoint1。

根据题目要求,具体的语法如下:

```
USE chapter11;
BEGIN TRANSACTION;                          -- 开始事务
UPDATE productinfo SET price = 100 WHERE id = 1;
SAVE TRANSACTION savepoint1;                -- 设置保存点
DELETE productinfo WHERE id = 1;
ROLLBACK TRANSACTION savepoint1;            -- 提交事务
```

执行上面的语法,效果如图 11.14 所示。

从图 11.14 中还看不出数据表的具体变化,下面查看商品信息表中 id 为 1 的记录是否存在。如果存在就说明事务被回滚了,即撤销了操作,查询效果如图 11.15 所示。

从图 11.15 所示的界面中可以看到,id 为 1 的记录仍然是存在的,也就是说 ROLLBACK 回滚操作确实是将语句回滚到了保存点。读者可以思考一下,如果不指定回滚的保存点,会出现什么样的结果呢?

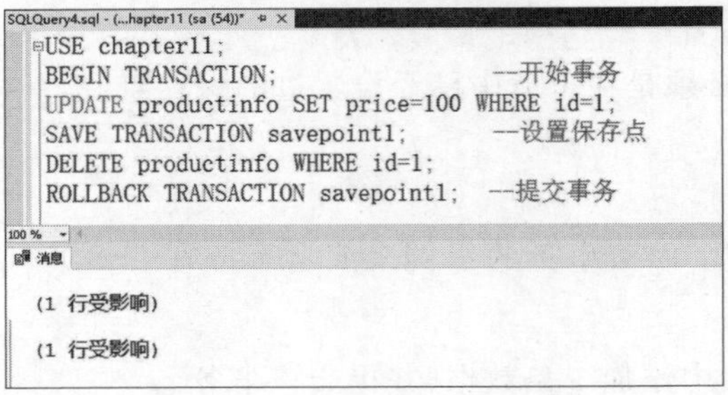

图 11.14　回滚事务的应用

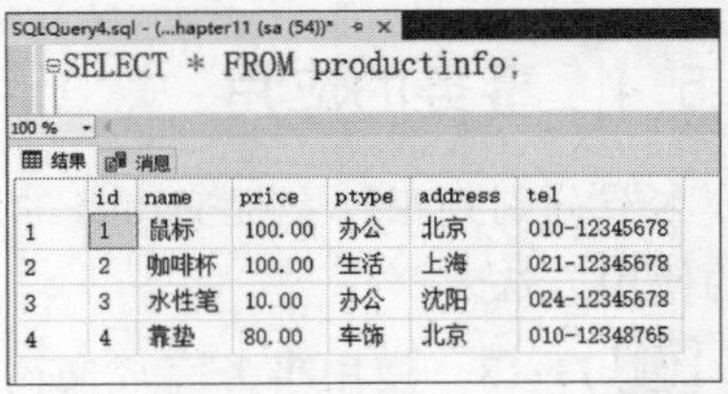

图 11.15　查询商品信息表的数据

11.6　本章小结

通过本章的学习,读者能够掌握 T-SQL 语句的基本语法规则、游标以及事务的使用。在 T-SQL 语句的语法规则部分着重讲解了常量、变量以及流程控制语句的使用方法;在游标部分,主要讲解了如何定义、打开以及读取、关闭游标的操作,游标作为存储过程最常使用的对象,还将在本书的第 12 章中继续学习;在事务部分,主要讲解了事务的启动、保存点设置、提交以及回滚事务的操作。

11.7　本章习题

一、填空题

1. 在 T-SQL 中常量的前缀是_____。

2. 循环控制语句有_____。

3. 捕获异常的语句是_____。

二、选择题

1. (　　)是定义游标的语句。

    A. DECLARE cursor_name   B. CREATE cursor

    C. 以上都不对   D. A 选项和 B 选项都对

2. (　　)是读取游标的语句。

    A. READ CURSOR   B. USE CURSOR

    C. FETCH   D. 以上都不对

3. 下面对事务的描述正确的是(　　)。

    A. 提交过的事务还可以回滚   B. 可以将事务回滚到某一个保存点

    C. 只能将事务全部回滚   D. 以上都不对

三、问答题

1. 事务的特点有哪些?为什么要使用事务?

2. 游标使用的 4 个步骤是什么?

3. 如何在 T-SQL 中处理异常?

四、操作题

更改例 11-12,创建游标 db_cursor2,查询商品信息表(productionfo)中的商品价格大于10 元的商品,并使用 FETCH 读取数据。

第12章

存 储 过 程

存储过程是 T-SQL 语句主要应用的对象之一,在存储过程中可以将一系列相关联的 SQL 语句集合到一起,并且拥有"一次编译,多次调用"的特点。如果想执行这些 SQL 语句,只需要调用存储过程而不用每次都写那么多的语句。

本章主要知识点如下:

❑ 认识存储过程;
❑ 如何创建存储过程;
❑ 如何修改和删除存储过程;
❑ 如何在 SSMS 中使用存储过程。

12.1 认识存储过程

存储过程不仅体现在它执行时的便利性,更多的是它的安全性和可重用性。在 SQL Server 中,存储过程不仅可以由用户自定义,系统也提供了一些可以直接使用的系统存储过程,方便用户使用。

12.1.1 存储过程的特点

存储过程几乎是每个大、中型软件系统数据库设计环节必不可少的对象。为什么这些软件系统的数据库中要使用存储过程呢? 那是因为存储过程具备如下特点。

❑ 安全性。存储过程之所以安全,是因为把要执行的 SQL 语句都写在了存储过程里,在程序中只需要通过存储过程名调用即可,这样有效保护了数据库中的表名及列名,在一定程度上提高了数据库的安全性。

❑ 提高 SQL 语句执行的速度。传统的执行 SQL 语句的方法是每次执行时都需要对语句进行编译,然后再执行。而在创建存储过程后,只需编译一次,以后就不再需要编译了。因此,存储过程被称为是"一次编译,多次调用"的对象。基于存储过程的这种执行方式大大提高了 SQL 语句执行的速度。

❑ 提高可重用性。所谓可重用性是指如果不同的数据库有着相同功能的需求,就可以直接将相应的存储过程复制过去,只需更改其中的一些表名或列名即可。

❑ 减少服务器的负担。服务器每天要执行成百上千条 SQL 语句,如果能将一些数量比较多的 SQL 语句写入存储过程,在执行时就能够降低服务器的使用率,同时也提高了数据库的访问速度。

12.1.2 存储过程的类型

在 SQL Server 中,存储过程主要分为自定义存储过程、扩展存储过程和系统存储过程。其中,系统存储过程前面章节已经介绍过,例如,给视图改名时,用到的系统存储过程 sp_rename;扩展存储过程是通过编程语句创建的外部程序;自定义存储过程是本章要学习的主要内容,就是通过 T-SQL 编写的实现某一个具体功能的语句集合。下面就详细介绍这三种类型的存储过程。

(1) 自定义存储过程。自定义存储过程在数据库设计中应用比较多。在自定义存储过程中可以传递参数,并且可以通过存储过程返回参数的值。此外,自定义存储过程还可以通过 SSMS 创建和管理。

(2) 扩展存储过程。扩展存储过程是初学者用得比较少的一种类型。它通常是使用 C 语言或者是 Java 语言编写的。当需要使用时直接加载 DLL 动态链接程序就可以了。

(3) 系统存储过程。系统存储过程是在安装数据库之后系统自带的存储过程,它可以直接通过存储过程名调用。系统存储过程可以给用户使用数据库带来一定便利,如果不了解系统存储过程有哪些,可以参考 SQL Server 的帮助文档。系统存储过程除了可以直接调用外,还有一个重要特点是系统存储过程名以 sp_为前缀。

12.2 创建存储过程

了解了存储过程的特点后,就要学习创建存储过程。在本章中学习的都是自定义存储过程。自定义存储过程既可通过 SQL 语句也可以通过 SSMS 创建。在本节中先讲解如何通过 SQL 语句创建存储过程,在最后一节中将统一讲解如何在 SSMS 中创建和使用存储过程。

视频讲解

12.2.1 创建存储过程的语法

创建存储过程使用的是 CREATE 语句,具体的语法如下:

```
CREATE { PROC | PROCEDURE } [schema_name.] procedure_name
    [ { @parameter data_type }
        [VARYING] [ = default] [[OUTPUT]
    ] [ ,...n ]
[ WITH < procedure_option > [ ,...n ]
[ FOR REPLICATION ]
AS { < sql_statement > [;][ ...n ] }
[;]
< procedure_option > :: =
    [ ENCRYPTION ]
    [ RECOMPILE ]
    < sql_statement > :: =
{ [ BEGIN ] statements [ END ] }
```

- schema_name：所属架构的名称。例如,dbo。
- procedure_name：存储过程的名称。由于系统存储过程的前缀是 sp_,因此自定义存储过程名不要以 sp_开头。
- @parameter：存储过程中的参数。
- data_type：参数以及所属架构的数据类型。
- VARYING：指定作为输出参数支持的结果集。仅适用于游标类型的参数。
- default：参数的默认值。
- OUTPUT：指示参数是输出参数。
- ENCRYPTION：对原始文本转换为加密格式。
- RECOMPILE：表示存储过程在运行时编译。
- < sql_statement >：一条或多条 T-SQL 语句。

12.2.2 创建不带参数的存储过程

最简单的一种自定义存储过程就是不带参数的存储过程。在本章练习存储过程之前,先创建数据库 chapter12,然后创建计算机考试报名信息表(reginfo)、级别信息表(levelinfo),表结构如表 12.1、表 12.2 所示。

表 12.1 计算机考试报名信息表(reginfo)

序 号	列 名	数 据 类 型	说 明
1	id	int	编号
2	name	varchar(20)	报名人
3	age	int	年龄
4	sex	varchar(5)	性别
5	cardid	varchar(25)	身份证号
6	tel	varchar(20)	联系方式
7	address	varchar(20)	家庭住址
8	levelid	int	等级编号

表 12.2 级别信息表(levelinfo)

序 号	列 名	数 据 类 型	说 明
1	id	int	编号
2	levelname	varchar(20)	级别名称

这些表格是为了后续的存储过程编写创建方便,实际上,真实的考试报名信息中包括更多的信息。

有了数据表,还要向其中填入数据,数据如表 12.3、表 12.4 所示。

表 12.3 计算机考试报名信息表数据

序号	报名号	报名人	年龄	性别	身份证号	联系方式	家庭住址	级别编号
1	1801	张晓	25	女	130123456789012121	13112345678	北京	1
2	1802	王丽丽	21	女	210123456789012121	13312345678	大连	2
3	1803	吴景	8	男	210105199001011234	13412345678	沈阳	2

表 12.4　级别信息表数据

级 别 编 号	级 别 名 称	级 别 编 号	级 别 名 称
1	一级	3	三级
2	二级	4	四级

有了表和数据的准备,下面就使用例 12-1 演示如何创建一个不带参数的存储过程,熟悉存储过程创建的语法。

例 12-1　创建存储过程 pro_1,查询报考信息中的报名人、性别以及报考级别名称。

根据题目要求,该存储过程只有一条查询语句,具体的语法如下:

```
CREATE PROCEDURE pro_1
AS
SELECT name, sex, levelname FROM reginfo, levelinfo
WHERE reginfo.levelid = levelinfo.id;
```

执行上面的语法,效果如图 12.1 所示。

至此,存储过程 pro_1 已经创建成功了。如何查看存储过程的运行效果呢? 之前的系统存储过程是直接用存储过程名调用的,但自定义的存储过程就要使用 EXECUTE 或者 EXEC 调用,执行存储过程 pro_1 的语法如下:

```
EXEC pro_1;
```

执行上面的语法,效果如图 12.2 所示。

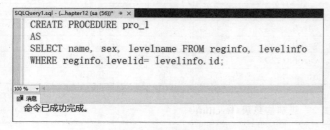

图 12.1　创建存储过程 pro_1

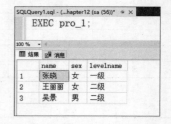

图 12.2　执行存储过程 pro_1

从图 12.2 执行存储过程的效果,可以看出符合存储过程中查询语句的要求。

12.2.3　创建带参数的存储过程

在 12.2.2 小节中已经学习了不带参数的存储过程的使用,但在目前数据库设计中带参数的存储过程使用比较多。存储过程中的参数类型分为输入参数和输出参数。下面先通过例 12-2 学习如何创建带输入参数的存储过程。

例 12-2　创建存储过程 pro_2,根据输入的报名人姓名,查询报名人的年龄和级别编号等信息。

根据题目要求,报名人可以作为存储过程的输入参数,创建的语法如下:

```
CREATE PROCEDURE pro_2 @name varchar(20)
AS
BEGIN
SELECT age,levelname FROM reginfo,levelinfo
WHERE reginfo.levelid = levelinfo.id AND reginfo.name = @name;
END
```

执行上面的语法,效果如图 12.3 所示。

```
SQLQuery1.sql - (...hapter12 (sa (56))* ⚌ ×
    CREATE PROCEDURE pro_2 @name varchar(20)
    AS
    BEGIN
    SELECT age,levelname FROM reginfo,levelinfo
    WHERE reginfo.levelid=levelinfo.id AND reginfo.name=@name;
    END
100 % ◄
📄 消息
命令已成功完成。
```

图 12.3　创建存储过程 pro_2

执行带输入参数的存储过程仍然使用 EXECUTE/EXEC 关键字,但是执行带参数的存储过程还要注意传递参数,并且参数的类型也要匹配。执行存储过程 pro_2 的语法如下:

```
EXEC pro_2 '王丽丽';
```

执行上面的语法,效果如图 12.4 所示。

注意:在调用带参数的存储过程时,传递参数的个数和数据类型一定要与调用的存储过程相匹配。此外,在传递日期时间类型和字符串类型的数据时,还要注意给这些数据加上单引号。

存储过程中的默认参数类型是输入参数,如果要为存储过程指定输出参数,还要在参数类型后面加上 OUTPUT 关键字。下面通过例 12-3 演示如何创建带输出参数的存储过程。

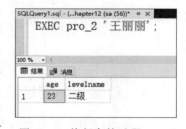

图 12.4　执行存储过程 pro_2

例 12-3　创建存储过程 pro_3,根据输入的报名号,输出报名人的姓名和年龄。

根据题目要求,在存储过程 pro_3 中共有 3 个参数,1 个输入参数和 2 个输出参数,创建的语法如下:

```
CREATE PROCEDURE pro_3
@id int,@name varchar(20) output,@age int output
AS
BEGIN
SELECT @name = name,@age = age FROM reginfo
WHERE id = @id;
END
```

执行上面的语法,效果如图 12.5 所示。

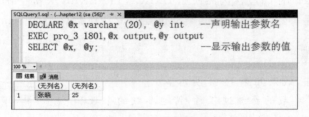

图 12.5　创建存储过程 pro_3

执行存储过程 pro_3,需要为输入参数赋值,但是输出参数的值是不需要传入的,执行语法如下:

```
DECLARE @x varchar (20), @y int          -- 声明输出参数名
EXEC pro_3 1801,@x output,@y output
SELECT @x, @y;                           -- 显示输出参数的值
```

执行上面的语法,效果如图 12.6 所示。

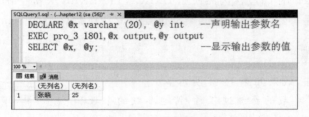

图 12.6　执行存储过程 pro_3

12.2.4　创建带加密选项的存储过程

所谓加密选项并不是对存储过程中查询的内容加密,而是将创建存储过程本身的语句加密。通过对创建存储过程的语句加密,可以在一定程度上保护存储过程中用到的表信息,同时也提高了数据库的安全性。下面通过例 12-4 演示如何创建带加密选项的存储过程。

例 12-4　创建带加密选项的存储过程 pro_4,查询报名人的姓名、年龄、性别、地址信息。

根据题目要求,带加密选项的存储过程使用的是 WITH ENCRYPTION,创建存储过程的语法如下:

```
CREATE PROCEDURE pro_4
WITH ENCRYPTION
AS
BEGIN
SELECT name,age,sex,address FROM reginfo
END
```

执行上面的语法,效果如图 12.7 所示。

执行存储过程 pro_4 的语法如下:

```
EXEC pro_4;
```

执行上面的语法,效果如图 12.8 所示。

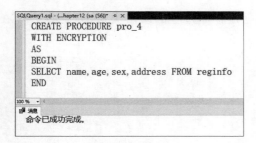

图 12.7 创建存储过程 pro_4

图 12.8 执行存储过程 pro_4

通过图 12.8 执行存储过程的效果看不出来加密后的存储过程有什么不同。在创建加密存储过程之前已经说明,加密存储过程并不是对存储过程的结果加密,而是对创建语句加密的。那么,如何查看存储过程的创建语句呢? 使用系统存储过程 sp_helptext 可以查看。查看存储过程 pro_4 的语法如下:

```
sp_helptext pro_4;
```

执行上面的语法,效果如图 12.9 所示。

通过图 12.9 显示的结果可以看出,pro_4 是加密后的存储过程,无法查看创建语句的。为了让读者对系统存储过程 sp_helptext 印象深刻,下面使用该存储过程查看之前创建的pro_3,语法如下:

```
sp_helptext pro_3;
```

执行上面的语法,效果如图 12.10 所示。

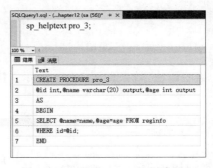

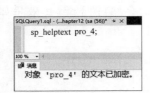

图 12.9 查看 pro_4 的创建语句   图 12.10 查看 pro_3 的创建语句

从查询 pro_3 和 pro_4 的结果可以看出,加密后的存储过程确实能够提高数据库的安全性。

12.3 修改存储过程

视频讲解

存储过程虽然很复杂,但是在创建后也是可以修改的。

12.3.1 修改存储过程的语法

修改存储过程的语法与创建存储过程的语法类似,只是将 CREATE 改成了 ALTER,具体的语法如下:

```
ALTER { PROC | PROCEDURE } [schema_name.] procedure_name
    [ { @parameter data_type }
        [VARYING] [ = default] [[OUTPUT]
    ] [ ,...n ]
[ WITH < procedure_option > [ ,...n ]
[ FOR REPLICATION ]
AS { < sql_statement > [;][ ...n ] }
[;]
< procedure_option > :: =
      [ ENCRYPTION ]
      [ RECOMPILE ]
    < sql_statement > :: =
{ [ BEGIN ] statements [ END ] }
```

上面的语法已经在创建存储过程的时候讲解过了,如果有疑问,可以参考创建存储过程时的语法解释。

12.3.2 修改存储过程

修改存储过程也是把创建存储过程的语句再熟悉一遍。下面通过例 12-5、例 12-6 演示如何修改存储过程。

例 12-5 修改存储过程 pro_1,只查询报考人和报考等级信息。

根据题目要求,修改存储过程 pro_1 的语法如下:

```
ALTER PROCEDURE pro_1
AS
SELECT name, levelname FROM reginfo,levelinfo
WHERE reginfo.levelid = levelinfo.id;
```

执行上面的语法,效果如图 12.11 所示。执行修改后的存储过程 pro_1 效果如图 12.12 所示。

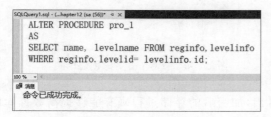

图 12.11 修改存储过程 pro_1

图 12.12 执行修改后的存储过程 pro_1

说明：使用 ALTER 语句修改存储过程，不能修改存储过程的名字。

例 **12-6** 修改存储过程 pro_2，将其修改成加密的存储过程。

根据题目要求，修改 pro_2 的语法如下：

```
ALTER PROCEDURE pro_2 @name varchar(20)
WITH ENCRYPTION
AS
BEGIN
SELECT age,levelname FROM reginfo,levelinfo
WHERE reginfo.levelid= levelinfo.id AND reginfo.name=@name;
END
```

执行上面的语法，效果如图 12.13 所示。

下面使用系统存储过程 sp_helptext 查看存储过程 pro_2 的创建语句，验证是否已经对其加密了，查询效果如图 12.14 所示。

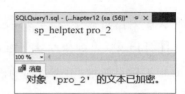

图 12.13　修改存储过程 pro_2　　　　图 12.14　查看 pro_2 的创建文本

从图 12.14 的效果中可以看出，确实是将 pro_2 的存储过程修改成加密的存储过程了。

12.3.3　给存储过程更名

可以通过系统存储过程 sp_rename 修改视图的名称，修改存储过程名称也是通过系统存储过程 sp_rename 来完成的。实际上，在设计数据库时就把存储过程的名字已经规定好了，尽量要少修改存储过程的名字，以免给其他引用存储过程的对象造成错误。下面通过例 12-7 演示如何给存储过程改名。

例 **12-7** 将存储过程 pro_1 的名字更改成 pro_new。

根据题目要求，使用 sp_rename 系统存储过程改名，语法如下：

```
sp_rename pro_1, pro_new;
```

执行上面的语法，效果如图 12.15 所示。

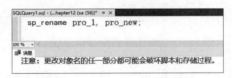

图 12.15　使用 sp_rename 改名

12.4　删除存储过程

当存储过程不再需要时,可以将其从数据库中删除。但是,在删除前一定要确保存储过程没有被其他对象使用,否则就会出现错误。另外,删除后的存储过程是不能恢复的,因此,删除前一定要将存储过程查看清楚或者对其进行备份。

12.4.1　删除存储过程的语法

删除存储过程与删除其他数据库对象的语法类似,都是使用 DROP 语句来删除。具体的语法如下:

```
DROP PROC pro_name,[...n];
```

这里,pro_name 是存储过程的名字。在删除存储过程时,可以同时删除 1 到多个存储过程,多个存储过程之间用逗号隔开。

12.4.2　删除存储过程案例

在本节中将通过例 12-8 和例 12-9 分别演示如何删除一个和多个存储过程。

例 12-8　先创建存储过程 pro_5,查询报考级别信息再将其删除。

根据题目要求,整个过程的语法如下:

```
CREATE PROCEDURE pro_5
AS
BEGIN
SELECT levelname FROM levelinfo;
END
GO
DROP PROC pro_5;
GO
```

执行上面的语法,效果如图 12.16 所示。

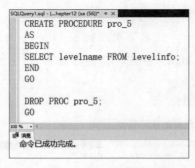

图 12.16　创建并删除存储过程 pro_5

例 12-9　分别创建两个存储过程 pro_5 和 pro_6,都用来查询报考级别信息,并将这两个存储过程一并删除。

根据题目要求，具体的语法如下：

```
CREATE PROCEDURE pro_5
AS
BEGIN
SELECT levelname FROM levelinfo;
END
GO

CREATE PROCEDURE pro_6
AS
BEGIN
SELECT levelname FROM levelinfo;
END
GO

DROP PROC pro_5, pro_6;
GO
```

执行上面的语法，效果如图 12.17 所示。

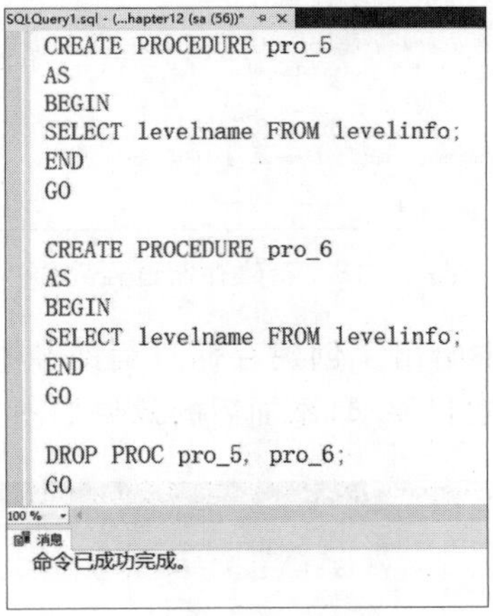

图 12.17　删除多个存储过程

12.5　使用 SSMS 管理存储过程

通过 SQL 语句创建存储过程比较烦琐，通过 SSMS 直接创建和管理存储过程就方便多了。在本节中将讲述如何使用 SSMS 创建、修改以及删除存储过程。

视频讲解

12.5.1　使用 SSMS 创建存储过程

使用 SSMS 创建存储过程相对于使用语句创建存储过程容易得多，至少不用记住那么多的关键字。但也是需要很多步骤的。下面通过例 12-10 演示如何在 SSMS 中创建存储过程。

例 12-10　创建存储过程 pro_31，根据输入的报名号输出该考生的姓名、年龄和性别。

在 SSMS 中创建存储过程，需要通过以下 5 个步骤完成。

（1）在"对象资源管理器"窗口中，展开"chapter12"节点。

（2）在"chapter12"的节点下找到"可编程性"节点，并将其展开。

（3）在"可编程性"节点下右击"存储过程"节点，在弹出的快捷菜单中选择"新建存储过程"选项，打开新建存储过程界面，如图 12.18 所示。

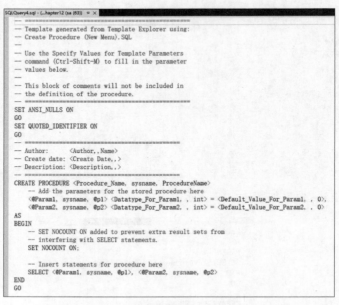

图 12.18　新建存储过程界面

（4）在图 12.18 所示界面中给出了创建存储过程的基本语法框架，只需添加相应的参数和语句就可以完成了。按照题目要求，添加后的效果如图 12.19 所示。

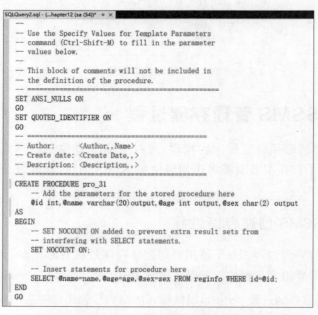

图 12.19　添加参数后的界面

（5）检查图 12.19 界面中添加的语句,如果没有问题,单击"执行"按钮或按下"F5"键,执行存储过程创建命令,完成存储过程的创建操作,如图 12.20 所示。

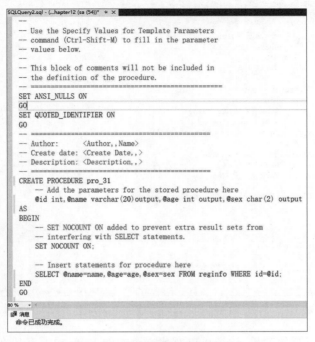

图 12.20　执行存储过程创建命令

如果要运行存储过程查看结果,也可以通过 SSMS 完成。在"可编程性"→"存储过程"节点下右击"pro_31"节点,在弹出的快捷菜单中选择"执行存储过程"选项,弹出如图 12.21 所示的对话框。

图 12.21　运行存储过程添加参数

在图 12.21 所示的对话框中可以看到,在存储过程中设置的 3 个参数,这里需要输入相应的参数值。由于在这 3 个参数中,只有"@id"是输入参数,因此只需要给"@id"赋值,这里给其赋值"1801",单击"确定"按钮,运行效果如图12.22所示。

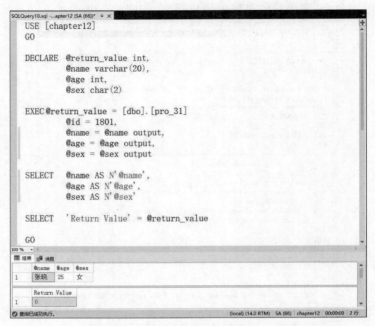

图12.22　运行存储过程 pro_31

通过图12.22运行的效果,读者可以对比本章的例12-3,看看有什么不同?对比之后会发现运行效果除了多出性别一列外,其他都一样。因此,如果读者忘记了运行存储过程的命令,可以直接使用 SSMS 中的选项运行。

12.5.2　使用 SSMS 修改存储过程

在 SSMS 中修改存储过程,相对于创建存储过程就容易得多了。有了前面创建存储过程的基础,下面通过例12-11学习如何修改存储过程。

例 12-11　修改存储过程 pro_31,减少一个输出参数性别。

在 SSMS 中修改存储过程 pro_31,需要通过以下5个步骤完成。

(1) 在"对象资源管理器"窗口中,展开"chapter12"节点。

(2) 在"chapter12"的节点下找到"可编程性"节点,并将其展开。

(3) 在"可编程性"→"存储过程"节点下右击"pro_31"节点,在弹出的快捷菜单中选择"修改"选项,打开修改存储过程界面,如图12.23所示。

(4) 在图12.23所示的界面中,删除输出参数"@sex"并修改查询语句,修改后的效果如图12.24所示。

(5) 检查图12.24修改后的存储过程,单击"执行"按钮或按下"F5"键,执行存储过程修改命令,完成存储过程的修改操作。

至此,存储过程就修改完成了,下面测试修改后的存储过程执行结果是否正确。在"可编程性"→"存储过程"节点下右击"pro_31"节点,在弹出的快捷菜单中选择"执行存储过程"选项,弹出如图12.25所示的对话框。

```
SQLQuery6.sql (...hapter12 (sa (57)) + ×
USE [chapter12]
GO
/****** Object:  StoredProcedure [dbo].[pro_31]     Script Date: 2019/2/26 11:02:00 ******/
SET ANSI_NULLS ON
GO
SET QUOTED_IDENTIFIER ON
GO
-- =============================================
-- Author:         <Author,,Name>
-- Create date: <Create Date,,>
-- Description:    <Description,,>
-- =============================================
ALTER PROCEDURE [dbo].[pro_31]
        -- Add the parameters for the stored procedure here
    @id int,@name varchar(20)output,@age int output,@sex char(2) output
AS
BEGIN
        -- SET NOCOUNT ON added to prevent extra result sets from
        -- interfering with SELECT statements.
    SET NOCOUNT ON;

        -- Insert statements for procedure here
    SELECT @name=name,@age=age,@sex=sex FROM reginfo WHERE id=@id;
END
```

图 12.23　修改存储过程界面

```
SQLQuery6.sql (...hapter12 (sa (57))* + ×
USE [chapter12]
GO
/****** Object:  StoredProcedure [dbo].[pro_31]     Script Date: 2019/2/26 11:02:00 ******/
SET ANSI_NULLS ON
GO
SET QUOTED_IDENTIFIER ON
GO
-- =============================================
-- Author:         <Author,,Name>
-- Create date: <Create Date,,>
-- Description:    <Description,,>
-- =============================================
ALTER PROCEDURE [dbo].[pro_31]
        -- Add the parameters for the stored procedure here
    @id int,@name varchar(20)output,@age int output
AS
BEGIN
        -- SET NOCOUNT ON added to prevent extra result sets from
        -- interfering with SELECT statements.
    SET NOCOUNT ON;

        -- Insert statements for procedure here
    SELECT @name=name,@age=age FROM reginfo WHERE id=@id;
END
100 %  ▾ ◀
```

图 12.24　修改后的存储过程

图 12.25　运行存储过程 pro_31

从图 12.25 所示的对话框中可以看到,修改后的 pro_31 少了一个输出参数"@sex"。这里,仍然给"@id"这个输入参数添入参数值"1801",并单击"确定"按钮,即可完成运行存储过程,运行效果如图 12.26 所示。

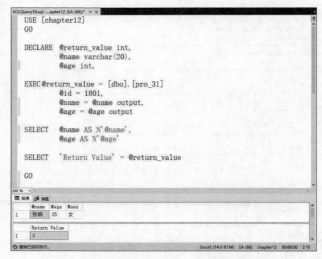

图 12.26 运行 pro_31 存储过程的效果

12.5.3 使用 SSMS 删除存储过程

删除存储过程是存储过程操作中最简单的一项。下面通过例 12-12 学习如何在 SSMS 中删除存储过程。

例 12-12 在 SSMS 中,删除存储过程 pro_31。

在 SSMS 中,删除存储过程需要通过以下两个步骤完成。

(1)在"对象资源管理器"窗口中,展开"数据库"→chapter12→"可编程性"→"存储过程"节点,右击需要删除的存储过程,在弹出的快捷菜单中选择"删除"选项,弹出"删除对象"对话框,如图 12.27 所示。

图 12.27 删除存储过程对话框

（2）在图 12.27 所示的对话框中单击"确定"按钮，即可将存储过程 pro_31 删除了。

注意：在删除存储过程后，如果其他的对象还引用了该存储过程，那么在运行时就会出现错误。因此，在删除存储过程前，最好在图 12.27 所示的对话框中单击"显示依赖关系"选项查看是否有其他对象使用该存储过程。

12.6　本章小结

本章主要讲解了存储过程的作用以及创建、修改和删除过程。在创建存储过程部分，主要讲解了不带参数和带参数存储过程的创建与执行方法；在修改存储过程部分，主要讲解了使用 ALTER 语句修改存储过程以及给存储过程重命名；在删除存储过程部分，分别讲解了删除一个和多个存储过程。此外，在本章中还讲解了如何使用 SSMS 的图形界面来创建和管理存储过程。

12.7　本章习题

一、填空题

1. 系统存储过程的名称通常是以_____为前缀的。

2. 存储过程中的参数类型有_____种，分别是_____。

3. 创建带加密选项的存储过程需要使用的语句是_____。

二、选择题

1. 修改存储过程名称的语句是(　　　)。

    A. CREATE 语句　　　　　　　　　　B. ALTER 语句

    C. SP_RENAME 语句　　　　　　　　D. 以上都不是

2. 存储过程的类型包括(　　　)。

    A. 系统存储过程　　　　　　　　　　B. 自定义存储过程

    C. 扩展存储过程　　　　　　　　　　D. 以上都是

3. 执行存储过程语句是(　　　)。

    A. USE 语句　　　　B. EXEC 语句　　　　C. DO 语句　　　　D. 以上都不是

三、问答题

1. 存储过程有哪些优势？

2. 使用什么语句查看存储过程创建的语句？

3. 在什么情况下使用存储过程中的输出参数？

第 13 章

触　发　器

提到确保数据完整性,前面章节中学习过的约束是一种保证数据完整性的方法。在数据库中还有另一种方法确保数据的完整性,那就是本章要学习的触发器。

本章主要知识点如下:

❑ 触发器的作用和分类;

❑ 如何创建触发器;

❑ 如何修改触发器;

❑ 如何删除触发器。

13.1　触发器概述

触发器与存储过程不同,它不需要使用 EXEC 语句调用就可以执行。但是,在触发器中所写语句又与存储过程类似,因此,经常会把触发器看作是一种特殊的存储过程。对表进行 UPDATE、INSERT 和 DELETE 操作时触发器可以自动地被调用。

13.1.1　触发器的作用

触发器最重要的作用是能够确保数据的完整性,要注意对每个数据操作只能设置一个触发器。

触发器的执行可以通过数据表中数据的变化来触发,也就是说当向表插入数据时,触发器会知道。那么,如果禁止向表中添加数据,触发器就可以及时地来控制对表的操作。另外,当检测到某张数据表数据变化时,触发器还可以及时更新其他数据表,并能获取到更新的数据,但是触发器过多也会影响数据库的效率。因此,在数据库中要合理地使用触发器,及时删除不用的触发器。

13.1.2　触发器的分类

在 SQL Server 数据库中,触发器主要分为 3 大类,即登录触发器、DML 触发器和 DDL 触发器。本章主要讲解 DML 类型的触发器,其他类型的触发器也需要了解,下面将 3 类触发器的主要作用说明如下。

❑ 登录触发器：它是作用在 LOGIN 事件的触发器，是一种 AFTER 类型触发器（表示在登录后激发）。使用登录触发器可以控制用户会话的创建过程以及限制用户名和会话的次数。

❑ DML 触发器：它包括对表或视图 DML 操作激发的触发器。DML 操作包括 UPDATE、INSERT 或 DELETE 语句。DML 触发器包括两种类型的触发器，一种是 AFTER 类型，一种是 INSTEAD OF 类型。AFTER 类型表示对表或视图操作完成后激发触发器；INSTEAD OF 类型表示当表或视图执行 DML 操作时，替代这些操作执行的相应操作。

❑ DDL 触发器：它包括对数据库对象执行 DDL 语句操作后激发的触发器。DDL 操作包括 CREATE、ALTER、DROP 等操作。该触发器一般用于管理和记录数据库对象的结构变化。

13.2 创建触发器

视频讲解

创建触发器是使用触发器的第一步，有了这重要的一步，才可以完成后续的操作。创建触发器可以使用 SQL 语句也可以通过 SSMS 中的图形界面操作创建，本小节主要讲解使用 SQL 语句创建触发器。

13.2.1 创建触发器的语法

创建触发器使用的是 CREATE TRIGGER 语句。这里给出的是创建 DML 触发器的语法，也是本章研究的重点，具体的语法如下：

```
CREATE TRIGGER trigger_name
ON { table | view }
[ WITH ENCRYPTION]
{ FOR | AFTER | INSTEAD OF }
{ [ INSERT ] [ , ] [ UPDATE ] [ , ] [ DELETE ] }
[ NOT FOR REPLICATION ]
AS { sql_statement }
```

❑ trigger_name：触发器的名称。

❑ table | view：触发器作用的表名或视图名。

❑ WITH ENCRYPTION：对文本进行加密。与它在存储过程中的含义一样。

❑ FOR|AFTER：当执行某些操作后被激发。例如，向表中添加数据后激发。FOR 与 AFTER 是同义的。

❑ INSTEAD OF：替代操作，需要注意的是对于表或视图，每个 INSERT、UPDATE 或 DELETE 语句最多可定义一个 INSTEAD OF 触发器。

❑ { [INSERT] [,] [UPDATE] [,] [DELETE] }：指定在哪种操作时激发触发器。可以选择 1 到多个选项。

❑ NOT FOR REPLICATION：当复制表时，触发器不被激发。

❑ sql_statement：触发器被激发时执行的 T-SQL 语句。

说明：在 DML 触发器中，不能在 sql_statement 部分写 DDL 语句。

13.2.2　创建 AFTER 类型触发器

AFTER 触发器是在表中的数据做了更改后被激发的触发器。在做触发器的相关练习之前，要准备本章使用的数据库和数据表。本章使用的数据库是 chapter13，该数据库需要创建 3 张数据表，分别是图书信息表（bookinfo）、借阅信息表（readinfo）、读者信息表（userinfo）。表中的列信息分别如表 13.1、表 13.2 和表 13.3 所示。

表 13.1　图书信息表（bookinfo）

序　　号	列　　名	数 据 类 型	说　　明
1	id	int	图书编号，主键
2	name	varchar(50)	图书名称
3	price	decimal(6,2)	图书价格
4	pub	varchar(30)	出版社
5	author	varchar(20)	作者
6	bookcount	int	馆藏数量

表 13.2　借阅信息表（readerinfo）

序　　号	列　　名	数 据 类 型	说　　明
1	id	int	借阅流水号　主键
2	userid	int	借阅人编号　外键
3	bookid	int	借阅图书编　外键

表 13.3　读者信息表（userinfo）

序　　号	列　　名	数 据 类 型	说　　明
1	userid	int	读者编号　主键
2	username	varchar(20)	读者姓名

使用 CREATE TABLE 语句或者直接在 SSMS 中创建这 3 张表，然后按照表 13.4、表 13.5 的内容分别向图书信息表和读者信息表中添加数据。

表 13.4　图书信息表中的数据

图书编号	图书名称	图书价格	出版社	作者	馆藏数量
1	计算机基础	30	清华大学出版社	张明明	5
2	数据库技术	59	清华大学出版社	刘星	10
3	C#编程大全	49	机械工业出版社	王明	6
4	Java 编程教程	70	人民邮电出版社	秦明	8
5	大话人工智能	69	电子工业出版社	周鱼	3

表 13.5 读者信息表中的数据

读 者 编 号	读 者 姓 名
1	叶赢
2	蒋男
3	石头

例 13-1 创建 AFTER 触发器,当读者借阅"数据库技术"图书时,将图书信息表(bookinfo)中"数据库技术"这本书的馆藏数量减 1。

根据题目要求,在向借阅信息表中添加数据,也就是执行 INSERT 命令后激发触发器,修改图书信息表的信息,具体的语法如下:

```
CREATE TRIGGER tri_1
ON readerinfo
AFTER INSERT
AS
UPDATE bookinfo SET bookcount = bookcount - 1 WHERE id = 2;
```

执行上面的语法,效果如图 13.1 所示。

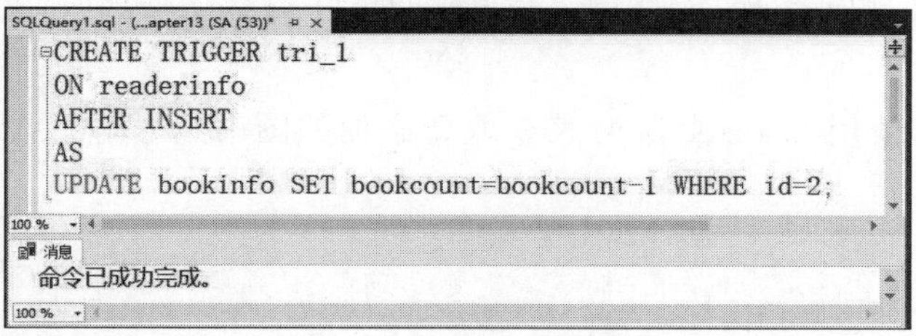

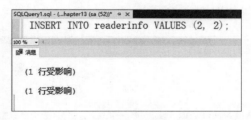

图 13.1 创建触发器 TRI_1

下面按照题目要求查看触发器是否起作用,添加语法如下:

```
INSERT INTO readerinfo VALUES (2, 2);
```

执行上面的语法,效果如图 13.2 所示。

图 13.2 向表中添加数据后激发触发器的效果

从图 13.2 所示的效果可以看出,有两条"(1 行受影响)"的消息。这就说明,不仅执行了在查询编辑器中编写的语句,还执行了其他的语句。执行的其他语句就是触发器中所写的语句。在触发器中执行的 SQL 语句是对图书信息表(bookinfo)所做的修改,下面查看图书信息表更改后的效果,如图 13.3 所示。

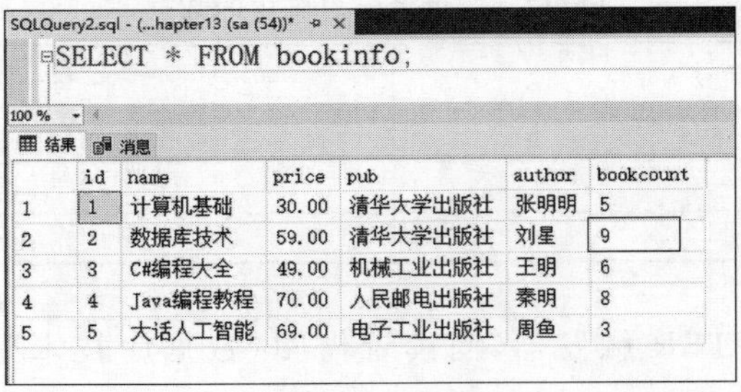
SQLQuery2.sql - (...hapter13 (sa (54))*

SELECT * FROM bookinfo;

100 %

结果 消息

	id	name	price	pub	author	bookcount
1	1	计算机基础	30.00	清华大学出版社	张明明	5
2	2	数据库技术	59.00	清华大学出版社	刘星	9
3	3	C#编程大全	49.00	机械工业出版社	王明	6
4	4	Java编程教程	70.00	人民邮电出版社	秦明	8
5	5	大话人工智能	69.00	电子工业出版社	周鱼	3

图 13.3　图书信息表的数据

从图 13.3 所示的效果可以看出，“数据库技术”这本书的数量(bookcount)少了 1，也就是说前面创建的触发器 tri_1 被触发了。

例 13-1 创建的触发器 tri_1 的作用很单一，没有具体的实际作用。那么，如何做到只要借阅信息表中添加数据就更改相应的馆藏图书数量。下面就重点介绍触发器中常用的一张临时表 inserted。inserted 这张临时表中存放的就是在成功执行 INSERT 或 UPDATE 语句后，将被插入或更新的值。因此，inserted 这张表在触发器中非常重要。下面将例 13-1 修改成根据图书借阅信息表数据增加更新图书信息表中图书的馆藏数量。

例 13-2　创建触发器 tri_2，当图书借阅信息表中有数据增加时，就更改相应的图书信息中的馆藏数量。

根据题目要求，使用 inserted 临时表获取新添加的图书编号，然后再更新图书信息表，具体的语法如下：

```
CREATE TRIGGER tri_2
ON readerinfo
AFTER INSERT
AS
BEGIN
DECLARE @bookid int;                            -- 声明变量存储图书编号
SELECT @bookid = bookid FROM inserted;          -- 从 inserted 表中查询新添加的图书编号
UPDATE bookinfo SET bookcount = bookcount - 1 WHERE id = @bookid;
END
```

执行上面的语法，效果如图 13.4 所示。

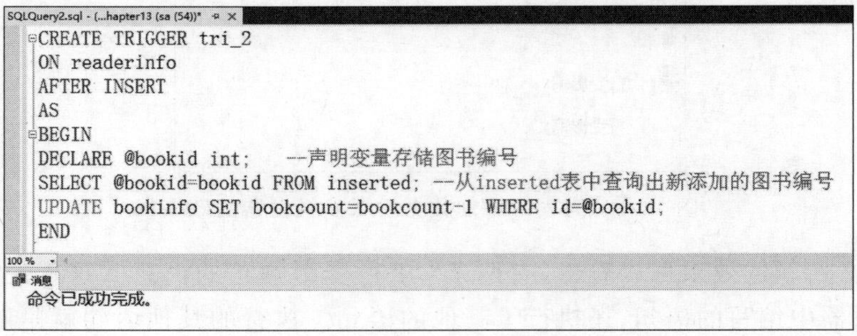
```
SQLQuery2.sql - (...hapter13 (sa (54))*
CREATE TRIGGER tri_2
ON readerinfo
AFTER INSERT
AS
BEGIN
DECLARE @bookid int;    --声明变量存储图书编号
SELECT @bookid=bookid FROM inserted; --从inserted表中查询出新添加的图书编号
UPDATE bookinfo SET bookcount=bookcount-1 WHERE id=@bookid;
END
```
100 %

消息

命令已成功完成。

图 13.4　创建触发器 tri_2

下面就来验证 tri_2 触发器是否满足了题目要求。向借阅信息表(readinfo)中添加一条数据,并查询图书信息表(bookinfo)中的数据。这里要注意的是目前数据库中有两个触发器都是在向表 readerinfo 中添加数据后激发的,因此,需要先将触发器 tri_1 删除掉,否则,就不会执行新创建的触发器 tri_2 了。语法如下:

```
DROP TRIGGER tri_1;                        -- 删除触发器 tri_1
INSERT INTO readerinfo VALUES (1, 3);
SELECT * FROM bookinfo;
```

执行上面的语法,效果如图 13.5 所示。

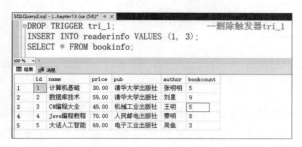

图 13.5 激发触发器 tri_2 的效果

从图 13.5 的执行效果可以看出,tri_2 确实是将图书编号是 3 的图书馆藏数量减 1 了。

读者需要思考一个问题,如果图书的馆藏数量为 0,那图书还可以借阅吗?如何通过触发器解决这样的问题呢?这就需要在借阅图书前判断所借图书的馆藏数量是否为 0,如果为 0 就不能够借阅。同时,还要在触发器中用到事务。下面通过例 13-3 进行学习。

例 13-3 创建触发器 tri_3,在例 13-2 的基础上,添加判断如果借书时图书的馆藏数量为 0,则不可以借阅,否则正常借阅。

根据题目要求,语法如下:

```
CREATE TRIGGER tri_3
ON readerinfo
AFTER INSERT
AS
BEGIN
DECLARE @bookid int,@count int;                -- 声明变量存储图书编号,馆藏数量
SELECT @bookid = bookid FROM inserted;         -- 从 inserted 表中查询新添加的图书编号
SELECT @count = bookcount FROM bookinfo WHERE id = @bookid;
                                               -- 从图书信息表中查询馆藏图书数量
IF(@count = 0)                                 -- 判断馆藏图书数量是否为
BEGIN
ROLLBACK;                                      -- 回滚事务
END
ELSE
BEGIN
UPDATE bookinfo SET bookcount = bookcount - 1 WHERE id = @bookid;
COMMIT;
END
END
```

执行上面的语法,效果如图 13.6 所示。

```
CREATE TRIGGER tri_3
ON readerinfo
AFTER INSERT
AS
BEGIN
DECLARE @bookid int,@count int;                       一声明变量存储图书编号,馆藏数量
SELECT @bookid=bookid FROM inserted;                  一从inserted表中查询出新添加的图书编号
SELECT @count=bookcount FROM bookinfo WHERE id=@bookid;  一从图书信息表中查询出馆藏图书数量
IF(@count=0)                                          一判断馆藏图书数量是否为
BEGIN
ROLLBACK;                                             一回滚事务
END
ELSE
BEGIN
UPDATE bookinfo SET bookcount=bookcount-1 WHERE id=@bookid;
COMMIT;
END
END
```

消息
命令已成功完成。

图 13.6   创建触发器 tri_3

下面将图书信息表中图书编号为 1 的图书馆藏数量改成 0,并模拟对该图书进行借阅操作,以验证触发器 tri_3 是否正确。这里仍然需要注意的是要先将之前创建的 tri_2 触发器删除,语法如下:

```
DROP TRIGGER tri_2;
UPDATE bookinfo SET bookcount = 0 WHERE id = 1;
INSERT INTO readerinfo VALUES (2, 1);
```

执行上面的语法,效果如图 13.7 所示。

图 13.7   验证触发器 tri_3

从图 13.7 所示的结果可以看出,触发器中的事务起到了拒绝向表 readerinfo 中插入信息的请求。

通过前面的 3 个示例基本可以完成图书的借阅操作了。当读者要还书的时候,又应该如何处理呢? 在还书的时候,这里要求将读者借阅相应图书的信息删除。删除借阅信息后,如何使用触发器将归还的图书数量加到图书信息表的馆藏数量中呢? 前面介绍过临时表 inserted,它是用来存放添加或更新的数据的。删除数据操作时将删除掉的数据存放到另一张临时表 deleted 中。下面完成例 13-4 的创建。

例 13-4   创建触发器 tri_4,还书时更新图书信息表的馆藏数量。

根据题目要求,使用临时表 deleted 完成,具体的语法如下:

```
CREATE TRIGGER tri_4
ON readerinfo
AFTER DELETE
AS
BEGIN
DECLARE @bookid int;
SELECT @bookid = bookid FROM deleted;
UPDATE bookinfo SET bookcount = bookcount + 1 WHERE id = @bookid;
END
```

执行上面的语法，效果如图 13.8 所示。

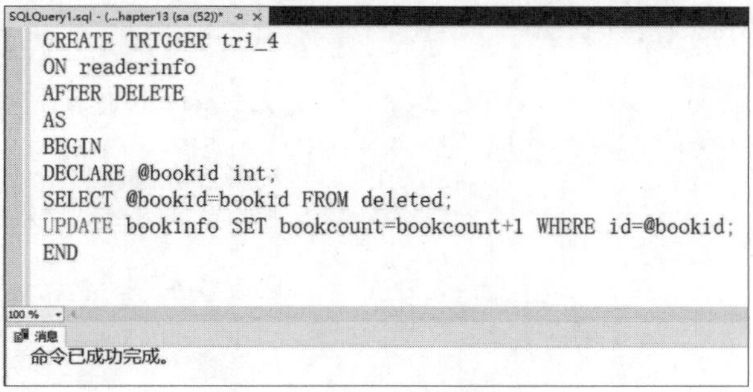

图 13.8　创建触发器 tri_4

下面验证新创建的触发器 tri_4，具体的语法如下：

```
SELECT * FROM bookinfo;                          -- 查询未更新前的效果
DELETE FROM readerinfo WHERE id = 31;
SELECT * FROM bookinfo;                          -- 查询更新后的效果
```

执行上面的语法，效果如图 13.9 所示。

	id	name	price	pub	author	bookcount
1	1	计算机基础	30.00	清华大学出版社	张明明	0
2	2	数据库技术	59.00	清华大学出版社	刘星	9
3	3	C#编程大全	49.00	机械工业出版社	王明	5
4	4	Java编程教程	70.00	人民邮电出版社	秦明	8
5	5	大话人工智能	69.00	电子工业出版社	周鱼	3

	id	name	price	pub	author	bookcount
1	1	计算机基础	30.00	清华大学出版社	张明明	1
2	2	数据库技术	59.00	清华大学出版社	刘星	9
3	3	C#编程大全	49.00	机械工业出版社	王明	5
4	4	Java编程教程	70.00	人民邮电出版社	秦明	8
5	5	大话人工智能	69.00	电子工业出版社	周鱼	3

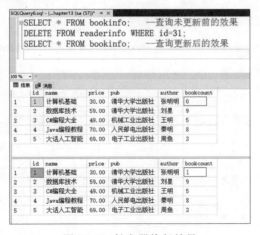

图 13.9　触发器执行效果

通过前面 4 个示例，使用触发器基本上完成了借书和还书时对图书信息表中图书馆藏数量的更新操作。下面用例 13-5 将前面 4 个实例进行整合。

例 13-5　　创建触发器 tri_5,完成借书和还书时对图书信息表中图书馆藏数量的更新操作。

根据题目要求,借书是对借阅信息表的添加操作,还书是对借阅信息表的删除操作。因此,触发器在创建时需要基于 INSERT 和 DELETE 两个操作,具体的语法如下:

```
CREATE TRIGGER tri_5
ON readerinfo
AFTER INSERT,DELETE
AS
BEGIN
DECLARE @bookid int,@count int;              -- 声明变量存储图书编号,馆藏数量
IF EXISTS(SELECT id FROM inserted)
BEGIN
SELECT @bookid = bookid FROM inserted        -- 从 inserted 表中查询新添加的图书编号
SELECT @count = bookcount FROM bookinfo WHERE id = @bookid;
                                             -- 从图书信息表中查询馆藏图书数量
IF(@count = 0)                               -- 判断馆藏图书数量是否为
BEGIN
ROLLBACK;                                    -- 回滚事务
END
ELSE
BEGIN
UPDATE bookinfo SET bookcount = bookcount - 1 WHERE id = @bookid;    -- 馆藏图书数量减 1
END
END
ELSE
BEGIN
SELECT @bookid = bookid FROM deleted;
UPDATE bookinfo SET bookcount = bookcount + 1 WHERE id = @bookid;    -- 馆藏图书数量加 1
END
END
```

执行上面的语法,效果如图 13.10 所示。

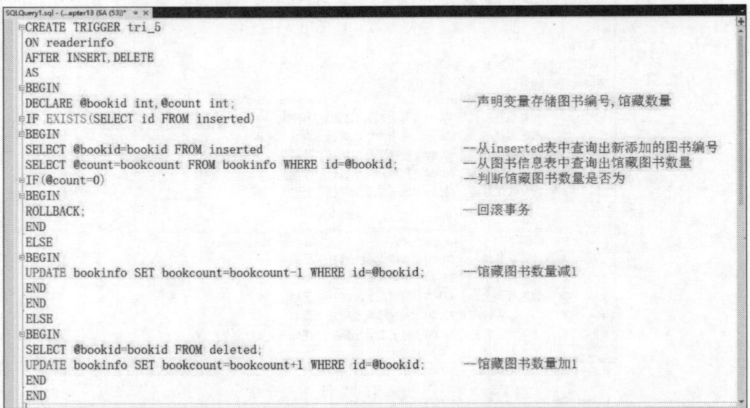

图 13.10　创建触发器 tri_5

至此，一个完整的图书借还时触发藏书数量变化的触发器就完成了。下面检验触发器 tri_5，在检验触发器之前，需要将之前创建的 tri_4 触发器删除。因为每一个数据库操作只能有一个触发器，具体的验证语法如下：

```
DROP TRIGGER tri_4;                              -- 删除触发器 tri_4
SELECT * FROM bookinfo;                          -- 查询图书信息表的原始数据
INSERT INTO readerinfo VALUES(1,1);
SELECT * FROM bookinfo;                          -- 查询借阅图书后,图书信息表中的数据
DELETE FROM readerinfo WHERE userid = 1 AND bookid = 1;
SELECT * FROM bookinfo;                          -- 查询还书后,图书信息表中的数据
```

执行上面的语法，效果如图 13.11 所示。

图 13.11　验证触发器 tri_5

通过图 13.11 所示的结果可以看出，tri_5 触发器确实能够完成借还书时触发图书馆藏数量变化的操作。

13.2.3　再建 INSTEAD OF 类型触发器

有了创建 AFTER 类型触发器的基础，创建 INSTEAD OF 类型的触发器就不难了。INSTEAD OF 触发器是替代原有操作的。例如，删除数据表时激发触发器，使其向表中添加一条数据。下面通过示例学习如何使用 INSTEAD OF 类型的触发器。

例 13-6　创建触发器 tri_6，当读者还书时，不将图书借阅信息表中的数据删除，但还是要更新图书信息表中的馆藏数量。

根据题目要求，需要创建 INSTEAD OF 类型的触发器，创建语法如下：

```
CREATE TRIGGER tri_6
ON readerinfo
INSTEAD OF DELETE
```

```
AS
BEGIN
DECLARE @bookid int;
SELECT @bookid = bookid FROM deleted;
UPDATE bookinfo SET bookcount = bookcount + 1 WHERE id = @bookid;          -- 馆藏图书数量加 1
END
```

执行上面的语法,效果如图 13.12 所示。

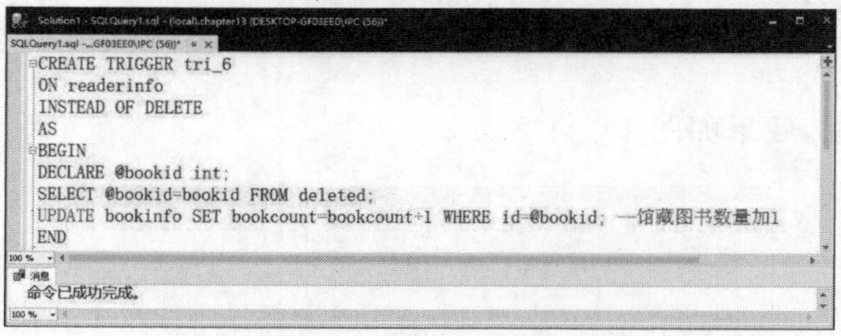

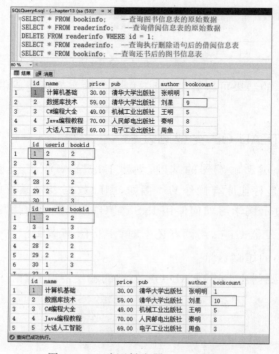

图 13.12 创建触发器 tri_6

完成触发器 tri_6 的创建后,下面验证其效果,验证的语法如下:

```
SELECT * FROM bookinfo;                     -- 查询图书信息表的原始数据
SELECT * FROM readerinfo;                   -- 查询借阅信息表的原始数据
DELETE FROM readerinfo WHERE id = 1;
SELECT * FROM readerinfo;                   -- 查询执行删除语句后的借阅信息表
SELECT * FROM bookinfo;                     -- 查询还书后的图书信息表
```

执行上面的语法,效果如图 13.13 所示。

图 13.13 验证触发器 tri_6 的效果

从图 13.13 的效果可以看出，INSTEAD OF 触发器确实是阻止了数据表执行删除的操作。

13.2.4 创建带加密选项的触发器

所谓带加密选项就像存储过程使用加密选项一样，只要在创建触发器时为其加上 WITH ENCRYPTION 触发器的文本就加密了。下面使用例 13-7 演示如何创建带加密选项的触发器。

例 13-7 创建触发器 tri_7，并使用加密选项设置。触发器的作用是禁止借阅价格高于 50 元的图书。

根据题目要求，使用的是 AFTER 类型的触发器，具体的创建语法如下：

```
CREATE TRIGGER tri_7
ON readerinfo
WITH ENCRYPTION                                       -- 加密文本
AFTER INSERT
AS
BEGIN
DECLARE @bookid int,@price decimal(6,2);
SELECT @bookid = bookid FROM inserted;                -- 获取添加的图书编号
IF(EXISTS(SELECT * FROM bookinfo WHERE id = @bookid AND price > 50))
BEGIN
ROLLBACK;                                             -- 回滚事务
END
ELSE
BEGIN
UPDATE bookinfo SET bookcount = bookcount – 1 WHERE id = @bookid;  -- 更新图书数量
END
END
```

执行上面的语法，效果如图 13.14 所示。

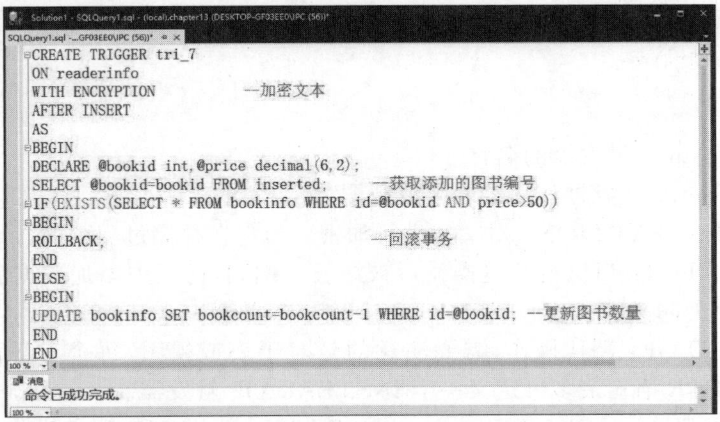

图 13.14　创建带加密选项的触发器 tri_7

验证触发器 tri_7 是否被加密了，仍然可以使用系统存储过程 sp_helptext 查看，具体的语法如下：

```
sp_helptext tri_7;
```

执行上面的语法,效果如图 13.15 所示。

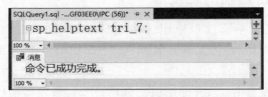

图 13.15　查看触发器的创建文本

从图 13.15 中的效果可以看出,通过 WITH ENCRYPTION 确实是将创建触发器的文本加密了。

注意:在创建触发器时,读者要注意每张表的操作(INSERT、UPDATE 和 DELETE)只能有一种类型的触发器。

13.3　修改触发器

触发器在创建完成后,有时还需要对原有触发器进行修改。触发器不仅可以修改语法,还可以通过语句来设置是否禁用。在本节中学习如何使用 SQL 语句修改触发器。

视频讲解

13.3.1　修改触发器的语法

修改触发器的语法与创建触发器的语法类似,只是将 CREATE 关键字换成了 ALTER 关键字,具体的语法如下:

```
ALTER TRIGGER trigger_name
ON { table | view }
[ WITH ENCRYPTION]
{ FOR | AFTER | INSTEAD OF }
{ [ INSERT ] [ , ] [ UPDATE ] [ , ] [ DELETE ] }
[ NOT FOR REPLICATION ]
AS { sql_statement }
```

❑ trigger_name:触发器的名称。

❑ table | view:触发器作用的表名或视图名。

❑ WITH ENCRYPTION:对文本进行加密。与它在存储过程中的含义一样。

❑ FOR|AFTER:当执行某些操作后被激发。例如,向表中添加数据后激发,FOR 与 AFTER 是同义的。

❑ INSTEAD OF:替代操作,需要注意的是对于表或视图,每个 INSERT、UPDATE 或 DELETE 语句最多可定义一个 INSTEAD OF 触发器。

❑ {[DELETE][,][INSERT][,][UPDATE]}:指定在哪种操作时激发触发器。可以选择 1 到多个选项。

❑ NOT FOR REPLICATION:当复制表时,触发器不被激发。

❑ sql_statement:触发器被激发时执行的 T-SQL 语句。

13.3.2　修改触发器

下面通过例 13-8 讲解如何修改触发器。

例 **13-8**　修改在例 13-7 中创建的触发器 tri_7，改成当出版社是"清华大学出版社"的图书禁止借阅。

根据题目要求，修改的语法如下：

```
ALTER TRIGGER tri_7
ON readerinfo
WITH ENCRYPTION                                      -- 加密文本
AFTER INSERT
AS
BEGIN
DECLARE @bookid int,@price decimal(6,2);
SELECT @bookid = bookid FROM inserted;               -- 获取添加的图书编号
IF(EXISTS(SELECT * FROM bookinfo WHERE id = @bookid AND pub = '清华大学出版社'))
BEGIN
ROLLBACK;                                            -- 回滚事务
END
ELSE
BEGIN
UPDATE bookinfo SET bookcount = bookcount - 1 WHERE id = @bookid;-- 更新图书数量
END
END
```

执行上面的语法，效果如图 13.16 所示。

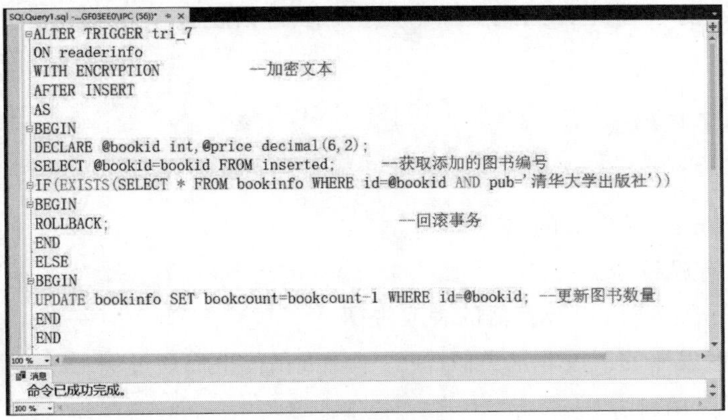

图 13.16　修改触发器 tri_7

从图 13.16 所示的界面中可以看出，触发器的内容已经被修改了。请读者编写验证语句，自己验证修改后的触发器 tri_7。

13.3.3　禁用/启用触发器

通过前面修改触发器的语法是不能将触发器禁用的。禁用触发器的目的是当一些触发器目前不需要，但以后可能还会使用时，不用直接将触发器删除。如果以后想使用被禁用的触发器，直接使用语句将其启用即可。下面分别讲解如何禁用和启用触发器。

1. 禁用触发器

禁用触发器通过 DISABLE 语句完成。具体的语法如下：

```
DISABLE TRIGGER {[trigger_name [,...n ] | ALL }
ON object_name
```

- ❑ trigger_name：触发器的名称。
- ❑ ALL：所有触发器。
- ❑ object_name：要禁用的触发器的表或视图。

下面通过例 13-9 练习如何禁用触发器。

例 13-9 禁用触发器 tri_7。

使用 DISABLE TRIGGER 语句禁用触发器 tri_7，并且触发器 tri_7 是作用在借阅信息表（readerinfo）上的，具体的语法如下：

```
DISABLE TRIGGER tri_7
ON readerinfo;
```

执行上面的语法，效果如图 13.17 所示。

通过图 13.17 所示的效果，说明禁用触发器的操作已经完成了。tri_7 触发器是用来借阅图书时的判断，读者可以编写一条借阅图书的语句查看触发器是否还起作用。

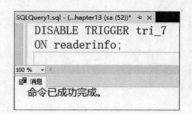

图 13.17　禁用触发器 tri_7

2. 启用触发器

当触发器需要重新恢复其作用时，重新启用该触发器。启用触发器使用的是 ENABLE 语句完成，具体的语法如下：

```
ENABLE TRIGGER {[trigger_name [,...n ] | ALL }
ON object_name
```

- ❑ trigger_name：触发器的名称。
- ❑ ALL：所有触发器。
- ❑ object_name：要启用触发器的表或视图。

启用和禁用触发器的语法非常类似，注意不要混淆。下面通过例 13-10 演示启用触发器。

例 13-10 启用触发器 tri_7。

使用 ENABLE TRIGGER 语句启用触发器 tri_7，并且触发器 tri_7 是作用在借阅信息表（readerinfo）上的，具体的语法如下：

```
ENABLE TRIGGER tri_7
ON readerinfo;
```

执行上面的语法，效果如图 13.18 所示。

通过图 13.18 所示的效果，说明启用触发器的操作已经完成了。也就是说，触发器 tri_7 又恢复了原来的功能。

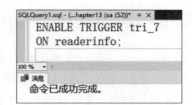

图 13.18　启用触发器 tri_7

13.4　删除触发器

当某些触发器以后不再使用时,考虑删除该触发器,删除后的触发器不能恢复。因此,在考虑要删除某些触发器时一定要慎重。如果不能确定触发器是否不用时,可以先将这些触发器做禁用操作。

删除触发器仍然使用 DROP 语句完成,具体的语法如下:

```
DROP TRIGGER trigger_name [ ,...n ] [ ; ]
```

这里,trigger_name 是指要删除触发器的名称。在删除触发器时一次可以删除一个或多个触发器,多个触发器之间用逗号隔开即可。

下面演示使用 DROP TRIGGER 语句删除触发器。

例 **13-11**　删除触发器 tri_7。

使用 DROP TRIGGER 语句删除 tri_7,具体的语法如下:

```
DROP TRIGGER tri_7;
```

执行上面的语法,效果如图 13.19 所示。

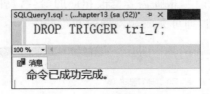

图 13.19　删除触发器 tri_7

这样,在数据库 chapter13 中就没有名为 tri_7 的触发器了。

13.5　使用 SSMS 管理触发器

视频讲解

前面的内容是通过 SQL 操作触发器,本小节的内容是在 SSMS 中操作触发器和前面使用 SSMS 操作存储过程一样,使用 SSMS 操作触发器直接按照步骤操作就行了。

13.5.1　使用 SSMS 创建触发器

在 SSMS 中创建触发器非常容易,通常需要两个步骤就可以完成。下面使用例 13-12 演示如何在 SSMS 中创建触发器。

例 13-12 创建触发器 tri_8,当删除读者信息表的读者信息时,将读者的借阅信息也一并删除。

使用 SSMS 完成创建触发器 tri_8 的工作,具体分为如下两个步骤。

(1) 在"对象资源管理器"中的数据库目录下找到数据库 chapter13,并在表目录下找到读者信息表(userinfo),展开表目录,右击"触发器"节点,在弹出的快捷菜单中选择"新建触发器"选项,如图 13.20 所示。

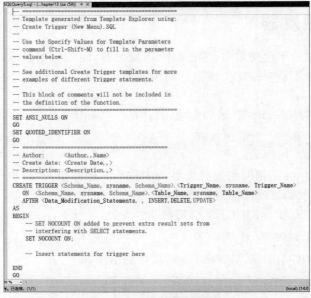

图 13.20　创建触发器界面

(2) 在图 13.20 所示界面中,根据需要修改相应的参数,具体语句如图 13.21 所示。添加完成后,再单击"执行"按钮,即可完成触发器的创建操作。

图 13.21　创建触发器 tri_8

至此,触发器 tri_8 就创建完成了。

13.5.2 使用 SSMS 修改触发器

在 SSMS 中修改触发器比创建触发器的操作更容易一些,下面简单地讲解如何在 SSMS 中修改触发器。修改触发器也只需要两个步骤,这里仍以修改 tri_8 为例。

(1)在"对象资源管理器"中的数据库目录下找到数据库 chapter13,并在表目录下找到读者信息表(userinfo),展开表目录,展开"触发器"节点,并右击"tri_8"触发器,在弹出的快捷菜单中选择"修改"选项,如图 13.22 所示。

```
SQLQuery7.sql - (...hapter13 (sa (59))*  ⊅ ×
USE [chapter13]
GO
/****** Object:  Trigger [dbo].[tri_8]    Script Date: 2019/2/28 14:00:20 ******/
SET ANSI_NULLS ON
GO
SET QUOTED_IDENTIFIER ON
GO
-- =============================================
-- Author:       <Author,,Name>
-- Create date: <Create Date,,>
-- Description: <Description,,>
-- =============================================
ALTER TRIGGER [dbo].[tri_8]
    ON  [dbo].[userinfo]
    AFTER DELETE
AS
BEGIN
    -- Insert statements for trigger here
    DECLARE @userid int;
    SELECT @userid=id FROM deleted;
    DELETE FROM readerinfo WHERE userid=@userid;

END
```

图 13.22　修改触发器界面

(2)在图 13.22 所示的界面中,按要求修改相应的参数和 SQL 语句,完成修改操作后,直接单击"执行"选项,即可完成触发器的修改操作。

13.5.3 使用 SSMS 删除触发器

删除触发器是最简单的一个操作,但是,删除后的触发器不能恢复,所以要谨慎操作。下面通过例 13-13 讲解如何删除触发器 tri_8。

[例] **13-13**　删除触发器 tri_8。

用语句删除触发器就是一句话的操作,相对于语句来说,使用 SSMS 就略显麻烦了。具体的操作步骤如下。

(1)在"对象资源管理器"中的数据库目录下找到数据库 chapter13,并找到要删除的触发器所在的数据表 userinfo。展开"触发器"节点,右击"tri_8"触发器,在弹出的快捷菜单中选择"删除"命令,弹出图 13.23 所示的对话框。

(2)在图 13.23 所示的对话框中单击"确定"按钮,即可完成删除触发器 tri_8 的操作。

13.5.4 使用 SSMS 启用/禁用触发器

在 SSMS 中启用或者禁用触发器的操作都与删除触发器的操作有些类似。下面就分

图 13.23　删除提示对话框

别讲解如何启用和禁用触发器。

1．禁用触发器

禁用触发器的操作分为如下两个步骤,这里以禁用 tri_8 为例。

(1) 在"对象资源管理器"中的数据库目录下找到数据库 chapter13,并找到要禁用的触发器所在的数据表 userinfo。展开"触发器"节点,右击"tri_8"触发器,在弹出的快捷菜单中选择"禁用"命令,弹出如图 13.24 所示的对话框。

(2) 在图 13.24 所示的对话框中单击"关闭"按钮,即可完成触发器的禁用操作。

2．启用触发器

有了禁用触发器的基础,启用触发器的操作就变得更加容易了。启用 tri_8 触发器,分为如下两个步骤。

(1) 在"对象资源管理器"中的数据库目录下找到数据库 chapter13,并找到要启用的触发器所在的数据表 userinfo。展开"触发器"节点,右击"tri_8"触发器,在弹出的快捷菜单中选择"启用"命令,弹出如图 13.25 所示的对话框。

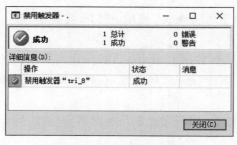

图 13.24　"禁用触发器"对话框

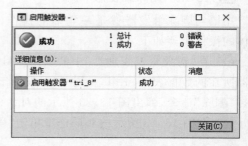

图 13.25　"启用触发器"对话框

(2) 在图 13.25 所示的对话框中单击"关闭"按钮,即可完成触发器的启用操作。

13.6 本章小结

在本章中主要讲解了触发器的作用、分类以及如何创建、修改和删除 DML 类型触发器。在创建触发器时讲解了创建 AFTER、INSTEAD OF 以及带加密选项的触发器；在修改触发器中除了讲解使用一般语法修改触发器的操作外，还讲解了如何禁用和启用触发器。此外，还讲解了如何使用 SSMS 来创建、修改以及删除触发器。相信通过本章的学习，读者能够更好地理解触发器的功能以及如何使用触发器。在以后的工作中，有选择地使用触发器必能起到事半功倍的效果。

13.7 本章习题

一、填空题

1. 在 SQL Server 中，DML 类型触发器的操作指的是_____。

2. 在触发器中有两个特殊的表_____和_____。

3. INSTEAD OF 触发器的作用是_____。

二、选择题

1. （   ）是创建触发器的语句。

    A. CREATE PRO   B. CREATE TRIGGER

    C. ALTER TRIGGER   D. 以上都不对

2. （   ）是禁用触发器的语句。

    A. USE   B. DISABLE

    C. ENABLE   D. 以上都不对

3. （   ）是删除触发器的语句。

    A. DELETE TRIGGER   B. CLOSE TRIGGER

    C. DROP TRIGGER   D. 以上都不对

三、问答题

1. 触发器有哪几种类型？

2. 使用触发器时需要注意什么问题？

3. DML 类型触发器中，AFTER 类型触发器和 INSTEAD OF 类型触发器有什么区别？

四、操作题

创建用户信息表和日志信息表，表结构如表 13.6、表 13.7 所示，并完成下列触发器的操作。

表 13.6 用户信息表（userinfo）

序　号	列　名	数　据　类　型	说　明
1	id	int	用户编号
2	username	varchar(20)	用户名
3	userpwd	varchar(20)	密码

表 13.7 用户信息日志表（loginfo）

序　号	列　名	数据类型	说　明
1	id	int	日志编号
2	userid	int	用户编号
3	username	varchar(20)	用户名
4	userpwd	varchar(20)	密码

1. 创建触发器 tri_1,完成当向用户信息表插入数据时,同时向用户信息日志表插入相同数据。

2. 创建触发器 tri_2,完成当删除用户信息表数据时,同时向用户信息日志表插入被删除的数据。

第14章

与数据安全相关的对象

确保数据库中数据的安全性是每一个数据库管理工作人员的愿望。那么,如何确保数据库的安全性呢?本章将介绍与数据安全相关的对象。

本章主要知识点如下:

❑ 认识与数据安全相关的对象;

❑ 如何管理用户;

❑ 如何管理角色;

❑ 如何管理权限;

❑ 如何管理登录账号。

14.1 认识与数据安全相关的对象

在 SQL Server 数据库中,能够对数据安全起作用的对象主要有数据库用户、用户权限、角色以及登录账号。用户只有了解这些对象的作用,才能够灵活地设置和使用这些对象。本小节将逐一介绍这些对象。

(1) 数据库用户。数据库用户就是指能够使用数据库的用户。在 SQL Server 中,可以为不同的数据库设置不同的用户,从而提高数据库的访问安全性。

在 SQL Server 数据库中有两个特殊的用户,一个是 guest 用户,一个是 dbo 用户。这两个用户之所以特殊,是因为安装系统完成后就存在了,并且默认它们存在于每个数据库中。guset 用户的特点是可以被禁用;dbo 用户的特点是创建数据库对象的所有者都默认为 dbo 用户,并且该用户是不能删除的。

(2) 用户权限。了解了数据库用户,用户如何操作数据库呢?用户权限由数据库管理员设置,根据指定用户做什么而设置完成的权限。例如,商场经常会办理各种会员卡,会员卡一般有普通会员卡、VIP 会员卡等,每种卡持有的会员在消费时都有不同的折扣。用户也是一样的,通过对用户设置权限,每个数据库用户都会有不同的访问权限。例如,有的用户只能查询数据库中的信息而不能更新数据库中的信息。

(3) 角色。角色这个词,读者应该不太陌生。在电影或电视剧中经常会提到角色,例如,主演、友情出演等。同样,在数据库中也是一样的,通常将角色看作是一些权限的集合。角色在数据库中是设置好权限的,合理地分配给用户就可以了。如果需要给用户设置很多权限时能够直接找到适合的角色,就可以将设置权限的工作变得容易多了。在数据库中有哪些角色呢?在 SQL Server 中,角色可以分为 3 种,分别是数据库角色、服务器角色以及应用程序角色。至于每种角色中都包含哪些权限,将在本章的角色部分详细讲解。

(4)登录账号。登录账号是用来访问 SQL Server 数据库系统而使用的,它不同于前面所讲的数据库用户。用户是用来访问某个特定数据库的,一个登录账号可以访问多个数据库,而一个用户只能访问特定的数据库,并且不能直接访问 SQL Server 系统,只有给用户设置登录账号映射才能访问 SQL Server 系统。因此,合理地控制用户使用登录账号也是确保数据库安全性的一个方法。

14.2 登录账号管理

视频讲解

所谓登录账号就是登录数据库时使用的用户名和密码,和登录操作系统一样,都需要使用账号和密码。本小节主要讲解如何使用 SQL 语句和 SSMS 创建和管理登录账号。

14.2.1 创建登录账号

创建登录账号首先要注意的是账号不能重名,使用 SQL 语句创建登录账号的语法形式如下:

```
CREATE LOGIN loginname WITH PASSWORD = 'password'
[DEFAULT DATABASE = dbname]
```

❏ loginname:登录名。
❏ password:密码。密码尽量设置复杂一些。
❏ dbname:指定账户登录的默认数据库名。如果不指定默认数据库名,则会将 master 数据库作为默认的数据库。

例 14-1 创建登录名为 user1、密码为 abc123 的登录账号。

根据题目要求,创建登录账号的语法如下:

```
CREATE LOGIN user1 WITH PASSWORD = 'abc123';
```

执行上面的语法,效果如图 14.1 所示。

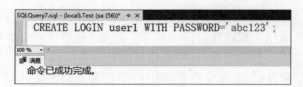

图 14.1 创建登录账号 user1

下面验证"user1"账号是否能成功登录。在登录 SSMS 的对话框中，尝试输入用户名"user1"以及密码"abc123"，效果如图 14.2 所示。

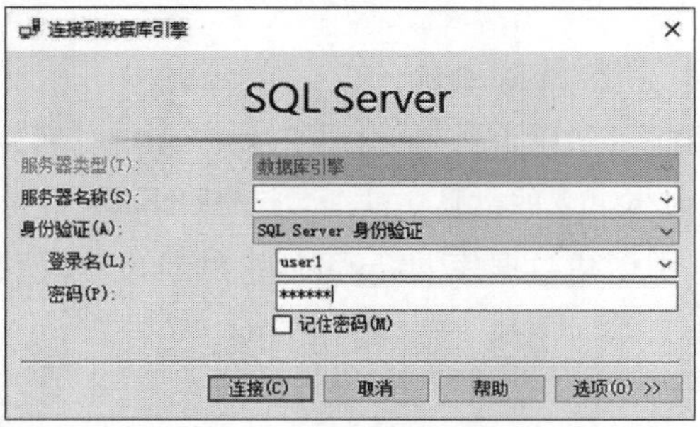

图 14.2　使用 user1 登录

在图 14.2 所示对话框中单击"连接"按钮，如果能够成功登录，那就说明创建登录账号"user1"成功了，即可登录到 SSMS 的界面。

说明：除了使用 CREATE LOGIN 语句可以创建登录账号外，还可以通过系统存储过程 sp_addlogin 创建。语法形式如下：

```
sp_addlogin username,userpwd,default database;
```

这里，username 是登录名，userpwd 是密码，default database 是为用户指定的默认数据库。如果用 sp_addlogin 创建例 14-1 的用户账号 user1，具体的语法如下：

```
sp_addlogin 'user1','abc123',;
```

通过上面的语法可以达到与例 14-1 相同的效果。

14.2.2　修改登录账号

创建好的登录账号也是可以修改的，修改登录账号使用 ALTER LOGIN 语句来完成。使用该语句可以修改账号名、密码以及默认数据库等信息，具体的语法如下：

```
ALTER LOGIN loginname
[DISABLE|ENABLE]
WITH
{DEFAULT_DATABASE = database|NAME = new_login_name|PASSWORD = 'password'}
```

❏ loginname：要修改的账户名称。

❏ DISABLE|ENABLE：禁用或启用账户。

❏ database：默认数据库名。

❏ new_login_name：修改后的账户名称。

❏ password：密码。

例 14-2　将例 14-1 中的登录账号 user1 的登录账号名修改成 user2。

根据题目要求，修改登录账号的名字，具体的语法如下：

```
ALTER LOGIN user1
WITH
NAME = user2;
```

执行上面的语法,效果如图 14.3 所示。

通过图 14.3 所示的效果,完成了将"user1"改成了"user2"的操作。

例 14-3 将登录账号 user2 的默认数据库更改成 chapter14。

首先,在 SQL Server 中创建数据库 chapter14。然后再修改,具体的语法如下:

```
CREATE DATABASE chapter14;
ALTER LOGIN user2
WITH
DEFAULT_DATABASE = chapter14;
```

执行上面的语法,效果如图 14.4 所示。完成了将"user2"的数据库设置成"chapter14"的操作。

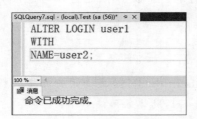

图 14.3　修改登录名

图 14.4　修改默认数据库

例 14-4 将登录账号 user2 禁用。

禁用账号只需要在 ALTER 语句中使用 DISABLE 关键字即可,具体的语法如下:

```
ALTER LOGIN user2 DISABLE;
```

执行上面的语法,效果如图 14.5 所示,已将 user2 登录名禁用了。如果想启用 user2,则将上面语句中的 DISABLE 换成 ENABLE 即可。

说明:不仅可以使用 ALTER 语句修改登录账号,也可以使用系统存储过程完成。在修改登录账号密码时,可以使用系统存储过程 sp_password 完成;在修改登录账号的默认数据库时,可以使用系统存储过程 sp_defaultdb。

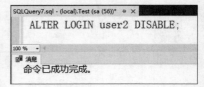

图 14.5　禁用 user2

14.2.3　删除登录账号

删除登录账号很简单,使用 DROP 语句可以删除。删除账号时只要知道账号名就可以了。但是,删除登录账号是不可逆的,因此,在删除前一定要确认好,具体的删除语法如下:

```
DROP LOGIN login_name;
```

这里,login_name 是登录账号名。另外,还需要注意的是使用 DROP LOGIN 语句一次只能删除一个登录账号名。

例 14-5　删除登录账号 user2。

只需要使用 DROP LOGIN 即可删除,具体的语法如下:

```
DROP LOGIN user2;
```

执行上面的语法,效果如图 14.6 所示,账号 user2 已经成功删除了。

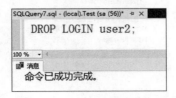

图 14.6　删除登录账号 user2

说明:删除登录账号也可以使用系统存储过程 sp_droplogin 来完成。

14.2.4　使用 SSMS 管理登录账号

读者在前面已经学习了如何使用 SQL 创建和管理登录账号。在 SSMS 中,也可以很容易地完成登录账号的创建和管理的操作。

1. 创建登录账号

以创建登录账号 user1 为例,在 SSMS 中创建登录账号分为如下两个步骤。

(1) 找到创建登录账号的位置。在"对象资源管理器"中,展开"安全性"节点,右击"登录名"选项,在弹出的快捷菜单中选择"新建登录名"选项,弹出如图 14.7 所示的对话框。

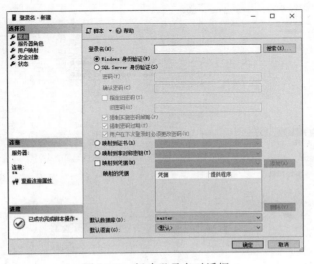

图 14.7　新建登录名对话框

（2）填入登录名信息。在图 14.7 所示的对话框中，填入登录名"user1"，选择"SQL Server 身份验证"方式，并设置密码。在默认数据库处选择"chapter14"，填入后的效果如图 14.8 所示。

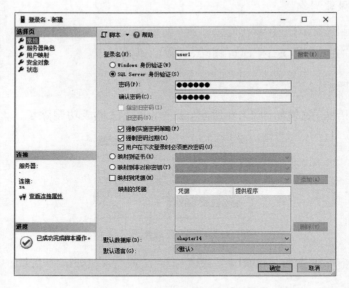

图 14.8　填入登录名信息后的对话框

在图 14.8 所示的对话框中单击"确定"按钮，即可完成 user1 登录账号的创建。

2. 修改登录账号

以修改登录账号 user1 的密码为例，在 SSMS 中修改登录账号密码需要如下两个步骤。

（1）找到要修改的登录账号。在"对象资源管理器"中，展开"安全性"→"登录名"节点，右击"user1"节点，在弹出的快捷菜单中选择"属性"选项，弹出如图 14.9 所示的对话框。

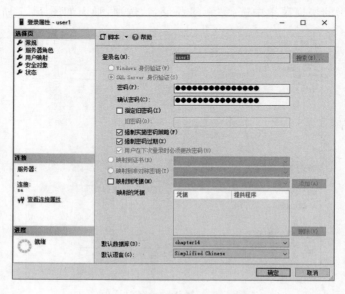

图 14.9　登录账号属性界面的对话框

（2）修改登录账号的密码。在图 14.9 所示的对话框中，修改密码并确认密码。修改密码后，单击"确定"按钮，即可完成登录名 user1 的修改密码操作。

在图 14.9 所示的对话框中会发现只能修改密码、默认数据库以及默认语言等信息，但是无法修改登录名。那么，登录名如何修改呢？如果要修改登录名可以直接右击要修改的登录名，在弹出的快捷菜单中选择"重命名"选项，重新输入登录名即可完成修改操作。

3．删除登录账号

以删除登录账号 user1 为例，在 SSMS 中删除登录账号需要如下两个步骤。

（1）找到要删除的登录账号。在"对象资源管理器"中，展开"安全性"→"登录名"节点，右击"user1"节点，在弹出的快捷菜单中选择"删除"选项，弹出如图 14.10 所示的对话框。

图 14.10　删除登录账号

（2）确认删除。在图 14.10 所示的对话框中单击"确定"按钮，即可完成登录账户 user1 的删除操作。

14.3　用户管理

通过前面两小节的学习，可以了解用户在数据库安全性中的重要性。权限和角色都是给用户设置的。用户管理既可以通过 SQL 语句完成也可以通过 SSMS 的图形界面管理。在本小节中，将详细地讲解如何管理数据库的用户。

视频讲解

14.3.1　创建用户

创建用户是用户管理的第一步，数据库中的用户也是不能重名并且用户名不能以数字为前缀，创建用户的语法形式如下：

```
CREATE USER user_name [ { { FOR | FROM }
    {
        LOGIN login_name
    }
    | WITHOUT LOGIN
]
```

❑ user_name：用户名。指定登录数据库的用户名。

❑ login_name：指定要创建数据库用户的 SQL Server 登录名。

❑ WITHOUT LOGIN：指定不将用户映射到现有登录名。

需要注意的是如果在创建用户时没有指定登录名，要将用户名创建成与登录名同名才可以，具体参考例题 14-6，否则会出现错误。

例 14-6 创建数据库用户 testuser。

为了创建用户方便，首先将用户 testuser 创建成登录用户，然后再使用 CREATE USER 语句创建数据库用户，具体的语法如下：

```
CREATE LOGIN testuser WITH PASSWORD = 'abc123';
CREATE USER testuser;
```

执行上面的语法，效果如图 14.11 所示，完成了用户 testuser 的创建。

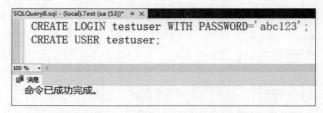

图 14.11　创建用户 testuser

例 14-7 创建在 chapter14 上的数据库用户 testuser1。

在本例中登录名仍使用前面创建的 testuser，创建数据库用户 testuser1 的语法如下：

```
USE chapter14;           -- 指定要创建用户的数据库
CREATE USER testuser1 FOR LOGIN testuser;
```

执行上面的语法，效果如图 14.12 所示。用户 testuser1 就创建成功了。

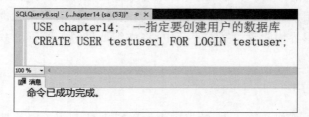

图 14.12　创建用户 testuser1

说明：创建用户也可以使用系统存储过程 sp_grantdbaccess 创建。

14.3.2 修改用户

创建好用户后,如果需要修改用户的信息,可以通过 ALTER USER 语句来修改,具体的语法如下:

```
ALTER USER user_name WITH
{
    NAME = new_username|LOGIN = loginname
}
```

❑ user_name:用户名。指定要修改的用户名。

❑ new_username:修改后的用户名。

❑ loginname:修改后的登录名。

例 14-8 将用户名 testuser 修改成 newtestuser。

根据题目要求,修改的语法如下:

```
USE master;              -- 打开用户所在的数据库
ALTER USER testuser WITH
NAME = newtestuser;
```

执行上面的语法,效果如图 14.13 所示。用户 testuser 就修改成功了。

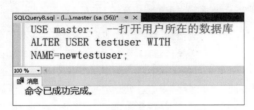

图 14.13 修改用户 testuser

14.3.3 删除用户

删除用户只需要用户名就可以了,如果不清楚要删除的用户名,可以通过系统存储过程 sp_helpuser 查看。有了用户名,使用下面的删除语法即可完成操作。

```
DROP USER username;
```

这里,username 是要删除的用户名。需要注意的是在删除用户名之前,先要将用户所在的数据库使用 USE 语句打开。

例 14-9 删除数据库 chapter14 中的用户名 testuser1。

根据题目要求,删除的语法如下:

```
USE chapter14;
DROP USER testuser1;
```

执行上面的语法,效果如图 14.14 所示。用户 testuser1 删除成功了。

说明:删除用户也可以通过系统存储过程 sp_revokedaccess 完成。

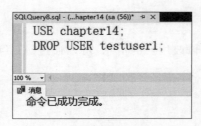

图 14.14　删除用户 testuser1

14.3.4　使用 SSMS 管理用户

前面已经学习了如何使用 SQL 语句创建和管理用户，在 SSMS 中也是可以管理用户的，甚至更容易一些。下面介绍如何使用 SSMS 管理用户。

1. 创建用户

在 SSMS 中创建用户很方便，通过以下两个步骤即可完成。这里以创建用户 user1 为例。

（1）打开创建用户的对话框。在"对象资源管理器"中，展开"数据库"→chapter14→"安全性"节点，右击"用户"选项，在弹出的快捷菜单中选择"新建用户"选项，如图 14.15 所示。

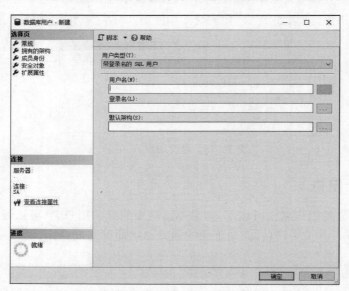

图 14.15　新建数据库用户

（2）选择登录名。在图 14.15 所示的对话框中，为新建的用户选择一个登录名。单击登录名后面的 ■ 按钮，弹出选择登录名对话框，如图 14.16 所示。

在图 14.16 所示的对话框中单击"浏览"按钮，弹出如图 14.17 所示的对话框。

在图 14.17 所示的对话框中选中一个登录名，单击"确定"按钮，即可完成登录名的选择。这里，选择登录名"testuser"。

（3）填入用户信息。完成登录名的选择后，填入用户名"user1"，还可以为用户选择架构或者角色，效果如图 14.18 所示。

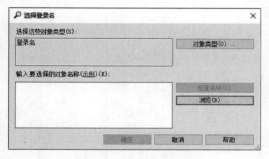

图 14.16　选择登录名

图 14.17　"查找对象"对话框

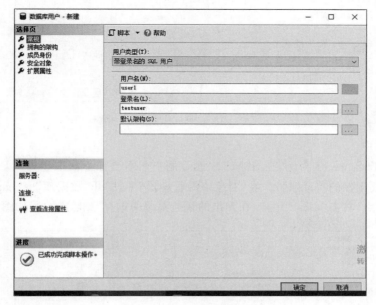

图 14.18　填入用户信息

　　填完用户信息后,在图 14.18 所示的对话框中单击"确定"按钮,即可完成用户信息的创建。

　　这里,关于角色的一些信息将在 14.4 节中详细讲解。

2. 修改用户

　　有了创建用户信息的操作基础,修改用户很容易。在 SSMS 中,修改用户信息需要如下两个步骤可以完成。在 SSMS 中修改用户信息不能修改用户的登录名。

　　(1) 打开用户信息的属性界面。在"对象资源管理器"中,展开"数据库"→chapter14→"安全性"→"用户"节点,右击"user1"用户,在弹出的快捷菜单中选择"属性"选项,如图 14.19 所示。

　　(2) 修改需要的信息。在图 14.19 所示的对话框中,只能修改 user1 用户的架构以及角色,修改后单击"确定"按钮,即可完成对用户信息的修改操作。

　　如果需要修改用户名,可以直接右击要修改的用户名,在弹出的快捷菜单中选择"重命名"选项,重新输入用户名即可完成修改操作。

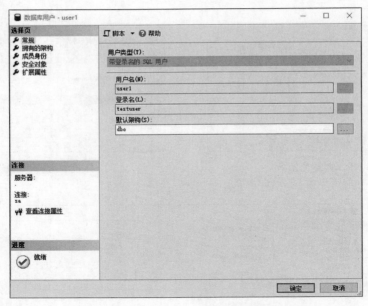

图 14.19　用户 user1 的属性对话框

3. 删除用户

以删除用户名 user1 为例，在 SSMS 中删除用户名需要如下两个步骤。

（1）找到要删除的登录账号。在"对象资源管理器"中，展开"数据库"→chapter14→"安全性"→"用户"节点，右击"user1"用户，在弹出的快捷菜单中选择"删除"选项，如图 14.20 所示。

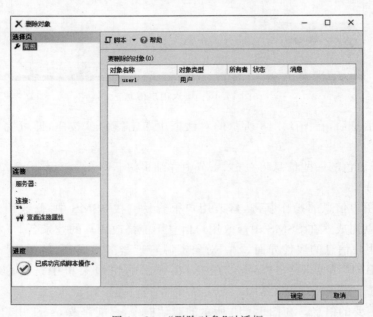

图 14.20　"删除对象"对话框

（2）确认删除。在图 14.20 所示的对话框中单击"确定"按钮，即可完成对用户 user1 的删除操作。

14.4　角色管理

视频讲解

数据库角色是系统自带的,通过这些角色可以给用户赋予一些权限。本节将介绍数据库角色所包含的权限以及如何自定义角色。

14.4.1　认识常用角色

在安装 SQL Server 数据库后,系统会为数据库配备一些常用的角色。为用户设置角色相当于将一组权限一起设置给用户,既方便操作又能避免再赋予权限时出现错误。表 14.1 是数据库中常见的角色。

表 14.1　数据库角色

数据库角色	说　　明
db_accessadmin	拥有添加或删除用户的权限
db_securityadmin	拥有管理全部权限、对象所有权、角色的权限
db_ddladmin	拥有 DDL 操作权限
db_backupoperator	拥有执行 DBCC、CHECKPOINT 和 BACKUP 语句的权限
db_datareader	拥有选择数据库内任何用户表中的所有数据的权限
db_datawriter	拥有更改数据库内任何用户表中的所有数据的权限
db_owner	拥有全部权限
db_denydatareader	禁止选择数据库内任何用户表中的任何数据
db_denydatawriter	禁止更改数据库内任何用户表中的任何数据

在前面图 14.18 所示的对话框中部分角色已经遇到过了。通过表格中对这些角色的解释,读者可以在创建用户时有的放矢地设置了。如果在创建用户时没有指定角色,默认都是 public 类型的角色。public 角色在每个数据库中都存在,并且该角色是不能删除的。

说明:如果要查看数据库的固定角色,可以通过系统存储过程 sp_helpfixedrole 来查看。

14.4.2　创建角色

在 SQL Server 数据库中,如果表 14.1 中所列出的数据库角色不能够满足要求,还可以自定义角色。自定义角色使用 CREATE ROLE 语句完成,具体的语法如下:

```
CREATE ROLE role_name [AUTHORIZATION owner_name];
```

❑ role_name:角色名称。该角色名称不能与数据库固定角色的名称相同。
❑ owner_name:用户名称。角色所作用的用户名称。如果省略了该名称,角色就被创建到当前数据库的用户上。

通过上面的语法所创建的角色没有设置权限,只是创建了一个角色名称而已。在 14.5 小节中会学习如何给角色赋予权限。

例 14-10 创建作用在数据库 chapter14 上 user1 用户的角色 role1。

根据题目要求,创建的语法如下:

```
USE chapter14;
CREATE ROLE role1 AUTHORIZATION user1;
```

执行上面的语法,效果如图 14.21 所示。角色 role1 创建成功。

SQLQuery1.sql - (...hapter14 (sa (56))*
USE chapter14;
CREATE ROLE role1 AUTHORIZATION user1;
100 %
消息
命令已成功完成。

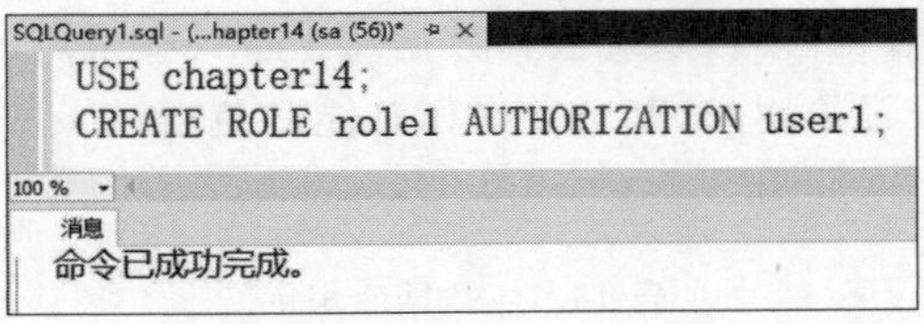

图 14.21 创建角色 role1

如果要查看数据库是否存在这个角色,可以通过系统存储过程 sp_helprole 查看,查询效果如图 14.22 所示。

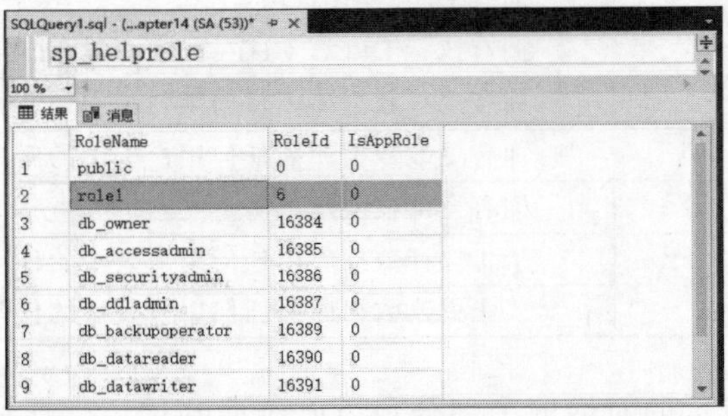

SQLQuery1.sql - (...apter14 (SA (53))*
sp_helprole
100 %
结果
消息
RoleName RoleId IsAppRole
1 public 0 0
2 role1 6 0
3 db_owner 16384 0
4 db_accessadmin 16385 0
5 db_securityadmin 16386 0
6 db_ddladmin 16387 0
7 db_backupoperator 16389 0
8 db_datareader 16390 0
9 db_datawriter 16391 0

图 14.22 查看数据库 chapter14 中的角色

从图 14.22 所示的结果可以看出,角色 role1 位于第 2 行。在使用 sp_helprole 查询时,如果当前数据库不是要查询的数据库,需要使用 USE 语句先打开查询的数据库。

14.4.3 修改角色

修改角色只能修改角色的名称,其他的内容是不能够修改的。修改角色使用的语法是 ALTER ROLE,具体的语法如下:

```
ALTER ROLE role_name
WITH NAME = new_name;
```

- role_name:要修改的角色名称。
- new_name:修改后的角色名称。

例 14-11 将例 14-10 中创建的角色 role1 更名成 role11。

根据题目要求,修改的语法如下:

```
ALTER ROLE role1
WITH NAME = role11;
```

执行上面的语句,效果如图 14.23 所示。

下面使用系统存储过程 sp_helprole 查看数据库 chapter14 中的角色,查看是否更改成功了,查询效果如图 14.24 所示。角色 role1 已经更改成了 role11。

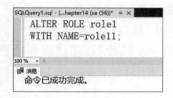

图 14.23　修改角色 role1

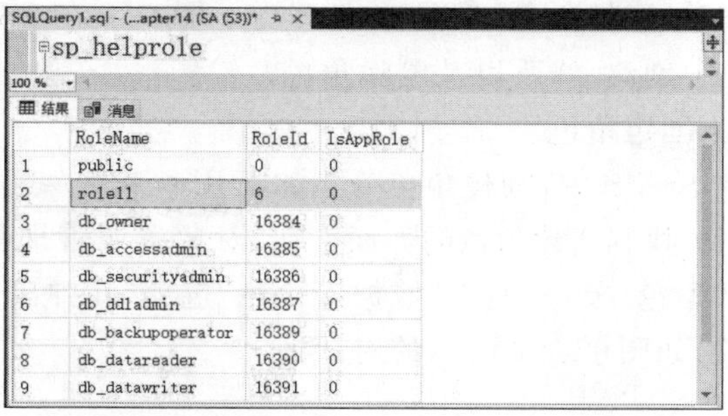

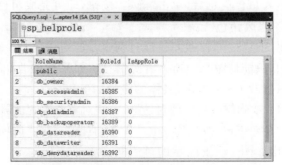

图 14.24　查询数据库 chapter14 中的角色

14.4.4　删除角色

删除角色只要知道角色名称就可以了。如果记不清要删除哪个角色,还可以通过之前用过的系统存储过程 sp_helprole 查看,删除角色的语法如下:

```
DROP ROLE role_name;
```

这里,role_name 是要删除的角色名称。在删除角色前,还要使用 USE 语句打开要删除角色所在的数据库。

例 14-12　删除在 chapter14 中创建的角色 role11。

根据题目要求,删除的语法如下:

```
USE chapter14;
DROP ROLE role11;
```

执行上面的语法,效果如图 14.25 所示。

下面使用系统存储过程 sp_helprole 验证是否将 role11 删除了,验证效果如图 14.26 所示。角色 role11 确实被删除了。

图 14.25　删除角色 role11

图 14.26　查询数据库 chapter14 中的角色

14.4.5　使用 SSMS 管理角色

在前面的几个小节中已经介绍了如何使用 SQL 语句创建和管理角色。尽管可以使用 SQL 语句管理角色,但是也有必要了解一下在 SSMS 中怎样管理角色。下面学习如何在 SSMS 中创建、修改以及删除角色。

1. 创建角色

在 SSMS 中,创建角色分为如下几个步骤。这里以创建角色 role1 为例。

(1) 找到新建角色的界面。在"对象资源管理器"中,展开"数据库"→chapter14→"安全性"→"角色"节点,右击"数据库角色"选项,在弹出的快捷菜单中选择"新建数据库角色"选项,弹出如图 14.27 所示的对话框。

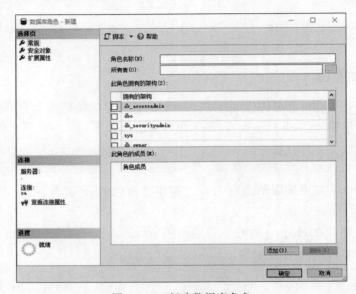

图 14.27　新建数据库角色

(2) 填入角色信息。在图 14.27 所示的对话框中,可以为角色设置角色名称、所有者以及其他角色信息等。这里,填入角色名称 role1,并选择所有者为"user1",填入效果如图 14.28 所示。

填入角色信息后,单击"确定"按钮,即可完成角色 role1 的创建。

2. 修改角色

在 SSMS 中,修改角色通过两个步骤可以完成。但在 SSMS 的界面中是不能修改角色名称的,只能修改角色所有者等信息。如果想修改角色名称,还得使用 SQL 来修改。这里仍然以修改 role1 为例,具体的步骤如下。

(1) 找到修改角色的对话框。在"对象资源管理器"中,展开"数据库"→chapter14→"安全性"→"角色"→"数据库角色"节点,右击"role1"选项,在弹出的快捷菜单中选择"属性"选项,弹出如图 14.29 所示的对话框。

(2) 修改角色信息。在图 14.29 所示的对话框中,修改 role1 的相关信息,然后单击"确定"按钮,即可完成角色的修改操作。

图 14.28　填入角色信息

图 14.29　"数据库角色属性"对话框

3. 删除角色

在 SSMS 中，删除角色的操作是角色管理中最简单的一个操作了，也最能体现 SSMS 的便利性。下面仍然以 role1 来演示如何删除角色的。具体的步骤如下。

在"对象资源管理器"中，展开"数据库"→chapter14→"安全性"→"角色"→" 数据库角色"节点，右击"role1"选项，在弹出的快捷菜单中选择"删除"选项，弹出如图 14.30 所示的对话框。

在图 14.30 中单击"确定"按钮，即可将角色 role1 删除了。

图14.30　"删除对象"对话框

视频讲解

14.5　权限管理

权限设置是本章的核心问题,前面讲解过的用户、角色都要通过权限的设置以确保数据库安全。本小节将讲解如何给用户或角色设置权限。

14.5.1　授予权限

GRANT 语句用来对主体授予安全对象的权限,该权限包括是否允许访问当前数据库的表、视图等对象,GRANT 的常用的语法如下:

```
GRANT permission [ON table_name|view_name] TO user_name|role_name
WITH GRANT OPTION
```

- ❏ permission:权限名称。
- ❏ table_name|view_name:表名或视图名。
- ❏ user_name|role_name:用户名或角色名。
- ❏ WITH GRANT OPTION:表示权限授予者可以向其他用户授予权限。

例 14-13　给用户 user1 在 chapter14 中授予创建表的权限。

根据题目要求,授予权限的语法如下:

```
USE chapter14;
GRANT CREATE TABLE TO user1;
```

执行上面的语法,效果如图 14.31 所示,成功地为用 user1 授予了创建表的权限。

查询用户拥有的权限可以通过系统存储过程 sp_helprotect 来完成。查询 user1 的权限效果如图 14.32 所示。从图中可以看出 user1 已经被授予了 CREATE TABLE 的权限。

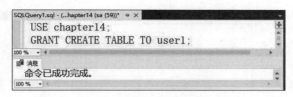

图 14.31　给用户授予权限

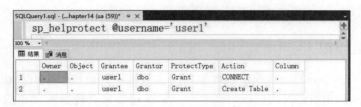

图 14.32　查询 user1 的权限

14.5.2　拒绝权限

所谓拒绝权限是指让数据库对象不具备某种权限。拒绝权限使用 DENY 语句完成。它与授予权限的语法形式类似,具体的语法如下:

```
DENY permission [ON table_name|view_name] TO user_name|role_name
WITH GRANT OPTION
```

❑ permission:权限名称。

❑ table_name|view_name:表名或视图名。

❑ user_name|role_name:用户名或角色名。

❑ WITH GRANT OPTION:表示被授权用户可将所获得的权限再次授予其他用户或角色。

例 **14-14**　给用户 user1 在 chapter14 中使其不能创建视图。

根据题目要求,要为 user1 设置拒绝权限 Create View,具体的语法如下:

```
USE chapter14;
DENY CREATE VIEW TO user1;
```

执行上面的语法,效果如图 14.33 所示,已经使用户 user1 不能够再创建视图了。

图 14.33　给用户设置拒绝权限

下面通过系统存储过程 sp_helprotect 查看用户 user1 当前所具有的权限,效果如图 14.34 所示。从图中可以看出 user1 新增了一个 CREATE VIEW 的拒绝权限。

```
SQLQuery1.sql - (...hapter14 (sa (59))*  ⊕ ×
   sp_helprotect @username=' user1'
```

	Owner	Object	Grantee	Grantor	ProtectType	Action	Column
1	.	.	user1	dbo	Deny	Create View	.
2	.	.	user1	dbo	Grant	CONNECT	.
3	.	.	user1	dbo	Grant	Create Table	.

图 14.34 查看用户 user1 的权限

14.5.3 收回权限

收回权限,从字面上的意思就应该能够猜出来是将原有的权限取消。在 SQL Server 数据库中,收回权限使用 REVOKE 语句来实现。它既能够取消数据库对象的授予权限,也能够取消其拒绝权限,具体的语法如下:

```
REVOKE permission [ON table_name|view_name] TO user_name|role_name
WITH GRANT OPTION
```

❑ permission:权限名称。

❑ table_name|view_name:表名或视图名。

❑ user_name|role_name:用户名或角色名。

❑ WITH GRANT OPTION:表示权限授予者可以向其他用户授予权限。

例 14-15 将 user1 之前在例 14-13 中授予的权限 Create Table 收回。

根据题目要求,具体的语法如下:

```
USE chapter14;
REVOKE CREATE TABLE TO user1;
```

执行上面的语法,效果如图 14.35 所示。从图中可以看出 user1 的 CREATE TABLE 权限被收回了。

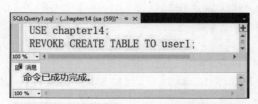

图 14.35 收回用户 user1 的 Create Table 权限

下面就通过系统存储过程 sp_helprotect 检验 user1 用户是否存在 CREATE TABLE 权限,效果如图 14.36 所示。从图中可以看出用户 user1 已经没有创建表的权限了。

读者可以按照上面的语句将用户 user1 的拒绝权限 CREATE VIEW 收回,然后再使用系统存储过程 sp_helprotect 验证是否将其权限收回了。

在 SQL Server 数据库中,权限是不能独立创建的,都是在其用户或角色上进行操作的。因此,在 SSMS 中对权限的管理,在创建用户或角色的时候就已经被使用了。这里,就不再

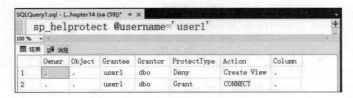

图 14.36　查询用户 user1 的权限

使用 SSMS 对权限进行重复操作了。

14.6　本章小结

　　本章主要讲述了在 SQL Server 中几个常用的数据库安全对象，包括登录账户、用户、角色以及权限。在登录账户部分主要讲解了创建、修改以及删除登录账户；在用户部分主要讲解了创建用户时必须要使用登录账户、修改以及删除用户；在角色部分主要讲解了角色的创建、修改以及删除；在权限部分主要讲解了给用户或角色授予、拒绝以及收回权限的操作。读者在学习完本章内容后，应该学会合理使用用户或角色，并通过给予适合的权限来提高数据库的安全性。

14.7　本章习题

一、填空题

1. 授予权限的语句是_____。

2. 创建角色的语句是_____。

3. 创建登录账号的语句是_____。

二、选择题

1. 下面的关键字中(　　)是收回权限的关键字。

　　A. CREATE　　　　B. GRANT　　　　C. REVOKE　　　　D. 以上都不是

2. (　　)语句是用来创建用户的。

　　A. CREATE USER　　　　　　　B. CREATE USERS

　　C. CREATE TABLE　　　　　　　D. 以上都不是

3. 下面对角色的描述正确的是(　　)。

　　A. 在 SQL Server 数据库中，角色与用户是同一个意思

　　B. 在 SQL Server 数据库中，角色可以理解是权限的一个集合，可以通过角色给用户授予权限

　　C. 在 SQL Server 数据库中，角色就是权限

　　D. 以上都不对

三、问答题

1. 登录账户与用户有什么区别？

2. 角色的好处是什么？

3. 角色和权限的关系是什么？

四、操作题

1. 为数据库 chapter14 创建名为 login1 的登录账户。

2. 使用登录用户 login1 为 chapter14 创建用户 user1。

3. 为用户 user1 授予修改表的权限。

4. 收回用户 user1 修改表的权限。

第15章

数据库备份和还原

数据库的备份和还原是 SQL Server 数据库中一个必备的功能。有了数据库的备份和还原功能，就能够更灵活地保护和使用数据。当需要将数据库换到另一台计算机上使用时，只需将原有的数据库进行备份，并还原到目标计算机即可。本章将详细讲述数据库备份和还原操作的具体方法。

本章主要知识点如下：

❏ 如何备份数据库；

❏ 如何还原数据库；

❏ 如何分离和附加数据库。

15.1 数据库备份

数据库备份与平时我们在计算机中拷贝文件一样，只不过略为复杂一些。在 SQL Server 中可以使用 SQL 语句也可以使用 SSMS 备份数据库。下面就在本小节为读者一一介绍。

视频讲解

15.1.1 数据库备份的类型

在 SQL Server 中，数据库备份主要分为如下 4 种类型。

（1）完整备份。完整备份是将整个数据库的文件全部备份。通常数据库由数据文件和日志文件组成。通过对数据库进行完整备份可以将数据库恢复到备份时的状态。当对数据库进行完整备份时，是对数据库当前的状态进行备份，不包括任何没有提交的事务。

（2）事务日志备份。事务日志备份主要是对数据库中的日志进行备份，也就是记录所有数据库的变化。事务日志备份也相当于是一次完整数据库备份，通过事务日志备份也能够将数据库恢复到备份状态，但是不能还原完整的数据库。

（3）差异备份。差异备份是指备份数据库中每次变化的部分。差异备份是每次只备份修改过的内容，而不必全部备份。差异备份可以提高备份的效率，同时减少备份占用的空间。

（4）文件及文件组备份。数据库文件是存放在文件或文件组中的，可以通过选择文件或文件组对数据库进行备份。通过指定文件或文件组能够节省备份数据的空间。当然，对于小型数据库通常就不采用文件及文件组的备份方式了。文件及文件组的备份方式通常是用于数据量巨大的数据库中的。

15.1.2 数据库备份案例

15.1.1 小节已经讲解了备份的常用类型，备份数据库经常会使用完整备份和差异备份两种方式。常用的语法如下：

```
BACKUP DATABASE database
TO DISK = 'path'
[WITH DIFFERENTIAL]
```

❑ database：要备份的数据库名。
❑ path：数据库备份的目标文件，数据库备份文件的扩展名是.bak。例如，备份到 C:\data\a.bak。
❑ WITH DIFFERENTIAL：差异备份数据库。省略该语句则执行的是完整备份数据库。

有了备份数据库的语法规则，就可以对数据库进行完整备份和差异备份了。下面通过例 15-1 和例 15-2 演示如何对数据库进行备份。

例 15-1 创建数据库 chapter15，并对其进行完整备份。

根据题目要求，具体的语法如下：

```
CREATE DATABASE chapter15;          -- 创建数据库 chapter15
BACKUP DATABASE chapter15
TO DISK = 'E:\backdata\chapter15_back.bak';
```

执行上面的语法，效果如图 15.1 所示。可以看出通过 BACKUP 语句，已经将数据库 chapter15 中的数据文件和日志文件全部备份到了 chapter15_back.bak 文件中。

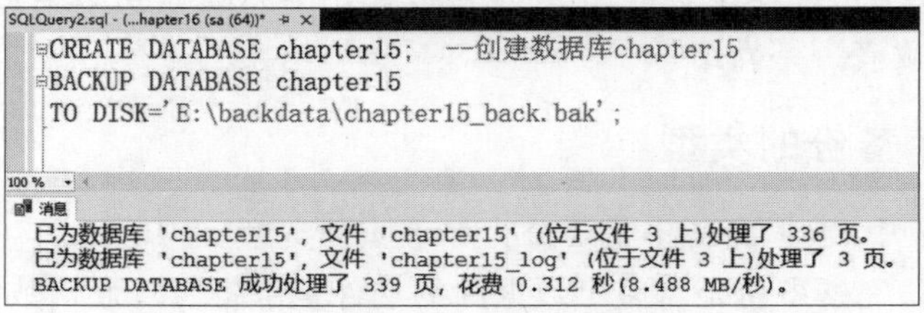

图 15.1 完整备份数据库 chapter15

例 15-2 使用差异备份，备份数据库 chapter15。

根据题目要求，为了显示差异备份的效果，这里仍然将 chapter15 备份到文件 chapter15_back.bak 中，具体的语法如下：

```
BACKUP DATABASE chapter15
TO DISK = 'E:\backdata\chapter15_back.bak'
WITH DIFFERENTIAL;                   -- 差异备份
```

执行上面的语法,效果如图 15.2 所示。

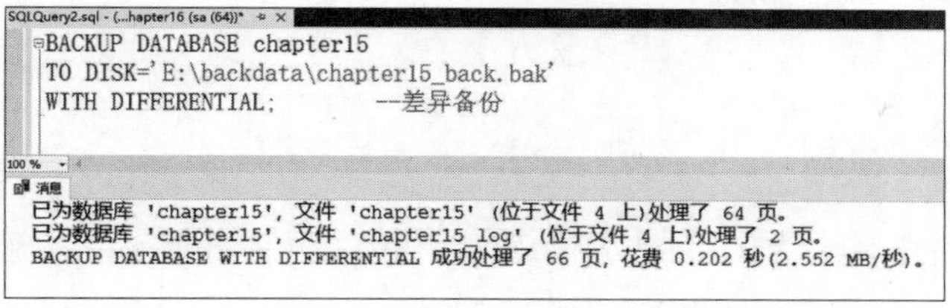

图 15.2 差异备份数据库 chapter15

对比图 15.1 和图 15.2 的效果可以看出,差异备份的数据库文件比完整备份的数据库文件少。但这两种备份方式都将数据库的数据文件和日志文件进行了备份。在实际应用中,针对同一个数据库最好采用差异备份的方式,这样能够大大节省备份时间,从而提高备份效率。

15.1.3 日志文件备份

在 15.1.2 小节中已经讲解了数据库的完整备份和差异备份,但是这两种备份都是既备份数据文件又备份日志文件。如果数据库管理员只需要备份日志文件,可以使用下面的语法完成。

```
BACKUP LOG database
TO DISK = 'path'
```

❑ database:要备份日志的数据库名。
❑ path:数据库备份的目标文件,数据库备份日志文件的扩展名是.trn。例如,备份到 C:\data\a.trn。

例 15-3 备份 chapter15 数据库中的日志文件。

根据题目要求,使用 backup log 语句即可完成备份,具体的语法如下:

```
BACKUP LOG chapter15
TO DISK = 'E:\backdata\chapter15_backlog.trn';
```

执行上面的语法,效果如图 15.3 所示。从图中可以看出,通过上面的语句只备份了数据库 chapter15 中的日志文件。

图 15.3 备份数据库 chapter15 的日志文件

15.1.4 文件和文件组备份

前面的内容介绍了数据库的基本备份方法。这里,将继续介绍常用备份的最后一种方

式,即文件和文件组的备份。通过对文件和文件组的备份能够更快地恢复数据库中损坏的文件。备份语句如下:

```
BACKUP DATABASE database
FILE = 'filename',
FILEGROUP = 'groupname'
TO DISK = 'path'
```

❑ database:要备份的数据库名。
❑ filename:要备份数据库中的文件名。需要注意的是文件名后面的逗号不能够省略。
❑ groupname:要备份数据库中的文件组名。通常数据库默认的主文件组为 primary。
❑ path:数据库备份的目标文件,数据库备份文件的扩展名是.bak。例如,备份到 C:\ data\a. bak。

例 15-4 在 chapter15 中,新添加创建文件组 group1,并在其中添加一个数据文件 file1。使用 BACKUP 语句备份 group1 文件组下的数据文件 file1。

根据题目要求,创建文件组和数据文件的语法如下:

```
ALTER DATABASE chapter15
ADD FILEGROUP group1;               -- 添加文件组
-- 添加数据文件并指定文件组
ALTER DATABASE chapter15
ADD FILE
(
    NAME = file1,
    FILENAME = 'D:\Program Files\Microsoft SQL Server\MSSQL14.MSSQLSERVER\MSSQL\DATA \chapter15_
file1.ndf'

)
TO FILEGROUP group1;
```

执行上面的语法,可为 chapter15 数据库中添加文件组和文件,下面通过如下的语法来对其进行备份。

```
BACKUP DATABASE chapter15
FILE = 'file1',
FILEGROUP = 'group1'
TO DISK = 'E:\backdata\chapter15_backfile.bak';
```

执行上面的语法,效果如图 15.4 所示。从图中可以看出,已经将新创建的文件备份到了 chapter15_backfile. bak 文件中。

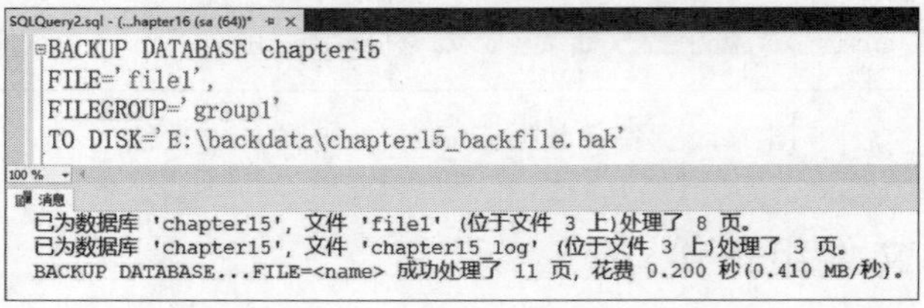

图 15.4 备份文件和文件组

15.1.5　使用 SSMS 备份数据库

前面讲解的数据库备份方法都是通过 SQL 语句完成的。使用 SQL 语句备份数据库需要记住很多不同的语句，使用 SSMS 可以避免这些。下面学习在 SSMS 中如何备份数据库，这里仍然以备份 chapter15 数据库为例。

（1）打开数据库备份对话框。在"对象资源管理器"中，展开"数据库"节点，右击"chapter15"数据库，在弹出的快捷菜单中选择"任务"→"备份"选项，效果如图 15.5 所示。

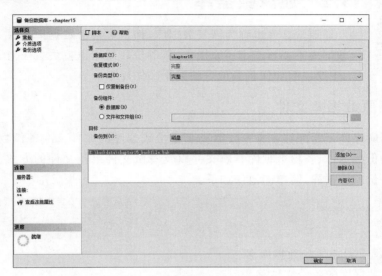

图 15.5　数据库备份对话框

（2）选择备份类型及备份目标。在图 15.5 所示的对话框中，选择备份类型，这里选择"完整"；选择备份的目标时可以通过单击"添加"按钮添加备份的目标位置，如图 15.6 所示。

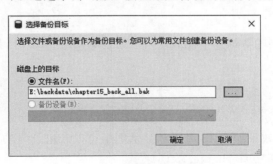

图 15.6　添加备份目标位置

在图 15.6 所示的对话框中选择备份的位置，并单击"确定"按钮，即可完成备份位置的选择。

（3）确认完成。在图 15.5 所示的对话框中，填写相应的备份信息后，单击"确定"按钮，即可完成数据库的备份操作，效果如图 15.7 所示。

通过上面的 3 个步骤可以完成一个完整备份数据库的操作，对于其他类型的备份操作，读者可以自己尝试完成。

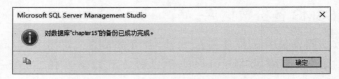

视频讲解

图 15.7 备份操作完成提示

15.2 还原数据库

还原数据库也称为恢复数据库,都是对备份数据库文件进行操作。如果数据库不能够进行还原操作,那备份数据库也就失去了意义。在本小节中,主要讲解如何将备份后的数据文件还原。

15.2.1 还原数据库文件

还原数据库操作是否能够完整主要取决于备份数据库的文件。在备份数据库时,备份方式主要有备份数据库、备份数据库日志文件以及备份文件组及文件的方式。下面首先讲解如何还原备份的数据库,简单的语法如下:

```
RESTORE DATABASE database
FROM DISK = 'path';
```

❏ database:要还原的数据库名。
❏ path:数据库的备份文件路径。

例 15-5 将 chapter15 数据库删除,并使用数据库备份文件还原数据库 chapter15。
根据题目要求,首先要删除数据库 chapter15,具体的语法如下:

```
DROP DATABASE chapter15;
```

通过上面语法先删除数据库 chapter15,再通过 RESTORE 语句将数据库还原,具体的语法如下:

```
RESTORE DATABASE chapter15
FROM DISK = 'E:\backdata\ chapter15_back_all.bak';
```

执行上面的语法,效果如图 15.8 所示。从图中可以看出,已经通过备份文件 chapter15 _back_all.bak 文件将数据库 chapter15 还原了。

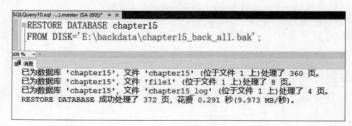

图 15.8 还原数据库 chapter15

15.2.2　还原文件和文件组

在备份数据库时,可以直接备份数据库文件或文件组;在还原数据库时,也可以将文件组和文件还原,具体的语法如下:

```
RESTORE DATABASE database
FILEGROUP|FILE = 'filename'
FROM DISK = 'path'
[WITH REPLACE| RECOVERY| NORECOVERY];
```

- ❏ database:要还原的数据库名。
- ❏ filename:要还原数据库中的文件名或文件组名。
- ❏ path:文件或文件组的备份路径。
- ❏ WITH REPLACE:替换原有的文件组。
- ❏ NORECOVERY:表示不发生回滚。在这种情况下,还原的序列中还原其他备份,并执行前滚。
- ❏ RECOVERY:是默认值,会在完成当前备份前滚之后执行回滚。这里要求待还原的整个数据集必须与数据库一致,否则指定该参数会报错。

下面通过例 15-6 演示如何还原文件和文件组。

例 15-6　还原数据库 chapter15,并还原它的文件和文件组 group1。

通过 RESTORE 语句将数据库还原,具体的语法如下:

```
USE master;
GO
RESTORE DATABASE chapter15
FILE = 'file1',
FILEGROUP = 'group1'
FROM DISK = 'E:\backdata\chapter15_backfile.bak'
WITH NORECOVERY;;
```

执行上面的语法,效果如图 15.9 所示。从图中可以看出,文件组 group1 已经被还原了。

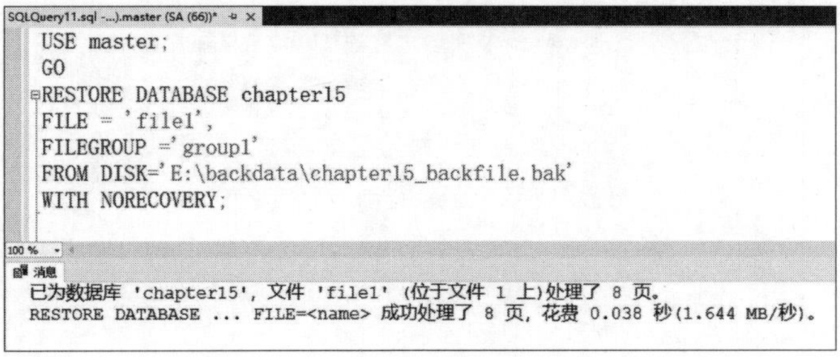

图 15.9　还原文件组

注意:如果上面的语句不能正常执行,请先将数据库 chapter15 设置成脱机状态。设置成脱机状态的方法是右击"chapter15"数据库,在弹出的快捷菜单中选择"任务"→"脱机"选项,弹出如图 15.10 所示的对话框。

在图 15.10 所示的对话框中单击"确定"按钮,即可完成数据库脱机状态的设置。相反,

图 15.10　设置数据库脱机

如果完成了还原操作,可以右击"chapter15"数据库,在弹出的快捷菜单中选择"任务"→"联机"选项,即可将数据库设置成联机状态。

15.2.3　使用 SSMS 还原数据库

还原数据库既可以使用 SQL 语句也可以使用 SSMS 完成。使用 SSMS 还原数据库是更为简单的一种方式。但无论使用哪种方式还原数据库都要明确备份数据库的位置才可以。因此,一定要小心存放备份的数据库信息。使用 SSMS 还原数据库通常需要如下 4 个步骤。

(1) 打开还原数据库对话框。在"对象资源管理器"中,右击"数据库"选项,在弹出的快捷菜单中选择"还原数据库库"选项,弹出如图 15.11 所示的对话框。

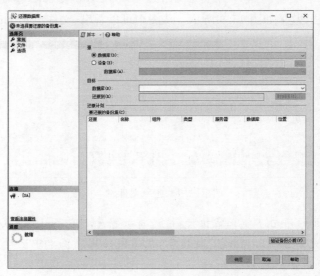

图 15.11　"还原数据库"对话框

（2）指定备份的位置。在图 15.11 所示的对话框中，输入目标数据库的名称或者直接在下拉列表中选择一个数据库名称，单击源设备后面的 ■ 按钮，弹出如图 15.12 所示的对话框。

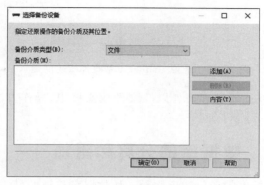

图 15.12　指定备份位置

在图 15.12 所示的对话框中单击"添加"按钮，找到备份数据库的位置，单击"确定"按钮，弹出如图 15.13 所示的"还原数据库"对话框。

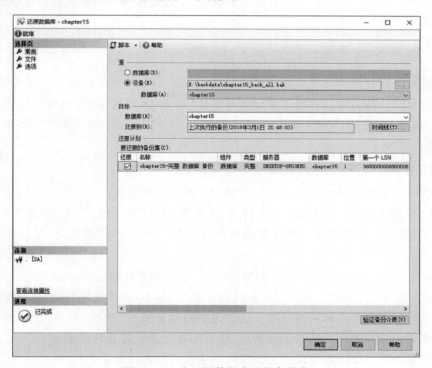

图 15.13　为还原数据库选择备份集

（3）选择用于还原的备份集。在图 15.13 所示的对话框中列出了备份文件中所有备份过的文件信息。在显示的所有备份集中，选择要还原的备份集，可以同时选择多个备份集的信息。选择完成后，单击"确定"按钮，弹出如图 15.14 所示的对话框。

在图 15.14 所示的对话框中，单击"确定"按钮，即可完成数据库 chapter15 的还原操

图 15.14　还原 chapter15 数据库成功的提示

作。在 SSMS 中,也可以还原日志文件以及文件或文件组,操作方法都与还原数据库的方法类似,在这里就不一一列举了。

视频讲解

15.3　数据库的分离和附加

数据库的备份和还原是一种数据库移植的好方法,同时也是数据库管理员首选的数据库管理方式之一。除了数据库的备份和还原之外,还有一种更为简便的数据库管理方式,这就是数据库的分离和附加。分离数据库是完整地保存了数据库的数据文件和日志文件,附加数据库则不需要重新创建数据库,直接将分离后的文件附加即可。

15.3.1　数据库的分离

所谓数据库的分离就是将当前连接的数据库中某个数据库文件去除数据连接,并独立地拷贝到其他的计算机中。数据库的分离通常使用 SSMS 直接完成,也可以使用系统存储过程 sp_detach_db 完成。下面通过例 15-7 和例 15-8 分别演示如何使用 SSMS 和系统存储过程分离数据库。

例 15-7　使用 SSMS 分离数据库 chapter15。

在 SSMS 中分离数据库 chapter15,需要如下两个步骤完成。

(1) 打开分离数据库界面。在“对象资源管理器”中,展开“数据库”节点,右击“chapter15”数据库,并在弹出的快捷菜单中选择“任务”→“分离”选项,弹出如图 15.15 所示的对话框。

(2) 确认分离。在图 15.15 所示的对话框中,可以看到在数据库 chapter15 后面有两个复选框,一个是“删除连接”,一个是“更新统计信息”。其中,如果选中“删除连接”选项,可以断开所有与该分离数据库相关的连接。这里,选中“删除连接”选项,并单击“确定”按钮,即可完成数据库的分离操作。数据库分离后,数据库在对象资源管理器中就不存在了。此时,分离后的数据库就在创建数据库的目录下可以随意地移动位置了。

例 15-8　使用系统存储过程 sp_detach_db 完成数据库 chapter15 的分离操作。

根据题目要求,分离数据库的语法如下:

```
sp_detach_db @dbname = 'chapter15';
```

执行上面的语法,效果如图 15.16 所示。

图 15.15　"分离数据库"对话框

图 15.16　分离数据库 chapter15

在图 15.16 所示的界面中可以看出,chapter15 已经被成功分离了。读者可以在"对象资源管理器"中刷新数据库节点,查看数据库 chapter15 是否还存在?

15.3.2　数据库的附加

与数据库的分离相对应,数据库的附加也可以通过两种方式来实现。一种是使用SSMS 完成,一种也是通过系统存储过程完成。下面就分别通过例 15-9 和例 15-10 完成数据库附加的学习。

例 15-9　使用 SSMS 完成对 chapter15 的附加操作。

在 SSMS 中,附加数据库 chapter15 需要通过以下 3 个步骤完成。

(1) 打开"附加数据库"对话框。在"对象资源管理器"中右击"数据库"节点,在弹出的快捷菜单中选择"附加"选项,弹出如图 15.17 所示的对话框。

(2) 选择需要附加的数据库。在图 15.17 所示的对话框中单击"添加"按钮,添加需要附加的数据库,如图 15.18 所示。

在图 15.18 所示的对话框中,单击要附加的数据库名称,并单击"确定"按钮,即可完成附加数据库的选择。这里,选择"chapter15"数据库,效果如图 15.19 所示。

(3) 确认附加。在图 15.19 所示的对话框中单击"确定"按钮,即可完成数据库chapter15 的附加操作。

图 15.17 "附加数据库"对话框

图 15.18 选择要附加的数据库

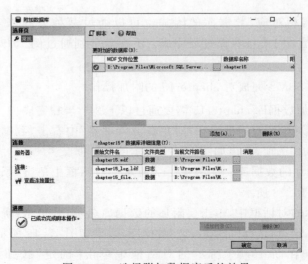

图 15.19 选择附加数据库后的效果

例 **15-10**　使用系统存储过程 sp_attach_db 完成数据库 chapter15 的附加。

根据题目要求,附加的语法如下:

```
sp_attach_db @dbname = 'chapter15',
@filename1 = 'D:\Program Files\Microsoft SQL Server\MSSQL14.MSSQLSERVER\MSSQL\DATA\
chapter15.mdf';
```

执行上面的语法,效果如图 15.20 所示。从图中可以看出,数据库 chapter15 已经被附加了。

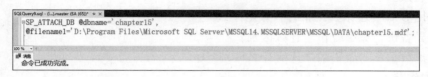

图 15.20　使用存储过程附加数据库 chapter15

注意:在使用 sp_attach_db 系统存储过程对数据库进行附加时,@dbname 与 @filename1 语句之间要用逗号隔开。此外,一次可以附加多个数据文件,最多可以附加 16 个数据文件。如果要附加多个数据文件,则只需要在@filename1 后面用逗号隔开继续写@filename2 即可,以此类推。

15.4　本章小结

本章主要讲解了数据库的备份和还原以及数据库的分离和附加。在数据库的备份和还原部分主要讲解了数据库的备份类型、常用的备份语句、还原语句以及如何使用 SSMS 对数据库进行备份和还原。在数据库的分离和附加部分,主要讲解了使用系统存储过程和 SSMS 来分离和附加数据库。通过本章的学习,读者可以对自己创建的数据库进行备份以便需要时可以恢复。

15.5　本章习题

一、填空题

1. 在 SQL Server 中,常见的备份方式有_____、_____和_____三种。

2. 在 SQL Server 中,备份数据库使用的关键字是_____。

3. 在 SQL Server 中,还原数据库使用的关键字是_____。

二、选择题

1. 分离数据库时使用的系统存储过程是(　　)。

    A. sp_rename　　　　　　　　　　　　B. sp_attach

    C. sp_detach_db　　　　　　　　　　　D. 以上都不是

2. 还原数据库 chapter15 所使用的语句正确的是(　　)。

    A. RESTORE DATABASE chapter 15 TO 'c:\data';

    B. RESTORE DATABASE chapter 15 FROM 'c:\data';

　　C．RESTORE DATABASE chapter 15 FROM 'c:\data\chapter15. bak';

　　D．以上都不对

3．使用系统存储过程附加数据库 chapter15 的语句正确的是（　　　　）。

　　A．SP_DETACH_DB @filename＝'c:\chapter15. mdf';

　　B．SP_ATTACH _DB @dbname＝'chapter15',@filename1＝ 'c:\chapter15. mdf';

　　C．SP_ATTACH_DB @dbname＝'chapter15',

　　D．以上都不对

三、问答题

1．使用 SSMS 还原数据库的步骤是什么？

2．差异备份与完整备份有什么区别？

3．分离数据库与备份数据库有什么区别？

四、操作题

创建名为 chapter15_1 的数据库，并完成如下操作。

（1）备份 chapter15_1 的数据库。

（2）备份 chapter15_1 数据库的日志文件。

（3）还原 chapter15_1 的数据库。

（4）使用系统存储过程分离数据库 chapter15_1。

（5）使用系统存储过程附加数据库 chapter15_1。

第 16 章

系统自动化任务管理

在 SQL Server 中,系统管理员不仅可以用手动的方式管理数据库,也可以通过系统提供的多种自动化方式辅助管理数据库。这些自动化方式主要包括作业、维护计划、警报以及操作员等。本章将带领读者——认识并使用它们。

本章主要知识点如下:

❑ 如何使用 SQL Server 代理;

❑ 如何使用作业;

❑ 如何使用计划;

❑ 如何使用警报;

❑ 如何使用操作员。

16.1　SQL Server 代理

SQL Server 代理是用来完成所有自动化任务的重要组成部分,可以说,所有的自动化任务都是通过 SQL Server 代理完成的。本小节将介绍 SQL Server 代理的用途及使用方法。

视频讲解

16.1.1　认识 SQL Server 代理

所谓 SQL Server 代理就是代替用户去完成一系列的操作。这些操作就是后面要学习的作业、计划和警报等。实际上,SQL Server 代理就是一种服务,服务的名称是 SQL Server Agent。如果在安装 SQL Server 时,没有选择开机自动启动服务选项,那么每次就需要在 Windows 资源管理器的服务中启动 SQL Server 服务。SQL Server 代理服务也是在这个页面启动的。在 Windows 10 操作系统中,右击"开始"菜单,在弹出的界面中单击"计算机管理"选项,并在该界面中单击"服务和应用程序"下的"服务"选项,即可看到 SQL Server 的代理服务了,如图 16.1 所示。

从图 16.1 所示界面中可以看到,SQL Server 代理服务没有启动。在 16.1.2 小节中,将讲解如何启动和设置以及停止 SQL Server 代理。

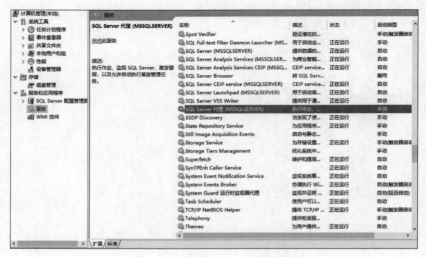

图 16.1　SQL Server 代理服务

16.1.2　操作 SQL Server 代理

SQL Server 代理承载着一系列的自动化任务,使用好 SQL Server 代理尤为重要。下面从 SQL Server 代理的设置、启动以及停止三个操作讲解 SQL Server 代理的使用。

1. 设置 SQL Server 代理

在图 16.1 所示界面中,右击"SQL Server 代理"选项,在弹出的快捷菜单中选择"属性"选项,弹出如图 16.2 所示的对话框。

在此界面中可以看到,SQL Server 代理的基本信息。其中,在登录选项卡对话框还可以为该服务设置登录用户,如图 16.3 所示。

图 16.2　SQL Server 代理属性

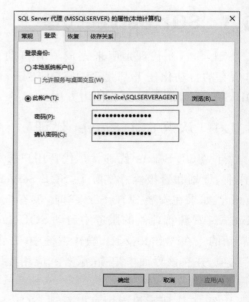

图 16.3　设置登录账户

在图 16.3 所示的对话框中,可以设置不同的登录账户。其中,本地系统账户就是指内置的本地系统管理员账户。此账户是指运行 SQL Server 代理服务的 Windows 域账户,也可以通过单击"浏览"按钮,重新选择域账户。

说明:如果在图 16.2 所示的对话框中,将 SQL Server 代理的启动类型更改成自动,则在计算机启动时,就会自动启动该服务了。但是,还是建议读者将其设置成"手动"方式,这样能够节省计算机的开机时间。

2. 启动 SQL Server 代理

启动 SQL Server 代理服务很简单,与启动其他服务的操作是一样的。只需要在图 16.1所示的界面中右击"SQL Server 代理",在弹出的快捷菜单中选择"启动"选项,弹出如图 16.4 所示的对话框。

当图 16.4 所示对话框中的进度条走到头,就可以完成 SQL Server 代理服务的启动操作。另外,也可以通过在图 16.2 所示对话框中,直接单击"启动"选项,启动 SQL Server 代理服务。

图 16.4　启动 SQL Server 代理

3. 停止 SQL Server 代理

停止 SQL Server 代理的操作与启动 SQL Server 代理的操作类似,一种方式是在图 16.1 所示界面中右击"SQL Server 代理",在弹出的快捷菜单中选择"停止"选项,即可停止该服务;一种方式是在图 16.2 所示对话框中单击"停止"按钮,也可以停止该服务。

16.2　作业

作业可以看作是一个任务,在 SQL Server 代理中使用最多的就是作业了。每一个作业都是一个或多个步骤组成的,有序地安排好每一个作业步骤,就能够有效地使用作业了。在本节中将带领读者学习如何创建和使用作业。

16.2.1　创建作业

在 SQL Server 中,创建作业通常都是借助 SSMS 完成的。创建作业分为如下两个步骤。

(1) 打开新建作业的对话框。在"对象资源管理器"中,展开"SQL Server 代理"节点,右击"作业"节点,在弹出的快捷菜单中选择"新建作业"命令,如图 16.5 所示。

(2) 添加作业信息。在图 16.5 所示的对话框中,填入作业名称,单击"确定"按钮,即可完成作业的新建操作,但此时创建的作业中没有任何功能,如果要让作业完成一些功能,就必须要为作业添加步骤。

注意:如果不想作业新建后就马上执行,则需清除"已启用"复选框的选中状态。

16.2.2　定义作业步骤

完成了作业的新建后,作业还不能帮助用户做什么,还要对作业中具体要完成的内容加以说明。在 SQL Server 中,作业中的内容是通过作业步骤添加的。添加作业需要通过以下几个步骤。

(1) 打开显示作业步骤的对话框。在"对象资源管理器"中,展开"SQL Server 代理",

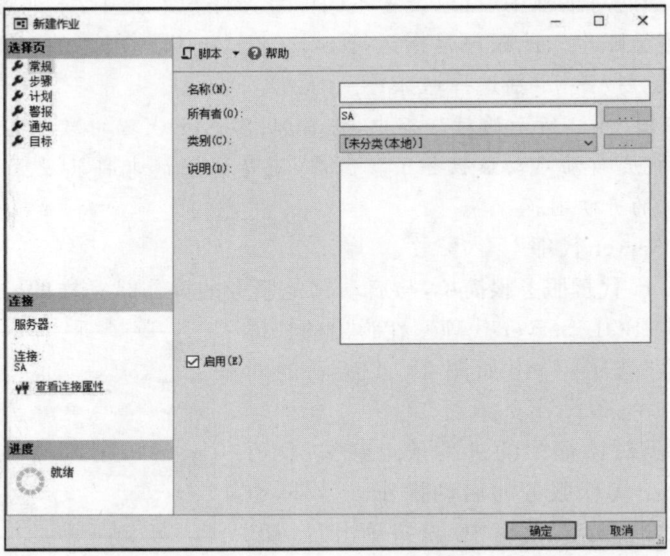

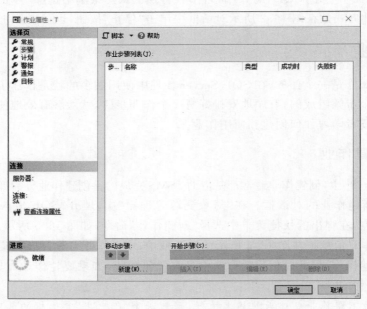

图 16.5　新建作业

创建一个新作业或右击一个现有作业,在弹出的快捷菜单中选择"属性"选项。在"属性"对话框中单击"步骤"选项,弹出如图 16.6 所示的对话框。

图 16.6　"作业属性"对话框

（2）打开新建作业步骤的对话框。在图 16.6 所示的对话框中单击"新建"按钮,如图 16.7 所示。

（3）添加作业步骤信息。在创建作业步骤之前,先创建在本章使用的数据库 chapter16。然后,在作业步骤中创建 chapter16 中的学生信息表（student）。为了简单起见,学生信息表中只包含学号、姓名和密码三个列。添加后的作业步骤信息如图 16.8 所示。

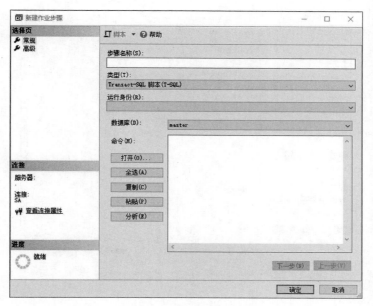

图 16.7 "新建作业步骤"对话框

图 16.8 添加作业步骤信息

说明：如果需要对作业步骤进行其他设置，可以在此对话框中单击"高级"选项，即可设置作业步骤的其他信息。

单击"确定"按钮，弹出如图 16.9 所示的对话框。

（4）完成作业步骤的创建。在图 16.9 所示的对话框中，如果需要继续添加作业步骤，可以单击"新建"按钮再添加。如果不需要了，直接单击"确定"按钮，即可完成作业步骤的创建。

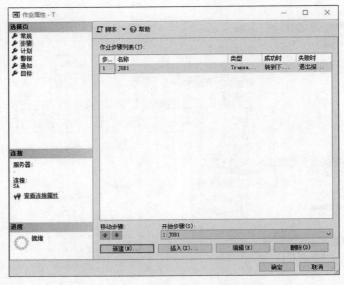

图 16.9　添加步骤后的效果

16.2.3　创建一个作业执行计划

作业创建好后,如何执行呢? 在 SQL Server 中提供了一个比较简单的方式,那就是制订作业执行计划。通过制订作业执行计划能够使作业按照计划的时间执行。例如,每周什么时间、执行几次等。通过 SSMS 创建作业执行计划,通常需要以下 4 个步骤。

(1) 打开显示作业执行计划的对话框。在"对象资源管理器"中,展开"SQL Server 代理"节点,创建一个新作业或右击一个现有作业,在弹出的快捷菜单中选择"属性"选项,选择"计划"选项,如图 16.10 所示。

图 16.10　作业计划列表

（2）打开新建作业执行计划的对话框。在图 16.10 所示的对话框中，可以查看到当前作业中现有的作业计划。如果要新建作业计划，单击"新建"的对话框，弹出如图 16.11 所示的对话框。

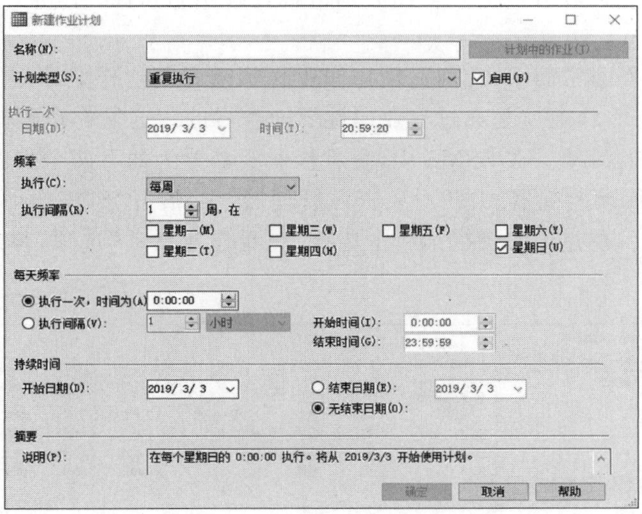

图 16.11　"新建作业计划"对话框

（3）填写作业执行计划。在图 16.11 所示的对话框中，填入相应的作业执行计划即可。假设计划每周一上午 8 点执行一次作业，则填入后的效果如图 16.12 所示。

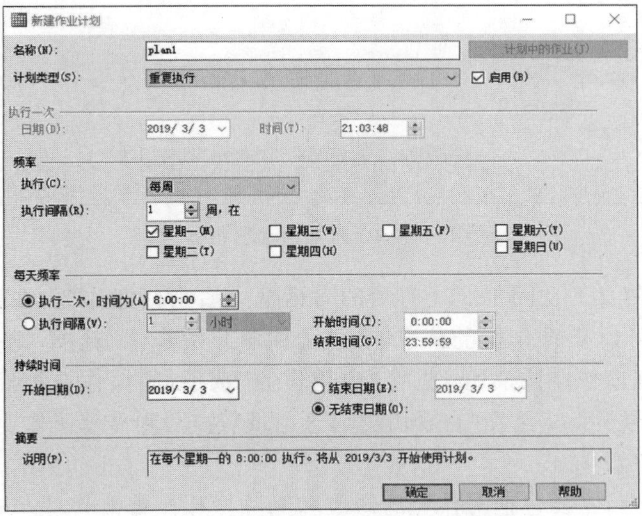

图 16.12　填入执行计划的效果

从图 16.12 所示的对话框中，可以在最下面的说明部分看到制订的计划是"在每个星期一的 8:00 执行，将从 2019/3/3 开始使用计划"。

（4）保存作业执行计划。在图 16.12 所示的对话框中单击"确定"按钮，即可完成作业计划的执行。如果需要使所创建的计划立即生效，那就要将"启用"前面的复选框选中。

16.2.4 查看和管理作业

在作业创建完成后,经常会需要查看和修改以及删除作业的内容。这些对作业的操作在 SSMS 下查看都是比较方便的。下面分别讲解查看作业和管理作业。

1. 查看作业

查看作业的操作非常简单,在前面创建作业步骤或者创建作业计划时都会查看到作业的内容。实际上,查看作业就是通过作业属性界面查看的。这里的查看作业,主要是给读者讲解如何查看作业的活动。在 SSMS 中,查看作业活动分为如下两个步骤。

(1)打开作业活动监视器。在"对象资源管理器"中,展开"SQL Server 代理",右击"作业活动监视器"节点,在弹出的快捷菜单中选择"查看作业活动"选项,弹出如图 16.13 所示的对话框。

图 16.13　作业活动监视器

(2)查看作业信息。在图 16.13 所示的对话框中右击任意作业,在弹出的快捷菜单中选择"属性"选项,可以查看作业的信息;选择"作业开始步骤"选项,则执行该作业;选择"禁用作业"选项,则该作业被禁用;选择"启用作业"选项,则该作业被启用;选择"删除作业"选项,则该作业被删除;选择"查看历史信息记录"选项,则显示该作业执行的日志信息。

2. 管理作业

对于作业的管理,主要包括对作业的修改和删除操作。修改作业与查看作业基本是一样的,都是在作业的属性界面中完成。在修改作业时可以修改作业的步骤、计划等信息。修改后的作业一定要记得保存。这里主要讲解如何删除作业,在 SSMS 中删除作业很简单,只需要如下步骤。

在"对象资源管理器"中,展开"SQL Server 代理"节点。右击一个作业名称,在弹出的快捷菜单中选择"删除"选项,弹出如图 16.14 所示的对话框。

在图 16.14 所示的对话框中单击"确定"按钮,即可删除该作业。

图16.14　"删除对象"对话框

16.3　维护计划

维护计划可以说是数据库管理员的好帮手,使用维护计划可以实现一些自动的维护工作。通过维护计划可以完成数据的备份、重新生成索引、执行作业等操作。虽然维护计划的功能强大,但是在SSMS中创建维护计划是很容易的。

视频讲解

16.3.1　什么是维护计划

维护计划与之前创建的作业计划有些类似,都是通过制订计划自动完成一些特定功能。那么,维护计划究竟能帮助用户完成哪些功能呢?下面就列出维护计划最常应用的几个方面。

(1)用于自动运行SQL Server作业。

(2)用于定期备份数据库。

(3)用于检测数据库完整性。

(4)用于更新统计数据。

(5)用于重新组织和生成索引。

16.3.2　创建维护计划

维护计划向导就像安装软件时的向导一样,通过向导的指示一步一步地设置就可以完成一个维护计划的创建了。在SSMS中,通过向导创建维护计划需要通过如下几个步骤。

(1)打开SQL Server维护计划向导。在"对象资源管理器"中,展开"管理"节点,右击"维护计划"节点,在弹出的快捷菜单中选择"维护计划向导"选项,如图16.15所示。

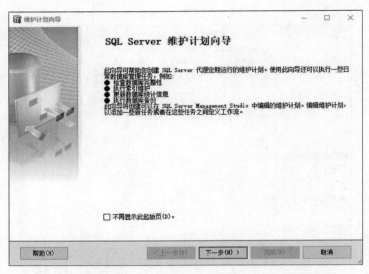

图 16.15 "维护计划向导"对话框

（2）选择计划属性。在图 16.15 所示的对话框中单击"下一步"按钮，弹出如图 16.16 所示的对话框。在此对话框中，可以为计划填入名称、说明并选择该计划是每项任务的单独计划还是要整个计划统筹安排或无计划。

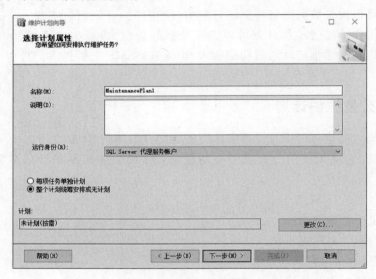

图 16.16 选择计划属性

（3）选择维护任务。在图 16.16 所示的对话框中单击"下一步"按钮，即可出现图 16.17 的选择维护任务对话框。

在图 16.17 所示的对话框中，列出了所有维护计划可以执行的任务。可以选择一个或多个执行任务，这里假设选择"执行 SQL Server 代理作业"选项。

（4）选择维护任务顺序。在图 16.17 所示的对话框中单击"下一步"按钮，即可转到如图 16.18 所示的选择维护任务顺序对话框。

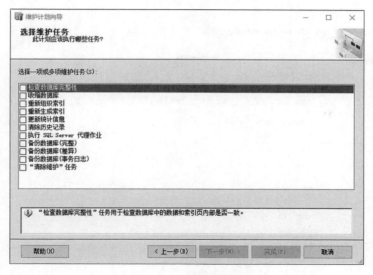

图 16.17　选择维护任务

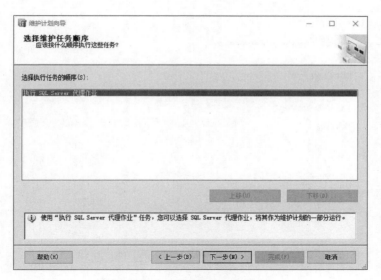

图 16.18　选择维护任务顺序

在图 16.18 所示对话框中,如果选择了多个任务就可以为这些任务排列执行顺序,只选择一个任务不用排序。

(5)选择要执行的具体任务。在图 16.18 所示的对话框中单击"下一步"按钮,出现选择具体任务的界面,如图 16.19 所示。由于在前面选择的是 SQL Server 作业任务,因此在该对话框中列出的是系统中所有的作业信息。

(6)选择报告选项。在图 16.19 所示对话框中,选择好作业后,单击"下一步"按钮,出现选择报告选项的对话框,如图 16.20 所示。选中作业名称为"T"的作业。

在此可以指定报告输出的位置或者以电子邮件的方式发送给报告人,这里选择将报告输出到文件中。

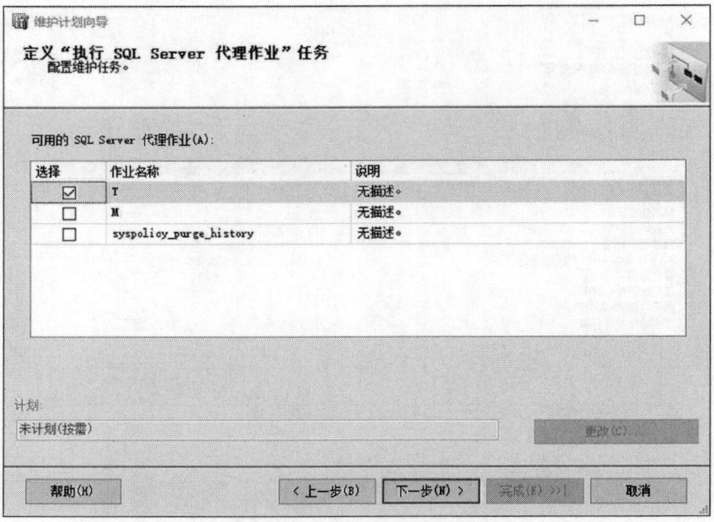

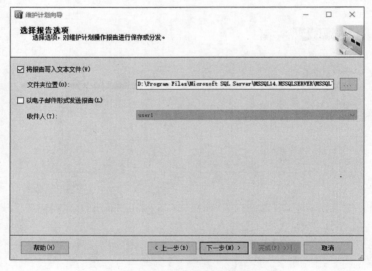

图 16.19　选择可用的 SQL Server 代理作业

图 16.20　选择报告选项

（7）完成向导。在图 16.20 所示的对话框中单击"下一步"按钮,可到完成向导界面,如图 16.21 所示。

在此界面中,确认维护计划向导的内容,然后单击"完成"按钮,出现执行计划的对话框,如图 16.22 所示。

如果能够出现如图 16.22 所示的成功结果,意味着完成了维护计划的创建操作。

说明：创建成功的维护计划会直接出现在维护计划的节点下。如果需要修改或删除该维护计划,则直接右击该维护计划,在弹出的菜单中选择相应操作即可。但有一点需要注意的是,维护计划不仅会出现在维护计划的节点下,也会出现在作业的节点下。建议读者不要直接操作作业节点下的维护计划,以免造成错误。

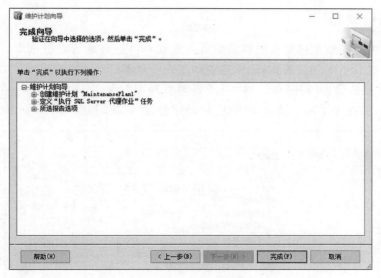

图 16.21　完成向导

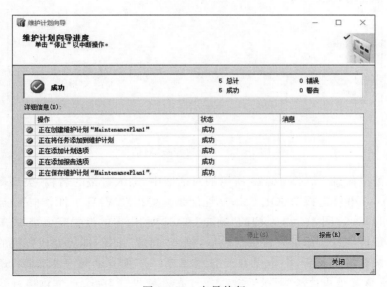

图 16.22　向导执行

16.4　警　报

　　警报通常是在违反了一定的规则后出现的一种通知行为。现在听得比较多的就是消防警报,在单位或宾馆都会安装消防警报器,用来监控消防的安全隐患,触发了消防警报器并不一定就会有火灾。例如,有些禁烟单位有人抽烟了,消防警报器也会响。在使用数据库时也是一样的,当预先设定好的错误发生时,就可以发出警报告知用户。

视频讲解

16.4.1 创建警报

在数据库中合理地使用警报能够帮助数据库管理员更好地管理数据库,并提高数据库的安全性。通过 SSMS 创建警报,通常需要如下几个步骤。

(1) 打开"新建警报"对话框。在"对象资源管理器"中,展开"SQL Server 代理"节点,右击"警报"节点,在弹出的快捷菜单中选择"新建警报"选项,如图 16.23 所示。

图 16.23 "新建警报"对话框

(2) 输入警报信息。在图 16.23 所示的对话框中,输入警报的名称、类型等信息。类型包括"SQL Server 事件警报""SQL Server 性能条件警报""WMI 事件警报"。输入相应的警报信息后,还可以通过图 16.23 左侧的"响应"和"选项"内容的设置完成警报信息的添加。

(3) 确认警报信息。添加好警报信息后,单击"确定"按钮,即可完成警报的创建。

说明:警报创建完成后,会出现在警报节点下。如果查看该警报,可以通过右击该警报,在弹出的快捷菜单中选择"属性"选项,即可查看警报。同时,也可以通过快捷菜单选择"启用"或"禁用"该警报。

16.4.2 删除警报

在不同的数据库应用中,警报的设置也是不相同的。因此,当某些警报不再需要时,就可以将其删除了。在 SQL Server 中,删除警报是非常容易的。通过 SSMS 只需要下面一个步骤就可以完成。

在"对象资源管理器"中,展开"SQL Server 代理"→"警报"节点,右击一个警报,在弹出的快捷菜单中选择"删除"选项,弹出如图 16.24 所示的对话框。

在图 16.24 所示的对话框中单击"确定"按钮,即可完成警报的删除操作。

图 16.24　"删除对象"对话框

16.5　操作员

操作员实际上就是 SQL Server 数据库中设定好的信息通知对象。当系统出现警报时，可以直接通知操作员，或者是当执行任务成功后都可以通知操作员。通知操作员的方式通常是发送电子邮件或者是通过 Windows 系统的服务发送网络信息。

16.5.1　创建操作员

创建操作员是使用操作员的第一步。在 SSMS 中，创建操作员通常需要如下 3 个步骤。

（1）打开"新建操作员"对话框。在"对象资源管理器"中，展开"SQL Server 代理"节点，右击"操作员"节点，在弹出的快捷菜单中选择"新建操作员"选项，如图 16.25 所示。

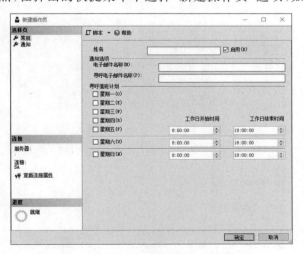

图 16.25　"新建操作员"对话框

（2）填入操作员信息。在图 16.25 所示的对话框中，填入操作员的姓名以及通知选项中任意信息，可以在寻呼值班计划中选择操作员的工作时间。这里为了方便后面使用操作员，将操作员的姓名填入"user1"，并填入邮箱名称"user1@126.com"。

（3）确认操作员信息。填入操作员信息后，单击如图 16.25 所示的对话框中的"确定"按钮，即可完成操作员的创建。

说明：操作员创建完成后，就会出现在操作员的节点下。如果需要管理操作员，可以右击该操作员，并在弹出的快捷菜单中选择相应的选项对其进行管理。

16.5.2　使用操作员

在 16.5.1 小节中学习了如何创建操作员，那么，操作员如何使用呢？下面就以在警报中使用操作员为例讲解操作员的应用。在 SSMS 中，使用操作员通常需要如下两个步骤。

（1）打开操作员属性对话框。在"对象资源管理器"中，展开"SQL Server 代理"→"操作员"节点，右击"user1"操作员，在弹出的快捷菜单中选择"属性"选项，如图 16.26 所示。

图 16.26　user1 属性

（2）选择通知操作员的方式。在图 16.26 所示对话框中选择"通知"选项，如图 16.27 所示。

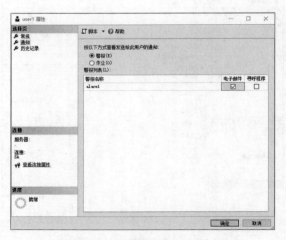

图 16.27　选择通知操作员的方式

这里选择"警报",并在复选框中选择通知的方式"电子邮件"。单击"确定"按钮,即可完成操作员的通知设置。

16.6　本章小结

本章详细介绍了 SQL Server 中自动化管理的基本对象,包括作业、维护计划、警报以及操作员等。其中,着重讲解了作业的创建、作业步骤的创建以及计划创建等。通过本章的学习,读者可以有选择地借助这些自动化管理工具来管理数据库。

16.7　本章习题

一、填空题

1. 使用 SQL Server 代理时,必须要启动的服务是_____。

2. 如果在数据库操作中触发警报可以通知_____。

3. 操作员的通知方式有_____种。

二、选择题

1. 下列对象中(　　)不是 SQL Server 代理中的内容。

　A. 操作员　　　　　　B. 警报　　　　　　C. 作业　　　　　　D. 维护计划

2. 操作员可以通过下列(　　)对象通知。

　A. SQL Server 代理　　　　　　　　B. 警报

　C. 计划　　　　　　　　　　　　　　D. 以上都不是

3. 一个作业通常都包括(　　)内容。

　A. 步骤　　　　　　B. 计划　　　　　　C. 警报　　　　　　D. 以上都是

三、问答题

1. 什么是维护计划?它可以维护哪些内容?

2. 如何创建作业?

3. 如何创建警报?

四、操作题

根据本章所学的内容,完成如下的操作。

(1)创建一个名为 job1 的作业,完成在数据库 chapter16 中创建任意数据库表的操作。

(2)设置该作业执行的时间为每周五的晚上 8 点。

(3)执行一个维护计划执行该作业。

第 **17** 章

文章管理系统

如果仅把数据存放在数据库中就置之不理了，那么数据库中的数据也就毫无意义了。换句话说，在数据库中存放数据是为了用户更好地查询和使用数据。因此，要借助其他编程语言构建操作页面使用数据库。SQL Server 最亲密的搭档是出自同一个公司的 Visual Studio 平台。本章将使用 C♯ 语言和 SQL Server 2017 数据库实现文章管理系统。文章管理系统主要用于论文摘要信息的管理，以方便用户查询和更新论文摘要信息。

本章主要知识点如下：

❑ 认识 ADO. NET；

❑ 使用 ADO. NET 连接 SQL Server 数据库；

❑ 认识 Windows 窗体；

❑ 使用 Windows 窗体程序完成对数据的添加和管理操作。

17.1 ADO. NET 介绍

视频讲解

使用 C♯ 语言连接 SQL Server 数据库，需要介绍 ADO. NET 组件，通过 ADO. NET 组件，可以方便地连接 SQL Server 数据库，并对其进行数据的添加、修改、删除以及查询操作。此外，还可以通过 C♯ 语言创建数据库、数据表、视图以及存储过程等对象。本小节主要讲解 ADO. NET 组件中的 5 个重要类的作用以及使用方法。

17.1.1 认识 ADO. NET

在微软推出的. NET 平台上，有很多语言都可以作为其应用的开发语言。例如，VB、C♯ 等。本章选择使用 C♯ 语言，因为 C♯ 语言是目前在. NET 平台上主流的开发语言，也是很多公司都选择的一种语言。C♯ 语言是一种面向对象的语言，如果读者学习过 Java 语言再学习它就会很容易。无论在. NET 平台上选用何种语言连接数据库，都需要使用 ADO. NET 组件。因此，了解 ADO. NET 的组件至关重要。通常在连接数据库时需要使用 ADO. NET 中的 Connection、Command、DataAdapter、DataReader 和 DataSet 等五个重要的类。下面分别介绍这五个类的具体作用。

1. Connection 类

Connection 类被称为数据库连接类,只要使用数据库连接都需要它。它的主要功能就是连接数据库、打开数据库连接以及关闭数据库连接。在每个与数据库相关的操作中,第一步是连接数据库,这就好像是找到数据库的连接大门;第二步是打开数据库连接,就好像是打开数据库这扇门;最后一步是在对数据库操作完成后,关闭数据库连接,就好像是从家外出要关门一样。使用 Connection 类不仅可以连接 SQL Server 数据库,也可以连接其他数据库,例如,Oracle、MySQL 和 Access 等。但是,连接每种数据库需要引用的命名空间不同,这就好比邮局能够邮寄市内、省内、国内以及国际各地的信件,但所填写的邮编不同而已。究竟使用 SQL Server 数据库需要引用什么样的命名空间,将会在 17.1.2 小节介绍。

2. Command 类

Command 类被称为数据库命令类。它就是发出对数据库操作命令的。根据 Command 类在执行不同数据库操作命令时执行方法的不同,可以简单将操作命令分为查询命令和非查询命令两种。查询命令就是对数据库执行 SELECT 查询操作,而非查询命令是指执行 INSERT、UPDATE、DELETE 等的操作。该命令是在数据库打开之后才能够进行的,因为 Connection 类能够连接多种数据库,所以 Command 类也能够操作多种数据库。

3. DataAdapter 类

DataAdapter 类被称为数据适配器类,与 Command 类的功能相似,都是对数据库进行操作。但是,它主要是应用在与数据集类 DataSet 有关操作中,可以形象地说是数据库与数据集之间的桥梁,桥梁上传输的是数据,数据从数据库传到数据集中,数据集中数据变化后又可以将数据传给数据库。

4. DataReader 类

DataReader 类被称为数据读取类,通常用来存放查询结果的。该类经常与 Command 类连用,用于查询结果的存储。从该类中读取查询结果只能按照顺序读取,并且每次只能读取一条数据。

5. DataSet 类

DataSet 类与 DataReader 类一样,是用来存放数据的,但是它们有很多不同点。首先最重要的一点是使用 DataSet 存放数据时,当数据库断开连接时,也依然可以使用 DataSet 中的数据。其次是在 DataSet 中存放的数据可以任意读取,不必按照顺序。因此,在大多数的程序中使用数据集存储数据比较方便,也是较好的选择。

17.1.2 使用 Connection 连接 SQL Server 数据库

在 17.1.1 小节中已经学习了 ADO.NET 中的五大类,在本小节中将使用 Connection 类演示如何连接 SQL Server 数据库,大致分为如下 5 个步骤。

(1)引用命名空间。在 C♯语言中,命名空间可以理解为存放类的文件夹。引用命名空间使用的语句如下:

```
using 命名空间名称;
```

这里,命名空间名称就是类所在文件夹的路径,只是将路径中的"\"换成"."。并且要求该文件与当前的项目在同一文件夹下。例如,类所在的文件夹的路径是 C:\a\b,写成命名空间的形式就是 using a.b,当前项目也同在 C 盘下。

如果要使用 SQL Server 数据库,通常都会引用的命名空间如下:

```
using System.Data.SqlClient;
```

注意:在 C# 语言中,是严格区分大小写的。

(2) 编写数据库连接字符串。所谓数据库连接字符串就是写着连接数据库的名称以及数据库服务名的字符串。具体写法如下:

```
Server = server_name; database = database_name; Integrated Security = True
```

❑ server_name:服务器名,如果是本地数据库可以使用 local 或者是用"."来表示。
❑ database_name:要连接的数据库名。
❑ Integrated Security = True:代表当前数据库使用的是 Windows 方式登录 SQL Server 数据库。

注意:如果数据库使用 SQL Server 的登录方式时,还要在连接字符串上加上用户名和密码。此外,连接字符串的写法有很多种,这里只介绍在本文中使用的形式。

(3) 创建数据库连接对象。有了上面的连接字符串,创建数据库连接对象就不难了。创建数据库连接对象要使用 Connection 类完成,如果引用了 System.Data.SqlClient 这个命名空间,Connection 类要写成 SqlConnection。具体的创建语法如下:

```
SqlConnection connection_name = new SqlConnection (connection_str);
```

❑ connection_name:连接对象名称。不能以数字开头命名,与 SQL Server 中定义对象的标识符的规则一样。
❑ connection_str:连接字符串。这部分内容就是第 2 步中编写的连接字符串。

使用上面定义的连接字符串创建连接对象语句如下:

```
SqlConnection conn = new SqlConnection ( Server = . \ MSSQLSERVER; database = chapter17;
Integrated Security = True);
```

这里的数据库服务名是 .\MSSQLSERVER,其中"."代表的是本地计算机;要连接的数据库是 chapter17。创建的连接对象名就是 conn。记住这个连接对象名,下面还要使用它。

(4) 打开数据库连接。打开数据库连接是用数据库连接对象的 Open 方法完成的,具体的语法如下:

```
连接对象名.Open();
```

连接对象名是在第 3 个步骤中创建的数据库连接对象名。例如,上一步创建的数据库连接对象名是 conn。那么打开数据库连接 conn 的语法如下:

```
conn.Open ();
```

（5）关闭数据库连接。关闭数据库连接要在对数据库操作完成后使用。要注意的是，只要在程序中有数据库连接处于打开状态，对其操作完成后就要关闭。如果不注意数据库连接的关闭，数据库无法释放数据库连接，占用数据库连接的数量。关闭数据库连接使用Close方法完成，具体的语法如下：

```
连接对象名.Close();
```

至此，完成了数据库连接对象基本使用方法的学习。在后面的数据库操作中，都离不开该对象的使用。

17.1.3　使用 Command 操作 SQL Server 数据库

Command 类是用来操作数据库中的数据的，但是在使用 Command 对象之前，首要步骤就是要打开数据库的连接。与 Connection 类一样，引用 System.Data.SqlClient 命名空间，Command 类就应该写成 SqlCommand。使用 Command 操作 SQL Server 数据库，分为如下 4 个步骤。

1. 创建数据库连接对象并打开数据库连接

使用 17.1.2 小节的方法，创建并打开数据库连接，具体的语法如下：

```
SqlConnection conn = new SqlConnection (Server = . \ MSSQLSERVER; database = chapter17;
Integrated Security = True);            //创建连接对象
conn.Open();                            //打开数据库连接
```

2. 创建 Command 对象

在创建 Command 对象时，通常需要使用两个参数：一个是连接对象名；另一个是要执行对数据表操作的 SQL 语句。创建 Command 对象的语法如下：

```
SqlCommand command_name = new SqlCommand (SQL, conn_name);
```

❑ command_name：命令对象名称。
❑ SQL：要执行的 SQL 语句。
❑ conn_name：连接对象名称。

使用上面的语法，创建 Command 对象的语法如下：

```
SqlCommand cmd = new SqlCommand (SQL, conn);
```

这里，cmd 是命令对象名，conn 是连接对象名，SQL 就代表了要执行的数据库操作语句。在实际应用中，要在该语句之前定义具体的 SQL 语句。例如，查询表中的数据、向表中添加数据等。

3. 执行 Command 对象中的 SQL 语句

在执行 SQL 语句时，通常把要执行的 SQL 语句分成两类：一类是执行查询的 SQL 语句;另一类是执行非查询的 SQL 语句。下面就分别讲解如何执行这两类 SQL 语句。

(1) 执行查询的 SQL 语句。所谓查询的 SQL 语句,就是以 SELECT 关键字来编写的 SQL 语句。执行查询 SQL 语句,使用 Command 对象中的 ExecuteReader 方法,返回 SqlDataReader 类型的数据,具体的语法如下:

```
SqlDataReader datareader_name = command_name.ExecuteReader();
```

❑ datareader_name:数据库读取对象名。

❑ command_name:命令对象名。

应用在 17.1.2 小节创建的命令对象,执行查询的 SQL 语句,具体的语法如下:

```
SqlDataReader dr = cmd.ExecuteReader ();
```

将查询数据存储到数据库读取对象,如何查看该对象中的值呢? 具体的语法如下:

```
if (dr.Read ())                    //判断 dr 中是否存在查询数据
{
    string str = dr[0].toString();    //取查询结果中第 1 行第 1 列的数据
}
```

其中,dr[0]中的 0 还可以换成是表中的具体列名,第 1 列的编号是 0。另外,如果要查询的数据不仅是 1 行时,则要将 if 语句换成是 while,这样就可以将数据表中的全部数据显示出来。C♯语言中的 if 和 while 的用法,基本与 SQL 语言中的结构控制语句类似,这里就不再赘述。

(2) 执行非查询 SQL 语句。所谓非查询的 SQL 语句是对数据表中数据执行添加、删除以及修改操作。使用 Command 对象执行非查询 SQL 语句用的是 ExecuteNonQuery 方法。该方法返回的是一个整数类型的数据,当返回值为-1 时,代表对数据表操作出现错误;当返回值是 0 时,代表对数据表中的数据没有任何影响;当返回值是一个具体的整数时,代表对数据表中更新的数据行数,具体的语法如下:

```
int returnvalue = command_name. ExecuteNonQuery ();
```

❑ returnvalue:变量名。用于接收非查询方法执行后返回的结果。

❑ command_name:命令对象名。此时的命令对象必须是执行非查询语句的命令对象。

4. 关闭数据库连接

当完成了对数据库的所有操作后,最后一步就关闭数据库连接了。使用下面语句即可完成操作。

```
conn.Close ();
```

至此,完成了使用 Command 对象操作数据库的讲解。

17.1.4 使用 DataSet 和 DataAdapter 操作 SQL Server 数据库

在操作 SQL Server 数据库时,使用 DataSet 类和 DataAdapter 类基本都是查询数据表时使用的。下面学习它们的使用方法，分为如下 5 个步骤。

1. 创建数据库连接对象并打开数据库连接

与使用 Command 对象一样，第 1 步创建并打开数据库连接，具体的语法如下：

```
SqlConnection conn = new SqlConnection (Server = . \ MSSQLSERVER; database = chapter17;
Integrated Security = True);        //创建连接对象
conn.Open();                        //打开数据库连接
```

2. 创建 DataAdapter 对象

DataAdapter 类在引用了 System. Data. SqlClient 后，使用 SqlDataAdapter 类即可。创建 DataAdapter 对象与 Command 对象类似，都需要两个参数：一个是要执行的 SQL 语句；另一个是连接对象名。需要注意，SQL 语句是执行查询的语句，具体的语法如下：

```
SqlDataAdapter DataAdapter_name = new SqlDataAdapter (SELECT - SQL, conn_name);
```

- ❑ DataAdapter_name：数据适配器对象名称。
- ❑ SELECT-SQL：执行查询的 SQL 语句。
- ❑ conn_name：连接对象名。

应用上面的语句，创建一个 DataAdapter 对象，具体的语法如下：

```
SqlDataAdapter ada = new SqlDataAdapter (SQL, conn);
```

ada 是 DataAdapter 类的对象名，SQL 是查询语句，conn 是连接类 SqlConnection 类的对象名。

3. 创建 DataSet 对象

DataAdapter 对象创建后，还要创建 DataSet 对象用以存放查询结果。创建 DataSet 对象很简单，语法如下：

```
DataSet dataset _name = new DataSet ();
```

dataset _name 是数据集 DataSet 类的对象名。

使用上面的语句，创建一个 DataSet 对象，具体的语法如下：

```
DataSet ds = new DataSet ();
```

4. 将数据填充到 DataSet 对象中

将 DataAdapter 对象中的数据填充到 DataSet 对象中，使用的是 DataAdapter 的 Fill 方法完成的，具体的语法如下：

```
DataAdapter_name.Fill (DataSet_name);
```

- ❑ DataAdapter_name：数据适配器名称。
- ❑ DataSet_name：数据集名称。

应用上面的语法填充之前创建的数据集对象，具体的语法如下：

```
ada.Fill (ds);
```

5．关闭数据库连接

当完成了对数据集的操作后，就可以关闭数据库连接了，具体的语法如下：

```
conn.Close ();
```

至此，使用 DataAdapter 和 DataSet 查询数据的操作完成了。

说明：DataSet 的使用非常灵活，可以得到全部的数据，也可以通过全部数据得到其中的某些数据。如果想进一步学习 DataSet 的使用，可以参考相关的 C♯书籍。

视频讲解

17.2 使用 Windows 窗体程序完成文章 管理系统

　　　　　通过前面学习过的 SQL 语句，以及本章中简单讲解的 ADO．NET 中五大类的使用方法，可以使用 C♯语言编写一些小功能了。本小节将使用 C♯语言完成一个简单的 Windows 窗体程序，用以完成文章信息管理的功能。

17.2.1 Windows 窗体程序的开发环境介绍

　　所谓 Windows 窗体程序就是类似于人们正在使用的 Windows 操作系统一样的程序，都是以窗体的形式显示数据。在本章中开发 Windows 窗体程序使用的是 Visual Studio Community 2017。该版本程序打开后的界面如图 17.1 所示。还有其他的版本可以下载，有兴趣的读者可以试用一下。

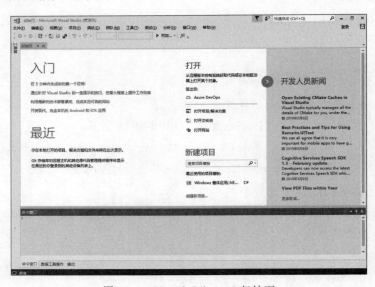

图 17.1　Visual C♯ 2017 起始页

　　既然使用该软件开发 Windows 窗体程序，那要知道 Windows 窗体究竟是什么样的。下面创建一个 Windows 窗体程序并认识其开发界面。

（1）创建 Windows 窗体程序。

在图 17.1 所示界面中，单击"文件"→"新建项目"选项，弹出图 17.2 所示的对话框。

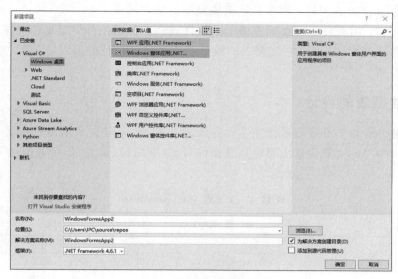

图 17.2　新建项目

在图 17.2 所示的对话框中选择"Windows 窗体应用程序"，并给其命名。单击"确定"按钮，就完成了一个 Windows 窗体程序的创建，效果如图 17.3 所示。

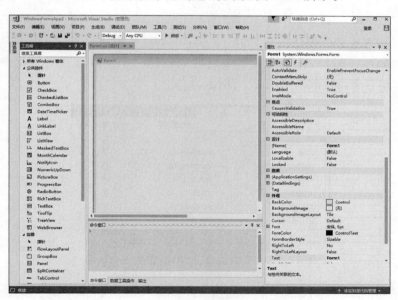

图 17.3　第一个 Windows 窗体程序

（2）认识 Windows 窗体程序界面。

在图 17.3 所示界面中已经看到了 windows 窗体程序的设计页面是什么样了。那么下面具体介绍一下该界面中各窗口的作用。

❑ 工具箱：用来存放窗体上的控件。单击该工具箱中任意控件直接拖曳到窗体上即可。

- ❏ 窗体界面：工具箱右边的部分。它就是用户要设计和使用的窗体。
- ❏ 解决方案资源管理器：用来显示该项目中的文件构成。
- ❏ 属性窗口：用来设置拖曳到窗体上的控件属性。包括控件中显示的文本、颜色、大小等信息。同时，还可以在该窗口的设计页面中控件执行的事件。例如，单击事件、双击事件等。

17.2.2 数据表的设计

本章着重讲解在文章管理系统中主要完成的功能，起到对文章信息的添加、修改、删除以及查询等的作用。文章信息主要包括文章编号、文章题目、摘要、作者等信息，具体的结构如表 17.1 所示。

表 17.1 文章信息表（paperinfo）

列　　名	数 据 类 型	说　　明
id	int	编号
title	varchar(50)	题目
author	varchar（30）	作者
company	varchar(50)	单位
abstract	varchar(500)	摘要
keyword	varchar(50)	关键词
pagecount	int	页数

读者可以根据上面的表结构在 SQL Server 中创建数据表 paperinfo，相信读者对建表操作已经不再陌生。另外，在创建数据表之前先创建一个本章使用的数据库 chapter17。SSMS 中文章信息表设计效果如图 17.4 所示。

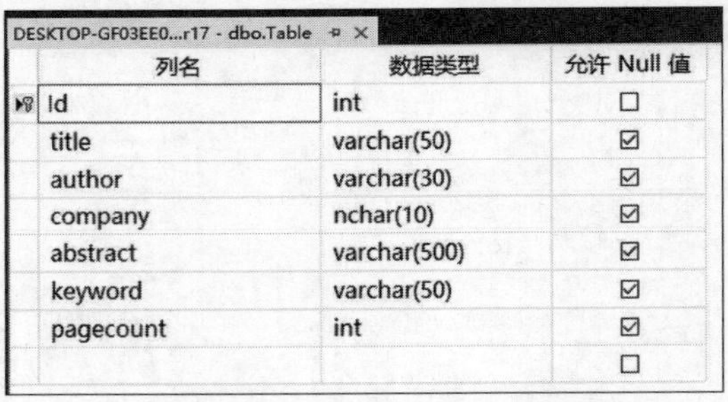

图 17.4　文章信息表在 SSMS 中的创建效果

除了在 SQL Server 工具可以创建数据表外，还可以直接使用 Visual C♯工具来连接数据库，因为它们出自同一个公司。下面介绍如何使用 Visual C♯中的服务器资源管理器。

（1）打开服务器资源管理器。在图 17.3 所示的菜单栏中依次选择"视图"→"服务器资源管理器"选项，弹出如图 17.5 所示的界面。

（2）创建数据库连接。在图 17.5 所示的界面中右击"数据连接"选项，在弹出的快捷菜单中选择"添加连接"选项，弹出如图 17.6 所示的对话框。

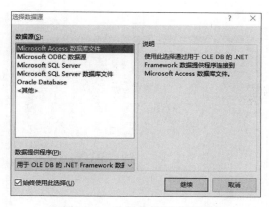

图 17.5　服务器资源管理器界面　　　　图 17.6　选择数据源对话框

　　在图 17.6 所示的对话框中选择"Microsoft SQL Server"选项,单击"继续"按钮,弹出"添加连接"对话框,如图 17.7 所示。

图 17.7　创建新的 SQL Server 数据库

　　在图 17.7 所示的对话框中,填入服务器名、选择登录到服务器的方式,以及填入新数据库名称。如图 17.8 所示。

　　在图 17.8 所示的对话框中单击"确定"按钮,即可完成数据库的创建,如图 17.9 所示。

　　至此,就将 Visual C♯ 与数据库 chapter17 连接起来了。以后读者可以在这个工具下操作数据表,操作方法与在 SSMS 中操作的方法类似。

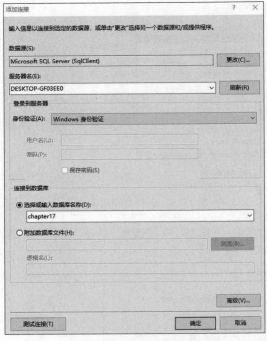

图 17.8　创建 chapter17 数据库

图 17.9　创建数据库 chapter17 后的效果

17.2.3　添加文章功能

在开始开发文章管理功能之前,先将解决方案中的文件添加完毕。在本系统中,解决方案中的文件列表如图 17.10 所示。

图 17.10　解决方案中的文件列表

从图 17.10 中可以看到,在解决方案 chapter17 下共有 3 个窗体文件,作用如下。

❑ AddPaper.cs:用于添加文章信息。

❑ Modify.cs:用于修改文章信息。

❑ QueryAndDel:用于查询和删除文章信息。

本小节将带领读者完成文章管理功能中的第一个功能,即添加文章。完成该功能需要经过页面设计和代码编写两个步骤。

(1)添加文章对话框设计。添加文章的对话框设计主要是对表 17.1 中的内容添加。在表 17.1 中,只有文章编号不用添加,使用 SQL Server 的自增长序列即可完成,其他的字段都需要添加。在添加信息时,使用工具箱里面的文本框、标签以及多行文本框等控件,弹出"文章信息"对话框,如图 17.11 所示。

图 17.11　"添加文章信息"对话框

(2)添加文章功能的代码。在图 17.11 所示的对话框中,填写完信息后,单击"确认"按钮,完成数据添加的功能。该功能使用的就是按钮的单击事件,并在该单击事件中加入如下代码:

```
01      /// < summary >
02      /// 添加文章信息
03      /// </summary>
04      private void button1_Click(object sender, EventArgs e)
05      {
06          //创建数据库连接
07 SqlConnection conn = new
08 SqlConnection (@"Server = .\MSSQLSERVER; database = chapter17; Integrated
09 Security = True");
10          try
11          {
12      conn.Open();                                    //打开数据库连接
13  string sql = "INSERT INTO paperinfo VALUES('{0}','{1}','{2}','{3}','{4}','{5}')";
14                                                      //编写 SQL 语句
```

```
15        sql = string.Format(sql, textBox1.Text, textBox2.Text, textBox3.Text, richTextBox1.
16  Text, textBox5.Text, int.Parse(textBox4.Text));                //格式化 SQL 语句
17            SqlCommand cmd = new SqlCommand(sql, conn);            //创建命令对象
18            int returnvalue = cmd.ExecuteNonQuery();               //执行 SQL 语句
19            if (returnvalue!= -1)                                  //判断是否添加成功
20            {
21                MessageBox.Show("添加成功!");
22            }
23            }
24        catch
25        {
26            MessageBox.Show("操作错误!");
27        }
28        finally
29        {
30            conn.Close();                                          //关闭数据库连接·
31        }
32    }
```

❑ 07～09 行：创建数据库连接。

❑ 12 行：打开数据库连接。

❑ 13～16 行：编写 SQL 语句并填充占位符。

❑ 17 行：创建命令对象。

❑ 18 行：执行添加的 SQL 语句。

❑ 19～22 行：判断是否添加成功。

❑ 26 行：当前面的添加语句出现异常时,弹出添加错误的提示。在 C♯ 语言中捕获异
常的语句是 try...catch...finally。

❑ 30 行：关闭数据库连接。

运行窗体,添加文章的效果如图 17.12 所示。

图 17.12 添加文章功能

至此,添加文章的功能就完成了,读者可以在数据库中查看数据是否加入文章信息表中了。

17.2.4　查询文章功能

有了添加文章功能实现的基础,读者应该对窗体的操作就很熟悉了,下面完成查询文章功能。查询文章功能分为两个部分:一个是界面设计;另一个是代码编写。

1. 查询文章功能的界面

在本系统中,查询文章功能只提供对论文名称一个条件的查询。该界面可以通过工具箱中的标签、文本框、按钮以及数据控件 DataGridView 完成设计,界面如图 17.13 所示。

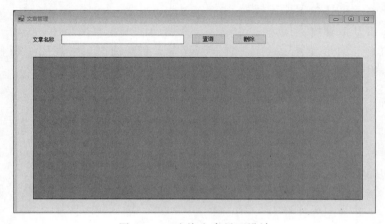

图 17.13　查询文章界面设计

这里将删除功能也放到了该界面中实现。因此,在界面中多了一个删除按钮。

2. 查询文章功能的代码编写

在图 17.13 所示的界面中,要添加两部分的代码:一部分是在窗体加载时显示所有的文章信息;另一部分是在单击"查询"按钮时,显示查询结果。

(1) 窗体加载事件的代码。在图 17.13 所示界面中的窗体加载事件(Load)中,加入如下代码:

```
01 private void QueryAndDel_Load (object sender, EventArgs e)
02          {
03              //创建数据库连接
04 SqlConnection conn = new
05 SqlConnection (@"Server = . \MSSQLSERVER; database = chapter17; Integrated
06 Security = True");
07              try
08              {
09              conn. Open();                            //打开数据库连接
10        string sql = "SELECT id AS '编号',title AS '题目',author AS '作者',keyword AS '关键词' FROM
11 paperinfo";                              //编写语句
12       SqlDataAdapter ada = new SqlDataAdapter(sql, conn); //创建数据适配器对象
13       DataSet ds = new DataSet();               //创建数据集对象
14       ada. Fill(ds);                            //填充数据集
```

```
15    dataGridView1.DataSource = ds.Tables[0];          //将数据集中的内容与 DataGridView 绑定
16         }
17         catch
18         {
19              MessageBox.Show("操作错误!");
20         }
21         finally
22         {
23              conn.Close();                             //关闭数据库连接
24         }
25     }
```

❑ 03～06 行：创建数据库连接。

❑ 09 行：打开数据库连接。

❑ 10～11 行：编写 SQL 语句,查询全部数据。在查询语句中使用了别名使查询结果中显示中文字列名。

❑ 12 行：创建数据适配器对象。

❑ 13 行：创建数据集对象。

❑ 14 行：填充数据集。

❑ 15 行：将数据集中的结果绑定到 DataGridView 控件中。DataGridView 控件是在查询功能中经常使用的一个数据控件。

❑ 19 行：当前面的内容出现异常时,弹出操作错误的提示。

❑ 23 行：关闭数据库连接。

（2）查询按钮的单击事件的代码。在图 17.13 所示的界面中,输入文章名称,单击"查询"按钮就可以在 DataGridView 中查询到结果。在查询按钮的单击事件中加入的代码如下：

```
01 private void button1_Click(object sender, EventArgs e)
02      {
03              //创建数据库连接
04 SqlConnection conn = new
05 SqlConnection (@"Server = .\MSSQLSERVER; database = chapter17; Integrated
06 Security = True");
07              try
08              {
09                  conn.Open();                          //打开数据库连接
10     string sql = "SELECT id AS '编号',title AS '题目',author AS '作者',keyword AS '关键词' FROM
11 paperinfo WHERE title like '%" + textBox1.Text + "%'";      //编写查询语句
12     SqlDataAdapter ada = new SqlDataAdapter(sql, conn);      //创建数据适配器对象
13     DataSet ds = new DataSet();                              //创建数据集对象
14     ada.Fill(ds);                                           //填充数据集
15     dataGridView1.DataSource = ds.Tables[0];                 //将数据集中的内容与
                                                                //DataGridView 绑定
16         }
17         catch
18         {
19              MessageBox.Show("操作错误!");
20         }
21         finally
```

```
22          {                ，
23              conn.Close();                //关闭数据库连接
24          }
25      }
```

观察上面的代码会发现，与在窗体加载事件中编写的代码几乎是一样的，只是查询时使用的 SQL 语句不同而已。

至此查询文章功能基本完成，下面就是验证了，查询界面如图 17.14 所示。

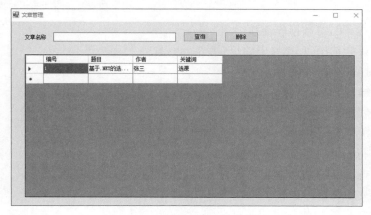

图 17.14 查询文章功能的效果

17.2.5 删除文章功能

删除文章的功能与查询文章在同一个文件中完成，因此，就不再讲解其界面的设计了。删除文章功能的操作是单击选择一条文章信息，通过单击"删除"按钮完成删除操作的。因此，只需要在删除按钮的单击事件中加入代码即可。代码如下：

```
01      /// < summary >
02      /// 删除选中行的文章信息
03      /// </summary>
04      private void button2_Click(object sender, EventArgs e)
05      {
06          //创建数据库连接
07 SqlConnection conn =  new
08 SqlConnection (@"Server = . \MSSQLSERVER; database = chapter17; Integrated
09 Security = True");
10          try
11          {   //获取选中行 id 列中的值
12              int id = int.Parse(dataGridView1.SelectedRows[0].Cells[0].Value.ToString());
13              conn. Open();                                //打开数据库连接
14              string sql = "DELETE FROM paperinfo WHERE id = " + id;//编写 SQL 语句
15              SqlCommand cmd = new SqlCommand(sql, conn);          //创建命令对象
16              int returnvalue = cmd.ExecuteNonQuery();             //执行删除的 SQL 语句
17              if (returnvalue! = -1)                               //判断是否删除成功
18              {
19                  MessageBox.Show("删除成功!");
20              }
```

```
21              }
22          catch
23          {
24              MessageBox.Show("操作错误!");
25          }
26          finally
27          {
28              conn.Close();              //关闭数据库连接
29          }
30      }
```

- ❑ 06～09 行：创建数据库连接。
- ❑ 12 行：获取选中行 id 列中的值。
- ❑ 13 行：打开数据库连接。
- ❑ 14 行：编写 SQL 语句。
- ❑ 15 行：创建命令对象。
- ❑ 16 行：执行删除的 SQL 语句。
- ❑ 17～20 行：判断是否删除成功。
- ❑ 24 行：当前面的添加语句出现异常时，弹出操作错误的提示。
- ❑ 28 行：关闭数据库连接。

至此，删除文章的功能就完成了。

17.2.6 修改文章功能

掌握了前面对文章的添加和查询功能，完成修改文章的功能就很容易了。本系统中修改文章首先要将修改的文章进行查询，然后再对文章内容进行修改。因此，本功能分为如下 3 个步骤。

（1）修改功能对话框设计。修改功能的界面与增加文章功能的界面类似，只不过增加了查询的文本框和按钮，如图 17.15 所示。

图 17.15　"修改文章信息"对话框

（2）根据编号查询功能的代码编写。在图 17.15 所示的对话框中，通过单击"查询"按钮，查询该编号所对应的文章信息，代码如下：

```
01   private void button1_Click(object sender, EventArgs e)
02   {
03           //创建数据库连接
04               SqlConnection conn = new
05 SqlConnection(@"Server = . \MSSQLSERVER;database = chapter17;Integrated
06 Security = True");
07           try
08           {
09               conn. Open();                                //打开数据库连接
10                   string sql = "SELECT title,author,keyword,abstract,pagecount,company FROM
11 paperinfo WHERE id = " + int. Parse(textBox6. Text);          //编写 SQL 语句
12                   sql = string. Format(sql, textBox1. Text);    //填充 SQL 语句
13           SqlDataAdapter ada = new SqlDataAdapter(sql, conn);  //创建数据适配器对象
14           DataSet ds = new DataSet();                       //创建数据集对象
15           ada. Fill(ds);                                    //填充数据集
16           textBox1. Text = ds. Tables[0]. Rows[0]["title"]. ToString();   //向文本框赋值
17           textBox2. Text = ds. Tables[0]. Rows[0]["author"]. ToString();
18           textBox3. Text = ds. Tables[0]. Rows[0]["company"]. ToString();
19           textBox4. Text = ds. Tables[0]. Rows[0]["pagecount"]. ToString();
20           richTextBox1. Text = ds. Tables[0]. Rows[0]["abstract"]. ToString();
21           textBox5. Text = ds. Tables[0]. Rows[0]["keyword"]. ToString();
22       }
23   catch
24   {
25       MessageBox. Show("操作错误");
26   }
27   finally
28   {
29       conn. Close();                                      //关闭数据库连接
30   }
31   }
```

❏ 03～06 行：创建数据库连接。

❏ 09 行：打开数据库连接。

❏ 10～12 行：编写 SQL 语句并填充占位符中的值。

❏ 13 行：创建数据适配器对象。

❏ 14～15 行：创建并填充数据集对象。

❏ 16～21 行：将数据集中的值显示在对应的文本框中。

❏ 25 行：当前面的操作出现异常时，弹出"操作错误"的提示框。

❏ 29 行：关闭数据库连接。

（3）修改文章信息的代码编写。在图 17.15 所示的界面中，根据文章编号将文章信息查询后，修改信息后单击"确认"按钮即可更新文章信息。在"确认"按钮的单击事件中加入如下代码：

```
01       /// < summary >
02       /// 添加文章信息
```

```
03          /// </summary>
04          private void button1_Click(object sender, EventArgs e)
05          {
06          //创建数据库连接
07 SqlConnection conn = new
08 SqlConnection (@"Server = .\MSSQLSERVER; database = chapter17; Integrated
09 Security = True");
10          try
11          {
12      conn.Open();                                        //打开数据库连接
13 string sql = "UPDATE paperinfo SET
14 title = '{0}', author = '{1}', company = '{2}', pagecount = {3}, abstract = '{4}', keyword = '{5}'
15 WHERE id = {6}";
16 sql = string.Format(sql, textBox1.Text, textBox2.Text, textBox3.Text,
17 int.Parse(textBox4.Text), richTextBox1.Text, textBox5.Text, int.Parse(textBox6.Text));
18          SqlCommand cmd = new SqlCommand(sql, conn);        //创建命令对象
19          int returnvalue = cmd.ExecuteNonQuery();           //执行 SQL 语句
20          if (returnvalue!= - 1)                             //判断是否修改成功
21          {
22              MessageBox.Show("修改成功!");
23          }
24      }
25      catch
26      {
27          MessageBox.Show("操作错误!");
28      }
29      finally
30      {
31          conn.Close();                                      //关闭数据库连接…
32      }
33  }
```

上面的代码与前面的添加文章信息的代码比较,只是第 13～17 行的 SQL 语句有变化,其他的都一样。

经过了前 3 个步骤的操作,效果如图 17.16 所示。

图 17.16　修改文章功能的效果

17.3　本章小结

　　本章主要讲解了如何使用 ADO. NET 连接 SQL Server 数据库,以及应用 ADO. NET 组件开发文章管理的一个简单功能。其中,重点介绍了 ADO. NET 中的五大类,即 Connection、Command、DataSet、DataAdapter、DataReader。相信读者通过本章的学习能够使用 ADO. NET 完成一些简单的数据操作功能。

第 18 章

使用 Python 连接 SQL Server

Python 是目前用户量不断上升的一门开发语言。它既能开发网站应用,也能开发桌面程序,更是数据分析的利器。本章将介绍使用 Python 连接 SQL Server 2017 的用法,并通过用户管理的实例演练使用 pymssql 连接 SQL Server 2017 的具体过程。

本章主要知识点如下:

❑ Anaconda 3 简介;

❑ pymssql 中的类;

❑ 用户管理模块的实现。

18.1 Python 的开发环境介绍

Python 凭借自身简单易用、免费、资源丰富的特点已经成为众多应用程序的首选语言,使用 Python 能连接 Oracle 数据库、MySQL 数据库和文本数据库等,当然也能连接本书中介绍的 SQL Server 数据库。在使用 Python 连接 SQL Server 数据库之前,先介绍本书中Python 所用的开发环境。

18.1.1 Anaconda 3 简介

Anaconda 3 是一款免费的集成 Python 开发环境的软件,在 Anaconda 3 中集成了Python 大多数的开源包。Anaconda 3 不仅可以在 Windows 操作系统上安装,也可在Linux、Mac 操作系统上安装。因此,Anaconda 3 是众多开发者首选的 Python 开发工具。

Anaconda 3 的下载地址是"https://www.anaconda.com/distribution/",部分界面如图 18.1 所示。

从图 18.1 所示的界面中,任意选择一个 Python 的版本下载即可,本例中使用的是Python 3.7 版本。下载后按照提示步骤安装即可,这里不再介绍该软件的安装。安装后,依次单击"开始"→Anaconda 3(64-bit)→Anaconda Navigator 选项,界面如图 18.2 所示。

在图 18.2 所示界面中,列出了在 Anaconda 中包含的应用,本节中使用的是 VS Code。如果 VS Code 选项中显示"Install",则需要单击 Install 选项,安装后使用。单击 VS Code选项中的 Launch 选项,进入 VS Code 操作的主界面,如图 18.3 所示。

图 18.1　Anaconda 3 下载界面

图 18.2　Anaconda Navigator 界面

图 18.3　VS Code 主界面

之所以选择"VS Code"这款软件,主要是因为该软件能提供强大的程序调试功能,并且在编写程序时也提供了代码提示等功能,从而方便开发人员使用 Python 语言。

18.1.2 pymssql 中的类

使用 Python 连接 SQL Server 的方法有很多,本书采用的是通过 pymssql 数据库接口实现连接的,该接口是基于 FreeTDS 构建的,遵循了 Python 的 DB-API 规范。下载 pymssql 包的地址是"https://pypi.org/project/pymssql/"。pymssql 中常用的类如表 18.1 所示。

表 18.1 pymssql 中常用的类

类 名	作 用
pymssql	提供了对 SQL Server 连接的属性和方法,包括创建数据库连接、设置最大的连接数等方法
Connection	连接 SQL Server 数据库,使用 pymssql.connect()创建该类的实例
Cursor	用于查询表数据,并返回结果,使用 Connection 类的 cursor()方法来创建该类的实例

对于 pymssql 模块类来说,在本节中只用到了其中的 connect()方法用于创建数据库的连接,有兴趣的读者可以参考"http://www.pymssql.org/en/stable/ref/pymssql.html"官方文档中的内容。下面分别对 Connection 类和 Cursor 类在本节应用的方法加以介绍,如表 18.2 和表 18.3 所示。

表 18.2 Connection 类中的方法

方 法 名	说 明
autocommit(status)	设置是否自动提交事务,"status"是布尔类型的参数,"True"代表自动提交事务,"False"代表不自动提交事务。默认情况下"status"的值为"False"
close()	关闭数据库连接
cursor()	获取 Cursor 类的实例
commit()	提交事务
rollback()	回滚事务

表 18.3 Cursor 类中的方法和属性

类型	名 称	说 明
属性	rowcount	返回上一次操作影响的行数
	connection	返回数据库的连接对象
	lastrowid	返回上一次操作的行的 id 值
	rownumber	返回当前行在结果集中的行号,行号从 0 开始
方法	close()	关闭 Cursor 实例
	execute(operation)	执行指定的 SQL 语句,operation 是字符串类型的参数,最常见的应用是 SQL 语句
	execute(operation, params)	执行指定的 SQL 语句,operation 和 params 都是字符串类型的参数,params 参数用于填充 operation 参数中的 SQL 语句
	executemany(operation, params_seq)	执行多条 SQL 语句,operation 是字符串类型的参数,params_seq 是集合类型
	fetchone()	用于遍历查询结果,返回查询结果中的下一条记录
	fetchmany()	用于遍历查询结果,返回查询结果中的多条记录
	fetchall()	用于遍历查询结果,返回查询结果中的全部记录

18.1.3　编写数据库连接类

在对数据表操作时主要涉及添加、修改、删除以及查询操作，对于添加、修改、删除的操作不必返回查询结果，而对查询的操作则需要返回查询结果。因此，在数据库连接类中分别定义两个方法，一个用于添加、修改、删除的非查询操作；另一个用于查询操作。具体的代码如下所示，该代码存放在 DBConnection.py 文件中。

```python
import pymssql
class DBConnection:
        ♯存放数据库的连接实例
        conn = ""
        ♯获取数据库连接的游标实例
        def GetCursor(self):
            self.conn = pymssql.connect("localhost:1433","sa","123456","chapter18",
charset = "utf8")
            cur = self.conn.cursor()                 ♯将数据库连接信息,赋值给 cur.
            if not cur:
                print("连接数据库失败")
                return
            else:
                return cur
        ♯执行查询语句
        def ExecQuery(self,sql,params):             ♯执行 Sql 语句函数,返回结果
            cursor = self.GetCursor()               ♯获得数据库连接信息
            cursor.execute(sql,params)              ♯执行 Sql 语句
            resList = cursor.fetchall()             ♯获得所有的查询结果
            return resList
        ♯执行非查询语句并提交事务
        def ExecNonQuery(self,sql,params):
            cur = self.GetCursor()
            cur.execute(sql,params)
            self.conn.commit()
        ♯关闭数据库连接
        def Close(self):
            self.conn.close()
```

在 DBConnection 类中，主要包括了 GetCursor、ExecQuery、ExecNonQuery、Close 方法。其中，GetCursor 方法用于获取 cursor 的实例；ExecQuery 方法用于执行查询语句；ExecNonQuery 方法用于执行非查询语句；Close 方法用于关闭数据库的连接。需要注意的是，在执行非查询语句后必须要使用 commit 方法提交事务，否则数据表中的数据无法更新。

18.2　用户管理模块的设计与实现

用户管理模块是每个应用程序必不可少的一部分，本节将使用 pymssql 连接 SQL Server 数据库并实现对用户信息的添加、修改，以及查询的操作。

视频讲解

18.2.1 数据表的设计

本节介绍的用户管理模块,使用 Python 中的控制台实现应用程序,具体的功能包括注册、登录、修改密码,以及查询个人信息。其中,用户注册功能还包含了对用户名唯一性的判断。用户管理模块中仅用到了用户信息表,如表 18.4 所示。

表 18.4　用户信息表(users)

列　　名	数 据 类 型	说　　明
id	int	主键,标识列
name	varchar(50)	用户名
password	varchar(50)	密码
tel	char(11)	手机号
address	nvarchar(20)	地址

将该表创建到 chapter18 数据库中,建表的 SQL 语句如下所示:

```
USE chapter18;
CREATE TABLE users(
    id   int IDENTITY(1,1) NOT NULL,
    name varchar(50) NULL,
    password varchar(50) NULL,
    tel char(11) NULL,
    address nvarchar(50) NULL,
     PRIMARY KEY(id)
)
```

在数据库 chapter18 中执行上述语句,即可创建用户信息表。

18.2.2 控制台应用程序的创建

在图 18.3 所示的 VS Code 主界面中单击 File→New File 选项,并将该文件保存为后缀名为“. py”的文件,界面如图 18.4 所示。

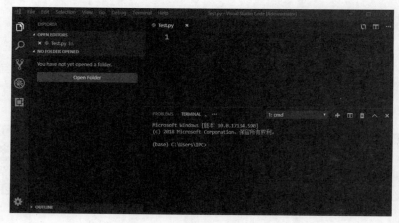

图 18.4　创建 Test. py 文件

下面测试 VS Code 软件是否可用，在 Test. py 文件中添加一个 print 语句，具体的语法如下：

```
print("第一个 Python 程序")
```

单击 Debug→Start Without Debugging 选项，效果如图 18.5 所示。

图 18.5　控制台程序运行效果

若读者的程序运行效果也与图 18.5 一样，说明 Python 程序是可以正常运行的，接着就可以实现用户管理模块了。

18.2.3　用户管理模块的实现过程

用户管理模块按照传统的软件分层结构分为 3 层，即数据层、业务层和界面层。由于本程序使用的是控制台，因此界面层中的界面是指类似于 DOS 界面的窗口，如图 18.5 所示。数据层是指前面介绍过的数据连接类（DBConnection. py），主要用于对数据表的操作；业务层（UserManager. py）用于调用 DBConnection 类实现对用户信息表的操作，包括登录、注册、验证用户名是否重复、修改密码及查看个人信息等。界面层（index. py）主要用于输出选项菜单、判断用户的选择等。

下面首先介绍业务层（UserManager. py）的实现，具体的代码如下：

```
#用于导入 DBConnection 类
import DBConnection
class UserManager:
    #定义用于存放用户名的变量
    username = ""
    #创建 DBConnection 类的实例
    db = DBConnection. DBConnection()
    #注册
    def Reg(self):
        sql = "INSERT INTO users(name,password,tel,address) VALUES( % s, % s, % s, % s)"
        print("请输入用户名:")
        name = input()
        flag = self. CheckName(name)
        if flag == False:
            return
        print("请输入密码:")
        password = input()
```

```
            print("请输入手机号:")
            tel = input()
            if len(tel) > 11:
                print("手机号长度不正确")
                return
            print("请输入地址")
            address = input()
            self.db.ExecNonQuery(sql,(name,password,tel,address))    #调用函数执行查询语句
            self.db.Close()
            print("注册成功")
    #判断用户名是否重复
    def CheckName(self,name):
            sql = "SELECT name FROM users WHERE name = % s"
            userlist = self.db.ExecQuery(sql,(name))
            self.db.Close()
            if len(userlist) == 0:
                return True
            else:
                print("用户名重复!")
                return False
        #登录
    def Login(self):
            sql = "SELECT name FROM users WHERE name = % s AND password = % s"
            print("请输入用户名:")
            name = input()
            print("请输入密码:")
            password = input()
            userlist = self.db.ExecQuery(sql,(name,password))
            count = len(userlist)
            self.db.Close()
            if count == 0:
                print("用户名或密码错误!")
                return False
            for name in userlist:
                self.username = "".join(name)
                print("欢迎您:",self.username)
                return True
        #修改密码
    def   ChangePassword(self):
            sql = "UPDATE users SET password = % s WHERE name = % s"
            print("请输入新密码")
            password = input()
            print("请再次输入密码")
            repassword = input()
            if password == repassword:
                self.db.ExecNonQuery(sql,(password,self.username))
                self.db.Close()
                print("密码修改成功!")
            else:
```

```
            print("两次输入密码不一致!")
        #显示个人信息
    def ShowMessage(self):
        sql = "SELECT name,tel,address FROM users WHERE name = % s"
        userlist = self.db.ExecQuery(sql,(self.username))
        for name,tel,address in userlist:
            print("您的个人信息为:")
            print(name,tel,address)
        self.db.Close()
```

界面层(Index.py)实现的代码如下：

```
import UserManager
#用于记录用户是否登录,登录后将 flag 的值设置为 True
flag = False
#创建 UserManager 类的实例
user = UserManager.UserManager()
while True:
    print("欢迎使用用户管理模块")
    print("1.注册")
    print("2.登录")
    print("3.修改密码")
    print("4.查看个人信息")
    print("5.退出")
    print("请选择:")
    #获取用于从控制台输入的数字
    choose = input()
    if choose == '1':
        #调用用户注册的方法
        user.Reg()
    elif choose == '2':
        #调用用户登录的方法
        flag = user.Login()
    elif choose == '3':
        if flag:
            user.ChangePassword() #调用修改密码的方法
        else:
            print("登录后才能修改密码!")
    elif choose == '4':
        if flag:
            user.ShowMessage() #调用显示个人信息的方法
        else:
            print("登录后才能查看个人信息!")
    elif choose == '5':
        print("退出")
        break
```

完成了上述 3 部分程序的创建，下面演示运行效果。注册功能的实现效果如图 18.6 所示。

登录功能的运行效果如图 18.7 所示。

图 18.6　用户注册的运行效果

图 18.7　登录功能的运行效果

　　修改密码和查看个人信息的功能都必须要登录后才能使用,运行效果分别如图 18.8 和图 18.9 所示。

图 18.8　修改密码功能的运行效果　　　　图 18.9　查看个人信息功能的运行效果

　　至此,基本完成了用户管理模块中主要功能的运行效果展示。在本实例中,只是实现了一个简单的用户管理模块,读者可以在此基础上完善用户管理模块的功能。例如,增加用户权限的管理、增加对输入数据的验证、增加修改个人的全部信息等功能。

18.3　本章小结

　　本章主要讲解了如何使用 Python 连接 SQL Server 数据库以及应用 pymssql 开发用户管理模块的主要功能。相信读者通过本章的学习也能够使用 Python 完成一些简单的数据操作功能。由于篇幅有限,没有更多地介绍 Python 语言的基础知识,若读者想进一步学习 Python 的相关内容,请参考相关图书。

图书资源支持

感谢您一直以来对清华版图书的支持和爱护。为了配合本书的使用，本书提供配套的资源，有需求的读者请扫描下方的"书圈"微信公众号二维码，在图书专区下载，也可以拨打电话或发送电子邮件咨询。

如果您在使用本书的过程中遇到了什么问题，或者有相关图书出版计划，也请您发邮件告诉我们，以便我们更好地为您服务。

我们的联系方式：

地　　址：北京市海淀区双清路学研大厦 A 座 701

邮　　编：100084

电　　话：010-83470236　　010-83470237

资源下载：http://www.tup.com.cn

客服邮箱：2301891038@qq.com

QQ：2301891038（请写明您的单位和姓名）

资源下载、样书申请

书　圈

扫一扫，获取最新目录

课 程 直 播

用微信扫一扫右边的二维码，即可关注清华大学出版社公众号"书圈"。